"十二五"职业教育国家规划教材
经全国职业教育教材审定委员会审定

工 程 力 学

第3版

主　编　韩向东　张小亮
副主编　马　峻　张福顺
参　编　杨　岩　佟永山　陈继荣　耿　昕

机械工业出版社
CHINA MACHINE PRESS

本书是经全国职业教育教材审定委员会审定的“十二五”职业教育国家规划教材，是根据《教育部关于“十二五”职业教育教材的若干意见》及教育部新颁布的《高等职业学校专业教学标准（试行）》，在第2版的基础上修订而成的。本书主要介绍了工程力学的基础知识、基本理论和基本研究方法。内容包括两部分：第一部分为基础篇，包括构件的静力分析，平面力系的简化、平衡，杆件基本变形时的内力、应力分析和强（刚）度计算，压杆稳定性计算；第二部分为综合篇，包括轮轴类构件的平衡、组合变形强度计算、动载荷与交变应力，以及刚体的基本运动分析。本书编写模式新颖，体系合理；突出工程性，理论联系实际，实用性强；注意激发学生的学习兴趣；增加了“讨论与交流”，供教师组织学生讨论，促进师生互动。

本书可作为高等职业院校汽车类、机电类相关专业教材，也可以作为有关技术人员岗位培训教材。

为便于教学，本书配套有电子教案，选择本书作为教材的教师可来电（010-88379865）索取，或登录 www.cmpedu.com 网站注册，免费下载。

图书在版编目（CIP）数据

工程力学／韩向东，张小亮主编．—3版．—北京：机械工业出版社，2014.8（2026.1重印）
“十二五”职业教育国家规划教材
ISBN 978-7-111-48035-8

Ⅰ.①工…　Ⅱ.①韩…②张…　Ⅲ.①工程力学-高等职业教育-教材
Ⅳ.①TB12

中国版本图书馆CIP数据核字（2014）第230306号

机械工业出版社（北京市百万庄大街22号　邮政编码100037）
策划编辑：曹新宇　责任编辑：刘思海
责任校对：肖　琳　封面设计：张　静
责任印制：张　博
北京机工印刷厂有限公司印刷
2026年1月第3版第15次印刷
184mm×260mm · 13.75印张 · 329千字
标准书号：ISBN 978-7-111-48035-8
定价：45.00元

电话服务　网络服务
客服电话：010-88361066　机　工　官　网：www.cmpbook.com
010-88379833　机　工　官　博：weibo.com/cmp1952
010-68326294　金　书　网：www.golden-book.com
封底无防伪标均为盗版　机工教育服务网：www.cmpedu.com

前言

本书是按照教育部《关于开展“十二五”职业教育国家规划教材选题立项工作的通知》，经过出版社初评、申报，由教育部专家组评审确定的“十二五”职业教育国家规划教材，是根据《教育部关于“十二五”职业教育教材建设的若干意见》及教育部新颁布的《高等职业学校专业教学标准(试行)》，在第2版的基础上修订而成的。

相比第2版，本书增加了动摩擦、滚动摩擦、焊接、强度理论概念及动载荷等内容，删减了过难、过时的内容，以期更加贴近职业教育的教学。主要特色如下：

1）编写模式新颖，体系合理。全书分两篇，按“单元—课题”模式编写，基础篇为工程力学中最基本、最简单的静载荷问题的平面力系简化、平衡，杆件基本变形的受力分析、计算与压杆稳定；综合篇则为较复杂的空间力系问题、组合变形及动载荷问题等。

2）突出工程性，理论联系实际，尤其联系行业实际，如曲柄连杆机构、凸轮机构、传动轴、制动踏板、千斤顶等的受力分析和变形问题都在本书中有所介绍。

3）增强实用性。本书删减了不必要的公式推导，如平面任意力系的简化过程、圆周扭转切应力、弯曲正应力、圆轴弯扭组合变形强度条件的公式推导，只介绍了推导依据、结论和应用条件，强化了应用。

4）注意激发学生的学习兴趣。本书中四种基本变形均从工程或生活中的实际问题(如铆钉连接、传动轴、双杠等)引入，提出问题，逐步展开、深入，最终解决问题，以激发学生的学习兴趣。

5）增加了“讨论与交流”，供教师组织学生讨论，促进师生互动。

本书建议总学时为70~80学时，教学中安排一定学时组织学生完成材料力学性能测定、纯弯曲时梁的正应力的测定实验，组织学生讨论交流，讨论内容为本书中内容及学生作业中的共性问题，在教学中应注意实物模型和多媒体等现代化教学手段的应用。

本书由韩向东、张小亮任主编，马峻、张福顺任副主编，杨岩、佟永山、陈继荣、耿昕参加编写。

本书经全国职业教育教材委员会审定，教育部专家在评审过程中对本书提出了宝贵的建议，在此对他们表示衷心的感谢！

由于编者水平有限，书中不妥之处在所难免，恳请读者批评指正。

编　者

目 录

绪 论

一、工程力学的研究对象及主要内容

工程力学是一门研究物体机械运动一般规律以及构件强度、刚度和稳定性的科学，包括静力分析、运动及动力分析、构件承载能力分析三部分。

机械运动是指物体在空间的位置随时间而变化的一种运动。它是人们生活及生产实践中最常见的运动形式，在一些较高级、较复杂的运动中，也包含或伴随着机械运动。天体的运动、车辆的运行、水的流动、机器的转动等，都是机械运动。

静力分析主要研究物体在力的作用下的平衡规律。

在工程实际中，经常要用到静力分析知识。例如，图 0-1 所示的曲柄连杆机构，为了合理地确定曲轴、连杆等零件的尺寸，就必须分析它们在工作时的受力情况。又如图 0-2 所示单拉系统，修理碰撞的汽车时使用的单拉系统，首先要对塔座、立柱、液压梁等构件进行受力分析，再运用力系的平衡条件，求出这些力中的未知量，这些都属于静力分析问题。

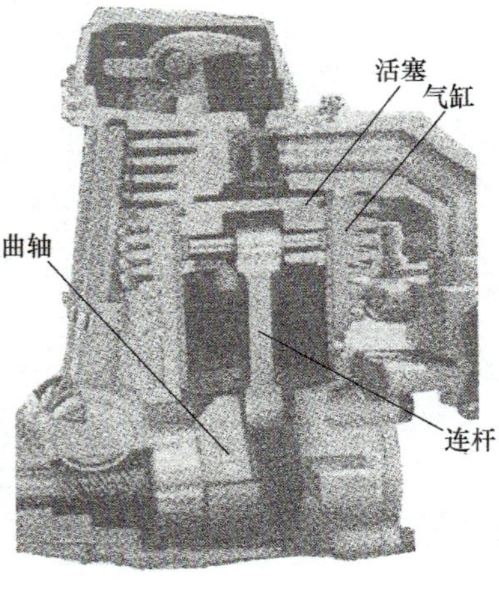

图 0-1

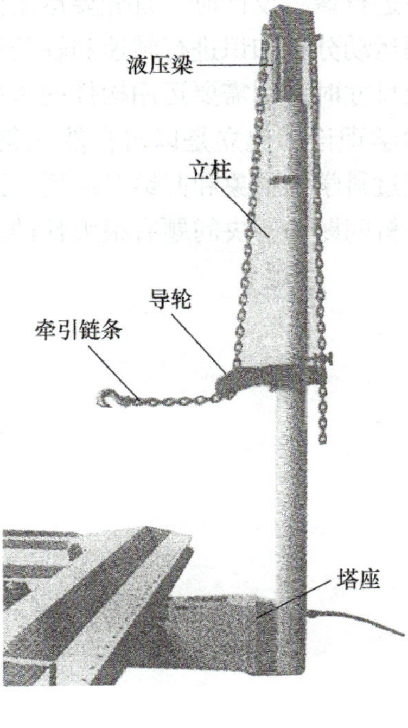

图 0-2

运动及动力分析是从几何的角度来研究物体运动的规律，以及物体的运动与其所受力之间的关系。

在机械传动设计时，要分析各部分之间的运动传递与转换，研究某些点的轨迹、速度和加速度。例如，在汽车运行时(图 0-3)，已知发动机的转速，求汽车的行驶速度，这就属于运动分析问题。

图 0-3

建筑物、设备和机器等都是由构件组成的。构件在工作时，总要受到外力的作用。为了使构件在外力的作用下能正常工作而不损坏，也不发生过度的变形，不丧失稳定，这就要求构件具有一定的强度(外力作用下构件抵抗破坏的能力)、刚度(构件抵抗变形的能力)和稳定性(保持原有平衡状态的能力)。

构件的承载能力分析就是研究构件在外力作用下的强度、刚度和稳定性等基本理论和计算方法，以保证构件安全、正常工作。

二、工程力学在工程技术中的地位和作用

工程力学是工科各类专业中一门重要的技术基础课程，在基础课及专业课中起桥梁作用，是后继课程(如机械原理、机械零件、结构力学、建筑结构等)的重要基础。

在进行课程设计时，首先要运用静力分析知识对机构整体及各零部件进行受力分析；然后运用运动分析知识进行转速和轴的转矩与转速、功率的计算；最后在选择材料、确定截面形状及尺寸时，则需要运用构件的承载能力分析知识。

力学理论的建立是以对自然现象的观察和生产实践的经验为主要依据的，它来源于实践，经过科学的抽象和归纳又回到实践，服务于实践。因此，工程力学对于我们今后研究问题、分析问题和解决问题有很大帮助。

基 础 篇

本篇包括构件的静力分析，平面力系的简化、平衡，杆件基本变形时的内力、应力分析和强(刚)度计算，压杆稳定性计算。

单元一　静力分析基础

静力分析是工程力学的基础，工程实际中存在着大量的静力分析问题。例如图1-1所示的油压夹紧装置，为了使压板始终压紧而不松脱，就必须分析压板的受力情况。又如桥式起重机(图1-2)，它由桥架、横梁、起重机和钢丝绳等构件所组成。为了保证起重机能正常工作，设计时必须分析各构件所受的力。

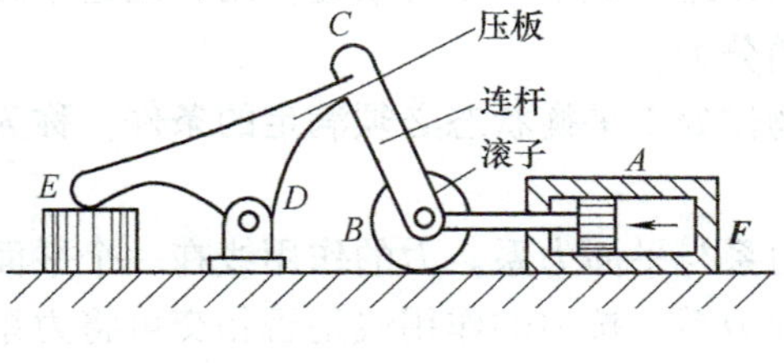

图　1-1

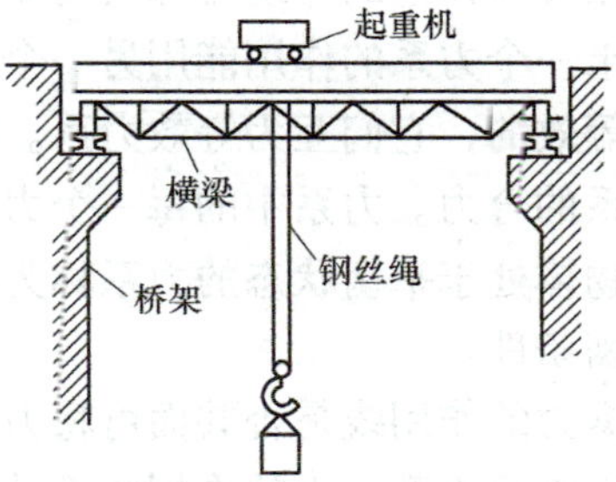

图　1-2

静力分析主要研究物体在力的作用下的平衡规律。

所谓平衡，是指物体相对于地面处于静止或匀速直线运动的状态。

在静力分析时，我们忽略物体的变形，将所研究的物体看成是刚体。刚体是指在外力作用下几何尺寸和形状都不发生变化的物体。刚体在现实中是不存在的，是理想化的模型。

在构件的承载能力分析中，讨论物体受力时的变形以及破坏情况时，变形成为一个主要的因素，因此必须将物体看成是变形体。而研究刚体平衡条件所运用的静力分析，对于变形体来说也是必要的。

课题一　力 的 概 念

一、力

力是物体间相互的机械作用。这种作用使物体的运动状态和形状尺寸发生改变。力使物体的运动状态发生变化，称为力的外效应。例如，物体加速下落、汽车制动等都属运动状态发生变化。力使物体的几何尺寸和形状发生变化，称为力的内效应。例如，弹簧伸长、机器的轴变弯、混凝土被压碎等都属于力的内效应。

力对物体的作用效果取决于三个要素：力的大小、力的方向和力的作用点。这三个要素中，有任何一个要素改变，力的作用效果就会改变。

力是矢量，用有向线段表示。有向线段(按一定比例尺)的长度表示力的大小，箭头指向表示力的方向，矢量的始端或终端表示力的作用点，如图 1-3 所示。本书中用黑体字母表示矢量，如 **F**、**G**；用明体字母表示该矢量的大小，如 F、G；书写时则可在符号上加个箭头表示矢量，如$\vec{F}$、$\vec{G}$。

力的单位是牛顿(N)或千牛顿(kN)，1kN = 1000N。

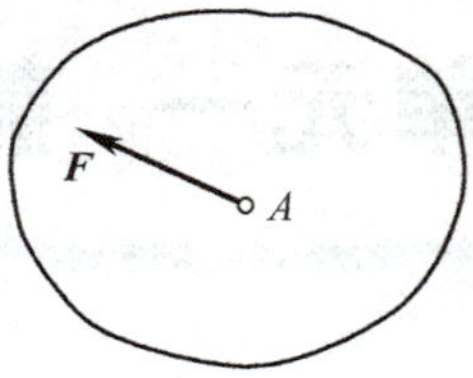

图 1-3

二、力偶

力学中，把作用在同一物体上，大小相等、方向相反，作用线平行但不共线的一对力称为力偶，它使物体转动。例如，用两个手指拧动水龙头、开门锁所施加的都是力偶。有关内容将在单元二详述。

三、力系

作用在物体上的一组力称为力系。

如果一个力系的作用能用另一个力系来代替，而不改变对物体的作用效果，则称这两个力系是等效的，它们互为等效力系。如果一个力的作用等效于一个力系的作用，则这个力称为该力系的合力。力系中的每一个力都是其合力的分力。

使物体处于平衡状态的力系称为平衡力系。物体处于平衡状态必须满足的条件，称为力系的平衡条件。

依据力的作用线是否共面可将力系分为空间力系与平面力系。力的作用线在一个平面上的力系为平面力系；力的作用线不共面，则为空间力系。按力的作用线是否相交可将力系分为汇交力系、平行力系与任意力系。作用线相互平行的力系为平行力系，如屋面板所受重力即为平行力系；力的作用线相互汇交于一点的力系是汇交力系，如起吊重物时吊钩的受力；力的作用线既不相互汇交于一点也不相互平行的力系叫做任意力系，如行驶中列车的受力和机器转动中轴的受力。

按力的作用范围可将力系分为集中力(集中载荷)、分布力(分布载荷)。当力的作用范围相对于结构或构件的尺寸很小时，可以将其简化为作用在结构或构件某一点上，即集中力。而连续分布在物体上的力叫做分布力。分布在整个构件内部各点上的力是体分布力，如重力；分布在构件表面上的力是面分布力，如土、水、风雪压力等。有些分布载荷是均匀分布的，称为均布载荷，如工字梁自重(图 1-4)。

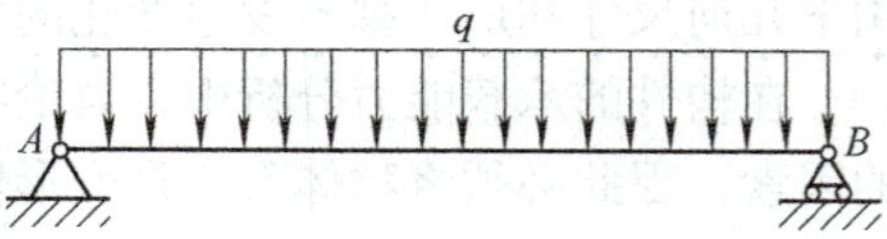

图 1-4

分布力的大小用载荷集度 q 来表示。体分布力的单位为牛顿/米^3(N/m^3)或千牛顿/米^3(kN/m^3)，面分布力的单位为牛顿/米^2(N/m^2)或千牛顿/米^2(kN/m^2)。

工程设计中，常常需要将体、面分布力简化为连续分布在某一段长度(如杆件轴线)上的力，称为线分布力，单位为牛顿/米(N/m)或千牛顿/米(kN/m)。

课题二 力的基本性质

性质一 二力平衡公理

作用在同一刚体上的两个力，使刚体保持平衡的必要和充分条件是：这两个力大小相等、方向相反，且作用在同一直线上。

凡是不计自重只在两点受力而处于平衡状态的构件，称为二力构件。二力构件的形状可以是直杆也可以是曲杆或折杆，因只有两个受力点，故力的方向必在两受力点连线上。在结构中找出二力构件，对物体的受力分析至关重要。

性质二 力的平行四边形公理

作用于物体上同一点的两个力，其合力也作用在该点上，合力的大小和方向由这两个力为邻边所作的平行四边形的对角线确定。由矢量合成法，有

$$\boldsymbol{F}_R = \boldsymbol{F}_1 + \boldsymbol{F}_2 \tag{1-1}$$

如图 1-5 所示，$\boldsymbol{F}_R$ 即为 $\boldsymbol{F}_1$ 和 $\boldsymbol{F}_2$ 的合力。

由两个力求合力，解是唯一的；反过来由合力求两个分力，有无穷多个解。通常将合力沿两个互相正交的方向分解为两个分力，即合力的正交分解。如图 1-6 所示，常将力 $\boldsymbol{F}$ 沿水平方向及垂直方向分解为 $\boldsymbol{F}_x$、$\boldsymbol{F}_y$ 两个分力，$F_x = F\cos\alpha$、$F_y = F\sin\alpha$。

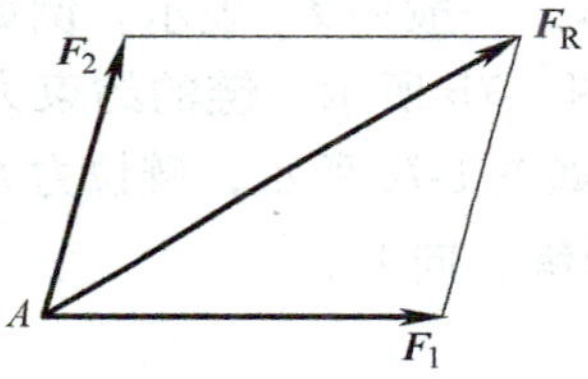

图 1-5

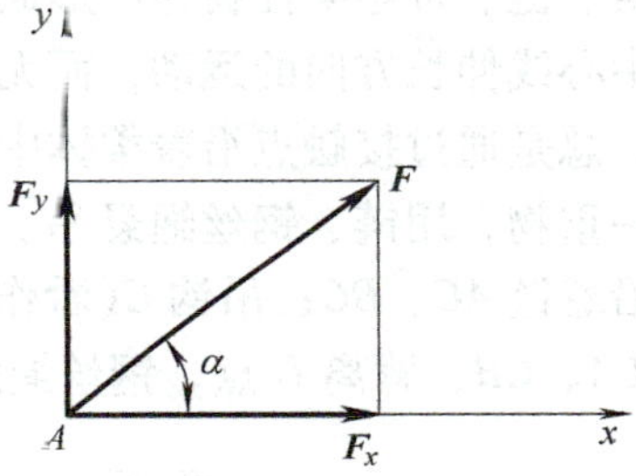

图 1-6

性质三 加减平衡力系公理

在已知力系上加上或减去任意的平衡力系，不会改变原力系对刚体的效应。

力的可传性原理：作用在刚体上某点的力，沿其作用线移到刚体内任一点，不改变它对刚体的作用。例如，实践中用力 $\boldsymbol{F}$ 拉车及用等量的力去推车，效果是一样的。

由力的可传性原理可以看出，作用于刚体上的力的三要素为：力的大小、方向和力的作用线位置，不再强调力的作用点。

需要说明的是，公理一、三及推论，只对刚体适用，而不适用于变形体。

性质四 作用力与反作用力公理

当甲物体给乙物体一作用力时，甲物体也同时受到乙物体的反作用力，且两个力大小相等、方向相反、作用在一直线上。

课题三 约束与约束力

自然界中的一切事物总是以各种形式与周围事物互相联系而又互相制约的。在工程结构中，每一构件都根据工作要求以一定方式和周围其他构件联系着，它的运动因而受到一定的限制。例如，梁由于墙的支承而不致下落，列车只能沿轨道行驶，门、窗由于合页的限制只能绕固定轴转动等。

一、约束及约束力

凡是对一个物体的运动(或运动趋势)起限制作用的其他物体，就称为这个物体的约束。

能使物体运动或有运动趋势的力称为主动力。主动力往往是给定的或已知的，例如物体的重力、电磁力、水压力、土压力、风压力等。

约束既然限制物体的运动，也就给予该物体以作用力。约束作用在被约束物体上的作用力称为约束力。例如，梁压在墙上，给墙以压力，墙阻止梁下落而反作用于梁一向上的支承力，即墙给梁的约束力。约束力的方向总是与约束所限制的物体运动趋势方向相反。

约束力的方向与约束的性质有关，下面介绍几种工程中常见的约束类型。

二、工程上常见的约束

1. 柔性约束

绳索、链、带等柔性物体所形成的约束即为柔性约束。作为约束，它只能限制被约束物体沿其中心线伸长方向的运动，而无法阻止物体沿其他方向的运动。因此，柔性约束产生的约束力，总是通过接触点沿着柔体中心线背离被约束物体，一般用 $\boldsymbol{F}_{T}$ 表示。例如，图 1-7a 所示的一重物，用链、钢丝绳悬吊。重物的受力情况如图 1-7b 所示，链的约束力 $\boldsymbol{F}_{TA}$、$\boldsymbol{F}_{TB}$ 应分别沿着链 AC、BC；吊钩 C(看作一个点)的受力情况如图 1-7c 所示，链拉力 $\boldsymbol{F}'_{TA}$、$\boldsymbol{F}'_{TB}$ 应分别沿 CA、CB，背离 C 点，钢丝绳的约束力 $\boldsymbol{F}_{T}$ 应沿钢丝绳，向上。

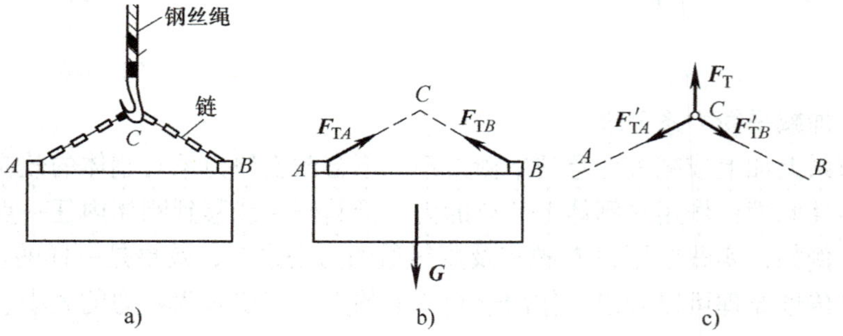

图 1-7

当柔软的绳、链或带绕过轮子时，它们给轮子的力只能沿柔索的中心线，背离轮子。图 1-8a 所示为一差动滑轮，图 1-8b 画出了各段链分别给轮 Ⅰ 和轮 Ⅱ 的力 $\boldsymbol{F}$、$\boldsymbol{F}'_{T1}$、$\boldsymbol{F}'_{T2}$ 和 $\boldsymbol{F}_{T1}$、$\boldsymbol{F}_{T2}$。

2. 光滑面约束

这种约束与被约束物体的接触处是光滑的。它只能限制物体沿接触处公法线方向的运动，而不能阻止物体沿光滑接触面切线方向的运动，因此，光滑面约束的约束力总是通过接触点沿接触面的公法线而指向被约束物体，一般用 $\boldsymbol{F}_{N}$ 表示。

如图 1-9a 所示，二曲面接触，τ—τ 为公切面(线)，约束仅能限制球体沿接触处公法线 n—n 向约束体内的运动，所以，光滑面约束对球体产生的约束力为作用于 A 点的压力 $\boldsymbol{F}_{NA}$。

图 1-9b 为一矩形构件搁置在槽中的情况，直杆有 A、B、C 三个点与固定的槽壁相接触，三处的约束力 $\boldsymbol{F}_{NA}$、$\boldsymbol{F}_{NB}$、$\boldsymbol{F}_{NC}$ 均为公法线方向，并且指向矩形直杆的压力。

1 UNIT

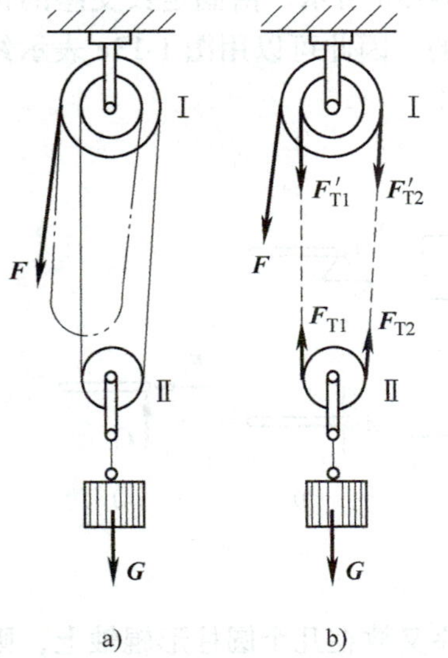

图 1-8

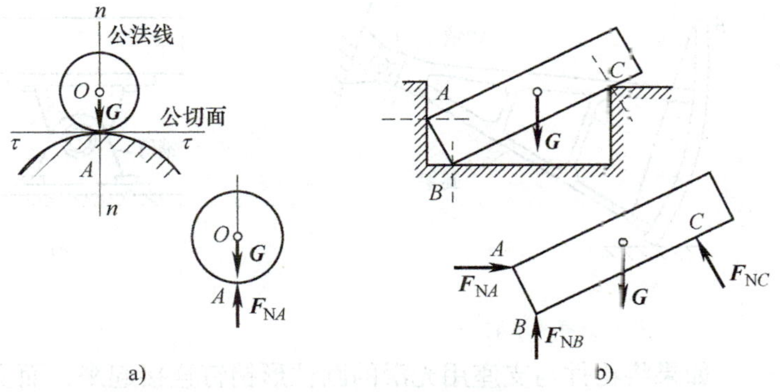

图 1-9

图 1-10 为机械夹具中 V 形块的受力情况，各接触处均为光滑接触。

3. 光滑圆柱铰链约束

圆柱铰链是用一圆柱形销钉将两个构件联接在一起(图1-11a)，联接方式为用销钉插入两构件的圆孔中，且认为销钉与圆孔的表面都是完全光滑的。门、窗用的合页，起重机动臂与机座的连接等都是铰链约束的实例。

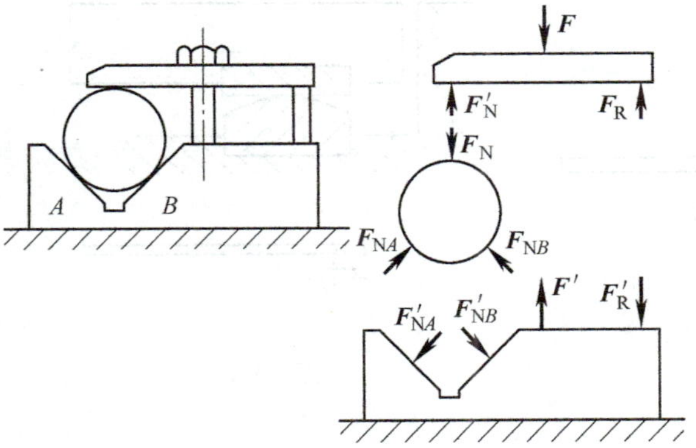

图 1-10

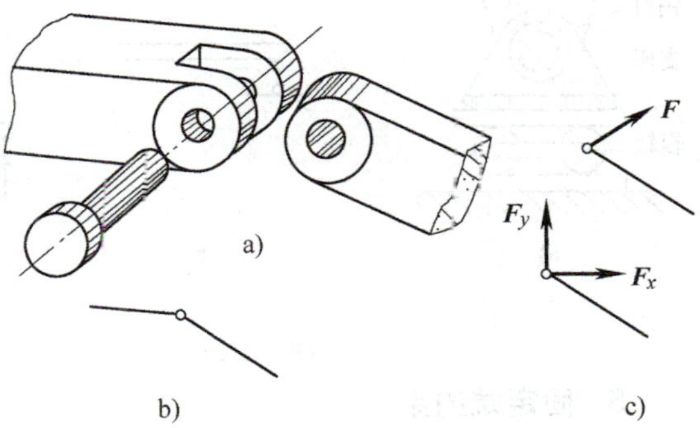

图 1-11

铰链简图如图 1-11b 所示。铰链连接中销钉只能阻止被约束的两构件的相对移动，但不能限制构件绕圆孔中心的相对转动。其约束力 $\boldsymbol{F}$ 应沿接触点处的公法线，通过铰链中心(销钉中心)，如图 1-11c 所示。但接触处的位置与被约束构件的受力情况有关，不能判定，因此 $\boldsymbol{F}$ 的方向未定，常常用过销钉中心沿 x、y 轴正向的两个约束力 $\boldsymbol{F}_x$、$\boldsymbol{F}_y$ 表示。

4. 支座

固定于基础或静止的支承面上的铰链支座称作固定铰支座。如图 1-12 所示的弧形闸门，在 A 处将腿架末端与固定构件用圆柱销钉连接，就是一个固定铰支座的实例。

固定铰支座的基本构造如图1-13a所示，计算简图如图 1-13b 所示。由固定铰支座的构造特点不难看出，其约束力的表示方法和圆柱形铰链是相同的，因此可以用图 1-13c 表示约束力。

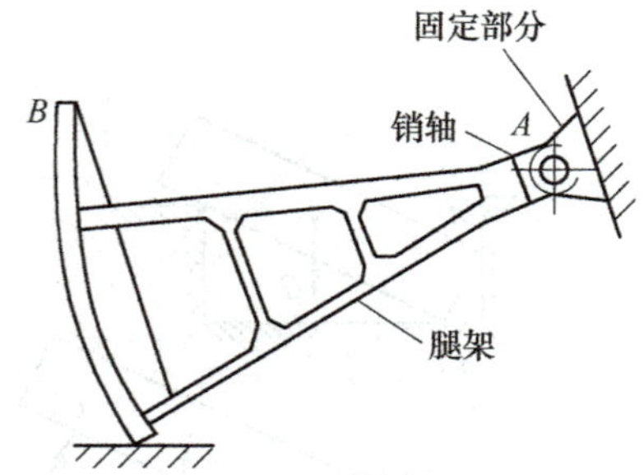

图 1-12

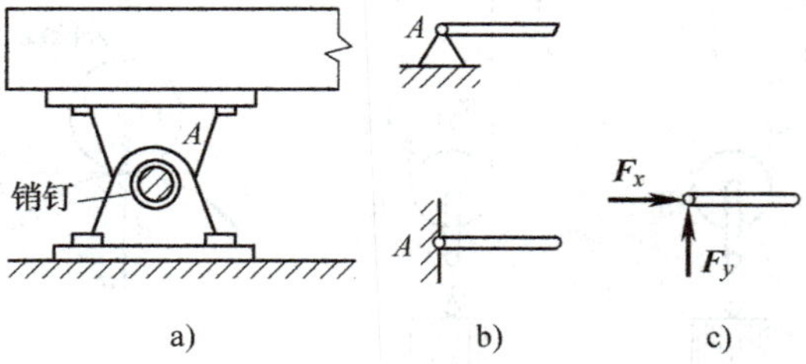

图 1-13

如果将构件与支座用光滑的圆柱形销钉连接起来，而支座又放在几个圆柱形辊轴上，则称为可动铰支座。这时支座可以在平行于支承面的方向移动，但不能离开支承面(图 1-14a)。显然这种支座只能限制构件沿支承面垂直方向的运动，故可动铰支座的约束力通过销钉中心，垂直支承面。图 1-14b 为可动铰支座简图，其约束力如图 1-14c 所示。例如，在桥梁中采用的弧形板支座，如图 1-15 所示，桥梁与桥墩是通过分别固定在梁上和墩上的两块钢板相互接触，从约束所能阻止的运动趋势来看，它与可动铰支座的作用相同。

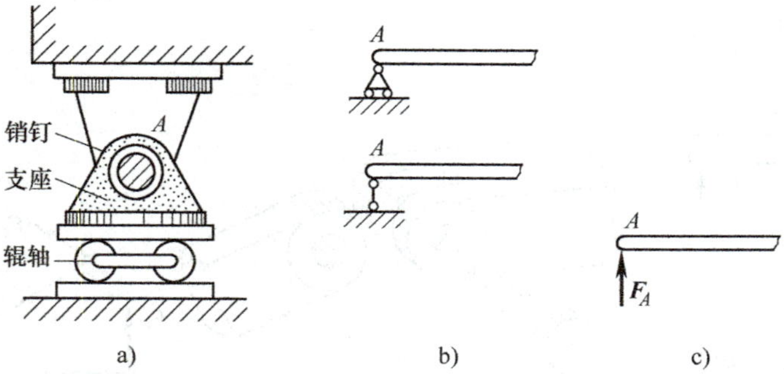

图 1-14

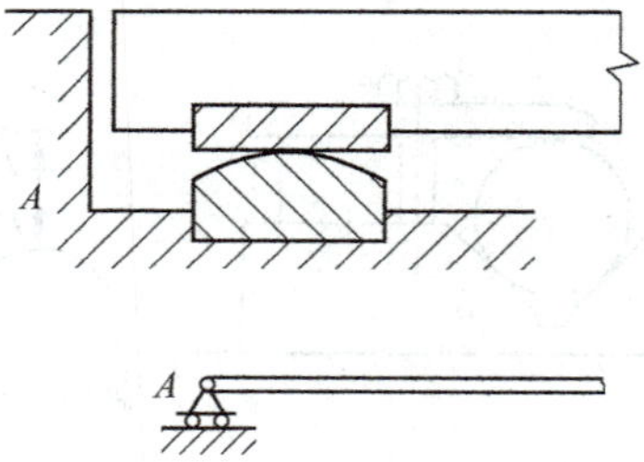

图 1-15

5. 固定端约束

固定端约束是指既能限制构件沿任何方向移动，又能限制构件转动的约束。如嵌在墙体内较深的支承阳台的悬臂梁(图 1-16a)，墙即为该梁的固定端约束，图 1-16b、c 分别表示其

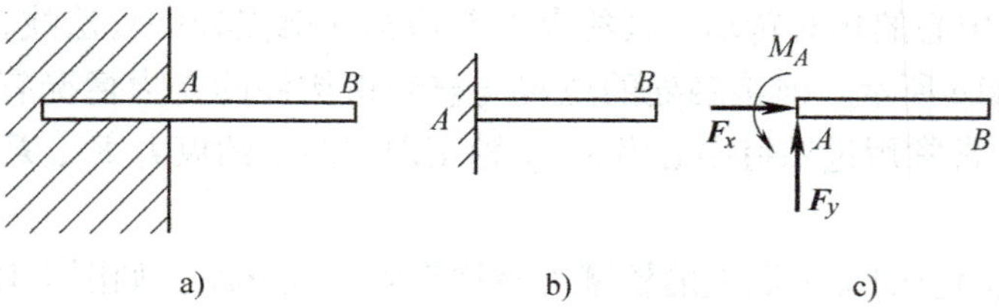

图 1-16

计算简图和约束力；又如图 1-17 是修理汽车时所用的插桩，地面对其约束即为固定端约束，由于固定端受力较复杂，其约束力将在单元二详述。

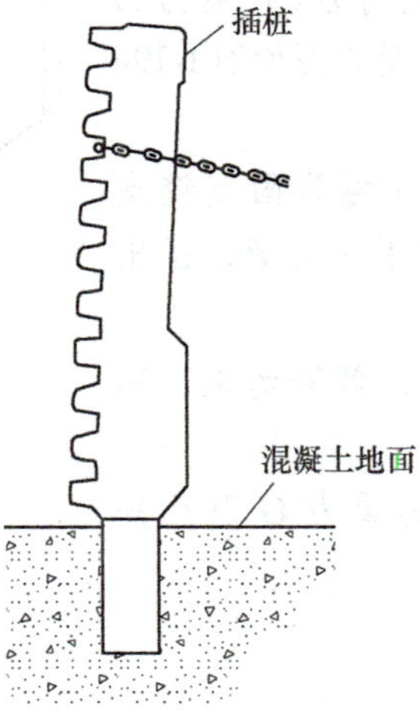

图 1-17

课题四　物体的受力分析　受力图

静力分析主要分析物体所受力系的简化与平衡问题。为此，需将所研究物体假想地从相互联系的结构中“分离”出来，单独画出。这种从周围物体中单独隔离出来的研究对象，称为分离体(或隔离体)。分离体已解除其约束。将研究对象受到的所有主动力和约束力无一遗漏地画在分离体上，这样的图形称为受力图。取分离体、画受力图的过程即是对研究对象进行受力分析。受力分析是求解力学问题的一个基本环节，也是关键的一步，必须反复练习，熟练掌握。

画受力图的步骤如下：

① 明确研究对象，画出研究对象的分离体简图。

② 在分离体上画出全部主动力。

③ 在分离体解除约束处，画出相应的约束力。

下面举例说明受力分析的方法。

例 1-1　重力为 G 的小球放置在光滑的斜面上，并用一绳拉住，如图 1-18a 所示，试画小球的受力图。

解　(1) 以小球为研究对象，解除斜面和绳的约束，画出分离体。

(2) 画主动力。小球受重力 G，方向垂直向下，作用于球心 O。

(3) 画出全部约束力。小球受到的约束有绳和斜面。绳为柔性约束，其约束力 F_T 为作用在 C 点的拉力；小球与斜面为光滑接触，斜面对小球的约束力 F_{NB} 为作用在 B 点、垂直于斜面的支持力。小球受力图见图 1-18b 所示。

例 1-2　画图 1-19a 中杆件 AB 的受力图，墙面光滑。

解　(1) 以杆 AB 为研究对象，解除约束，画出分离体。

(2) 画出主动力 $\boldsymbol{G}$。

(3) 画出全部约束力。B 处为光滑面约束，约束力 $\boldsymbol{F}_{NB}$ 为通过 B 点、垂直于墙面的支持力。A 端为固定铰支座，约束力用 $\boldsymbol{F}_{Ay}$、$\boldsymbol{F}_{By}$ 表示。受力图如图 1-19b 所示。

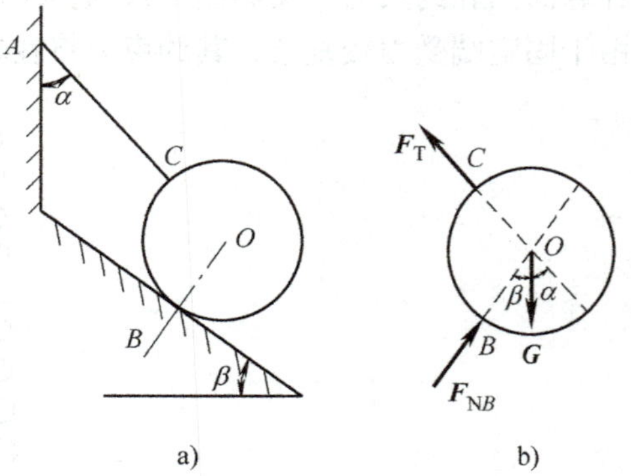

图 1-18

例 1-3 如图 1-20a 所示，梁 A 端为固定铰支座，B 端为可动铰支座，在 D 处作用一力 $\boldsymbol{F}$，画出 AB 梁受力图。

解 (1) 以 AB 梁为研究对象，解除约束，画出分离体。

(2) 画出全部主动力，有梁的重力 $\boldsymbol{G}$ 及已知力 $\boldsymbol{F}$。

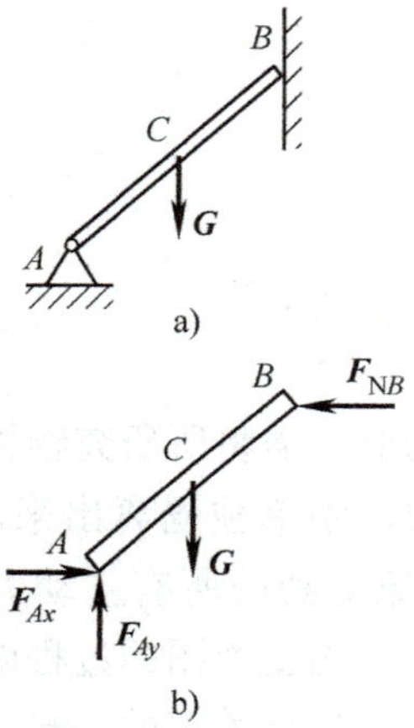

图 1-19

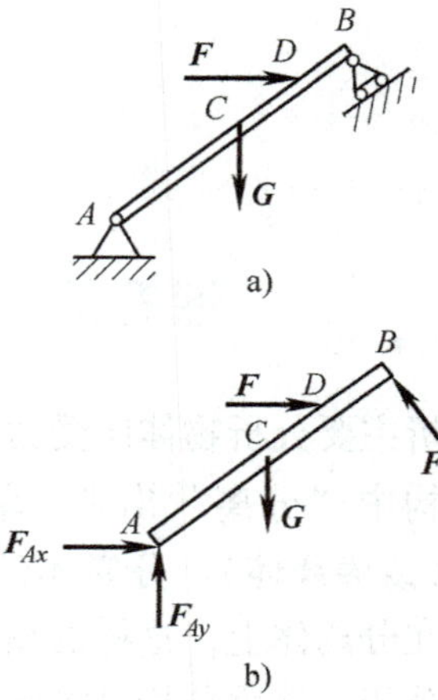

图 1-20

(3) 画出全部约束力。固定铰支座 A 处的约束力 $\boldsymbol{F}_{Ax}$、$\boldsymbol{F}_{Ay}$，可动铰支座 B 处的约束力 $\boldsymbol{F}_{NB}$ 垂直于支承面，受力图如图 1-20b 所示。

几个物体通过一定的联系组成的系统，称为物体系统，简称物系。现举例说明物系受力图的画法。

例 1-4 水平杆 AD 与墙面铰接，中间由曲杆 BC 支撑，已知力 $\boldsymbol{F}$ 作用在 AD 上。各杆自重不计(图 1-21a)。试绘杆 AD、BC 的受力图。

分析：在这个系统中，杆 AD 有三点受力，杆 BC 两点受力，且彼此之间有相互作用力。曲杆 BC 是二力构件，在 B、C 端受一对大小相等、方向相反沿 BC 连线的力的作用，由作用力与反作用力公理可知杆 AD 在 C 处的受力方向。据此，在分析物系中各物体的受力情况时，应先分析系统中的二力构件的受力。

解 (1) 以曲杆 BC 为研究对象并画出分离体，其约束力为沿 BC 连线的压力 $\boldsymbol{F}_{NB}$、$\boldsymbol{F}_{NC}$，如图 1-21b 所示。

(2) 再以杆 AD 为研究对象画分离体，受力如下：作用于 D 点的主动力 $\boldsymbol{F}$；在 C 点受到曲杆 BC 的作用力 $\boldsymbol{F}'_{NC}$，$\boldsymbol{F}'_{NC}=\boldsymbol{F}_{NC}$，且 $\boldsymbol{F}'_{NC}$ 与 $\boldsymbol{F}_{NC}$ 反向；A 端为固定铰支座，约束力以 $\boldsymbol{F}_{Ax}$、

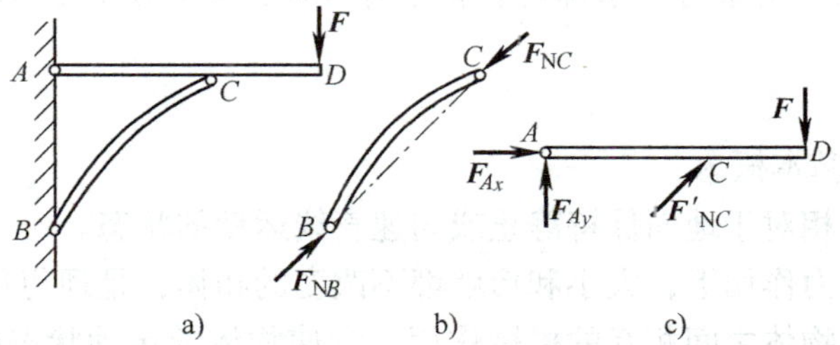

图 1-21

$\boldsymbol{F}_{Ay}$表示，受力图如图1-21c 所示。

例1-5 图1-22a 所示为内燃机的曲柄活塞机构示意图，在燃气推力 $\boldsymbol{F}_{P}$ 的作用下，活塞 B 通过连杆 AB 推动曲柄 OA 转动，作用在曲柄上的阻力偶为M，各构件的自重不计。试画出活塞 B 和曲柄 OA 的受力图。

解 (1) 画出活塞 B 的受力图(图1-22b)。

1) 画出主动力 $\boldsymbol{F}_{P}$。

2) 连杆 AB 是二力构件，在铰链 B 处 $\boldsymbol{F}_{AB}$沿 AB 连线指向。

3) 在活塞和气缸内壁接触处，是光滑面约束。$\boldsymbol{F}_{N}$ 沿接触面公法线指向活塞。在图1－22a中，活塞左右两边都是光滑面约束，但是，根据连杆推力的指向，活塞只与气缸右侧内壁接触，只受到气缸右侧内壁的约束力 $\boldsymbol{F}_{N}$。

(2) 画曲柄 OA 的受力图(图1－22c)。

1) 画外力偶为 M。

2) O 处铰链支座，约束力用两个正交分力 $\boldsymbol{F}_{Ox}$、$\boldsymbol{F}_{Oy}$表示。

3) 在铰链 B 处 $\boldsymbol{F}_{BA}$ 沿 AB 连线，指向与 $\boldsymbol{F}_{AB}$相反的方向。

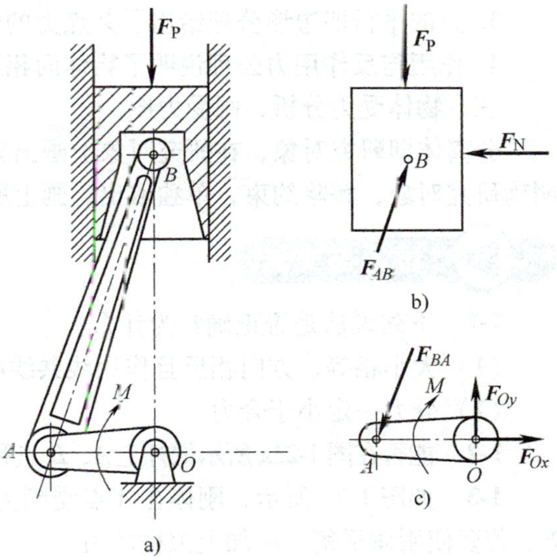

图 1-22

通过以上例题的分析，现将受力分析及画受力图时应注意的问题归纳如下：

① 明确研究对象。正确地选取研究对象，解除与之有联系的所有约束，画出分离体。分离体的形状、方位必须与原物体保持一致。

② 在分离体上画出受到的所有主动力和约束力，与研究对象不相关的主动力和约束力都不能画出。

③ 要根据约束的类型，画出相应的约束力，不能多画，也不能漏画。

④ 在分析物体系统受力时，先找出二力构件，这样有助于一些未知力方位的判断。

⑤ 画物系中某个物体受力时，必须注意到作用力与反作用力的关系，作用力的方向一

经确定，反作用力的方向必须与它相反。

⑥ 在以物系为研究对象时，系统内各物体间的相互作用力不再出现。

小结

一、静力分析的基本概念

1. 平衡——物体相对于地面保持静止或匀速直线运动的状态。

2. 刚体——在外力作用下，大小和形状都不改变的物体，是理想化的模型。

3. 力——物体与物体之间相互的机械作用，它使物体的运动状态改变(外效应)和使物体变形(内效应)。力对物体的外效应取决于力的三要素：大小、方向和作用点(对刚体而言是作用线)。力系：同时作用于物体上的一群力。均布力：均匀分布在相应面积、体积或长度上的力。

4. 约束——限制所研究物体运动(或运动趋势)的物体。约束作用在被约束物体上的反作用力，称为约束力。其作用线通过物体与约束的接触点，方向根据约束的类型来决定，它总是与约束所能阻碍物体的运动(或运动趋势)方向相反。

二、力的基本性质

1. 二力平衡公理说明了作用在一个刚体上的两个力的平衡条件。

2. 加减平衡力系公理是力系等效代换的基础。

3. 力的平行四边形公理给出了共点力的合成方法。

4. 作用与反作用力公理说明了物体间相互作用的关系。

三、物体受力分析，画受力图

分离体即研究对象，在研究对象上画出其受到的全部力的图形称为受力图。画受力图要明确研究对象，解除约束，单独取出，画上所有主动力与约束力。

讨论与交流

1-1 下列说法是否正确？为什么？

(1) 大小相等、方向相反且作用线共线的两个力，一定是一对平衡力。

(2) 分力一定小于合力。

1-2 能否在图1-23a所示的杆上A、B点和图1-23b所示的C点上各加一力，分别使杆平衡？

1-3 如图1-24所示，刚体在A点受到力$\boldsymbol{F}_1$，在B点受到力$\boldsymbol{F}_2$，求出$\boldsymbol{F}_1$及$\boldsymbol{F}_2$的合力$\boldsymbol{F}$。若要使刚体平衡，应加上怎样的力？

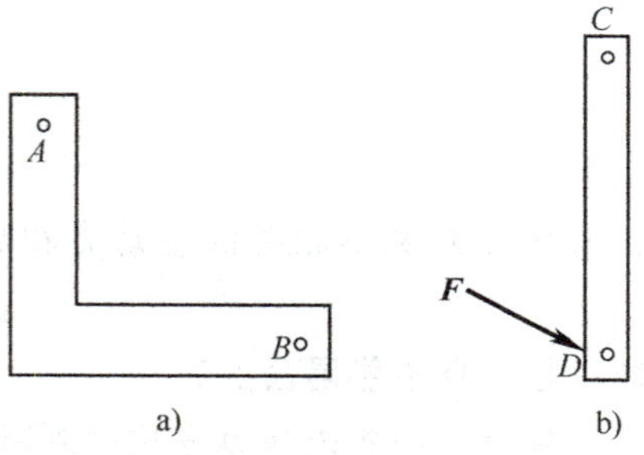

图 1-23

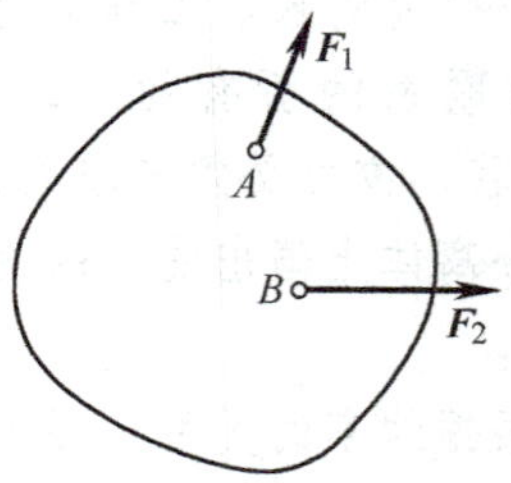

图 1-24

1-4 找出图 1-25 中的二力构件。

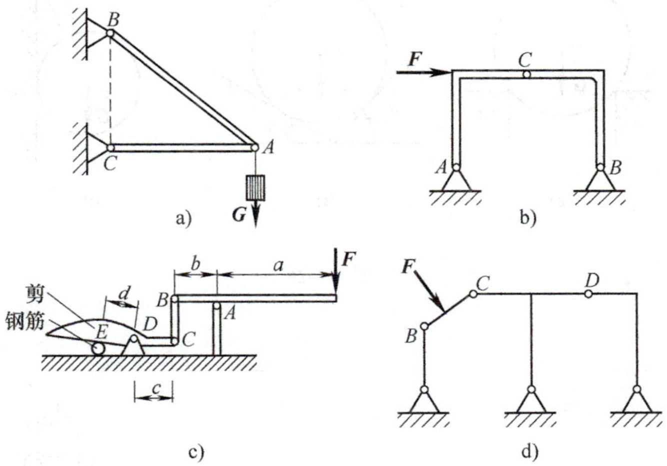

图 1-25

1-5 如图 1-26 所示，作用于三角架 *AB* 杆中点的垂直力 ***F***，能否沿其作用线移到 *BC* 杆的中点？要求 *A*、*C* 处支座约束力大小及方向保持不变。

1-6 如图 1-27 所示，*A*、*B* 物体各受力 $\boldsymbol{F}_1$、$\boldsymbol{F}_2$ 作用，且 $F_1=F_2$，假设接触面光滑，问 *A*、*B* 物体能否保持平衡？为什么？

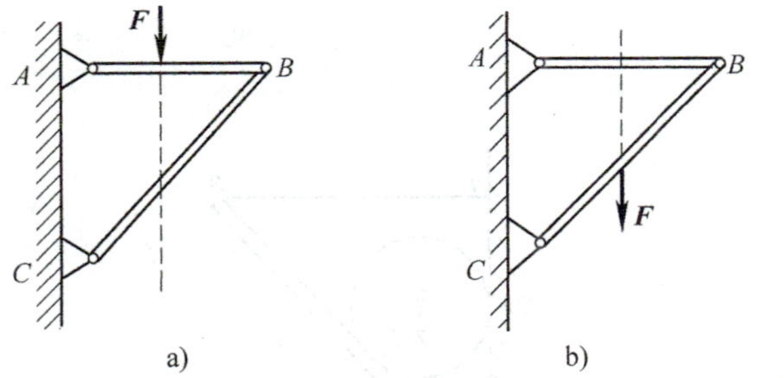

图 1-26

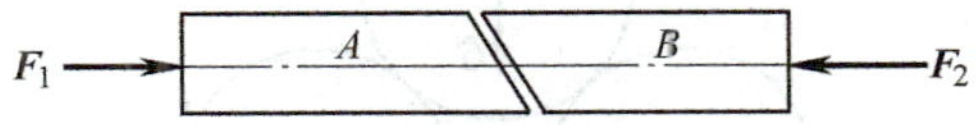

图 1-27

1-7 你在画受力图时，最常漏画的是什么力？最常画错方向的是什么力？

习题

下列题目中，凡未标出自重的物体，自重不计。接触处都不考虑摩擦。

1-1 画出图 1-28 所示球体的受力图。

1-2 画出图 1-29 所示杆件受力图。

1-3 如图 1-30 所示，起重架由杆 *BC* 和钢绳所组成。杆的一端用铰链联接在柱上 *C* 点，另一端用钢绳 *BD* 悬挂重物 *G*。试画出杆 *BC* 及铰 *B* 的受力图。

1-4 画出如图 1-31 所示物系中各球体及杆的受力图。

1-5 如图 1-32 所示，画出杆 *AB* 和球 *C* 的受力图。

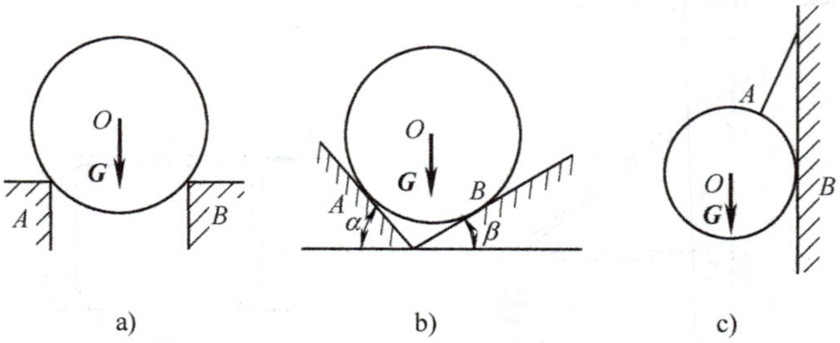

图 1-28

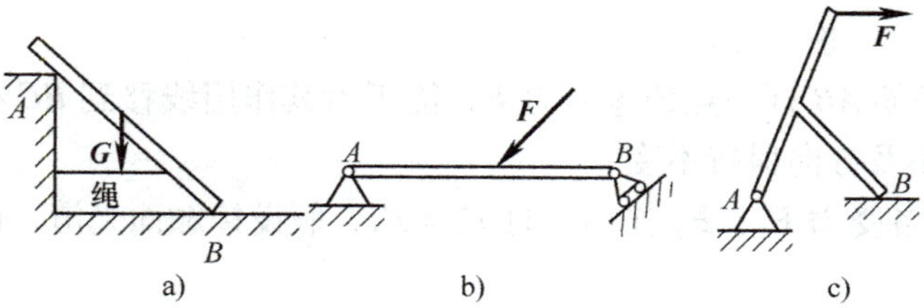

图 1-29

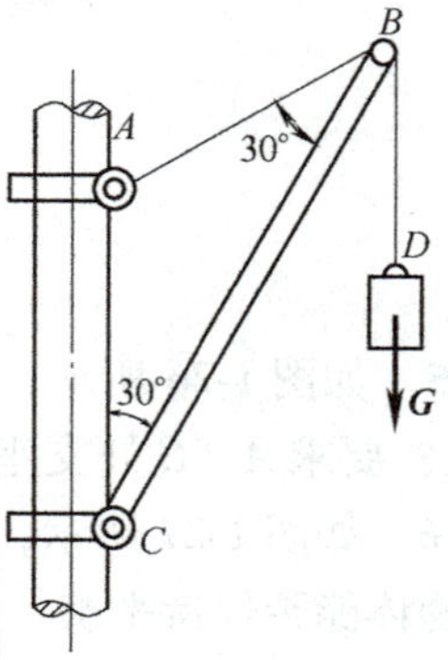

图 1-30

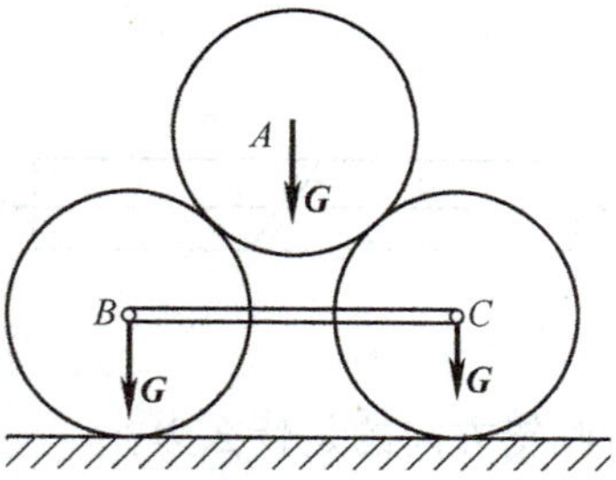

图 1-31

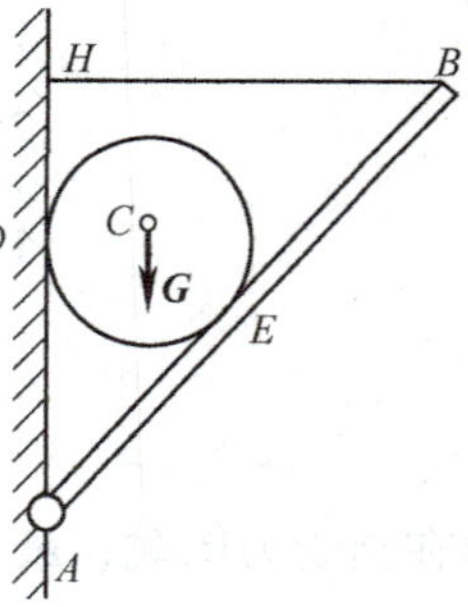

图 1-32

1-6 如图 1-33 所示力 ***F*** 作用在销钉上，试画出杆 *AB*、*BC* 及销钉 *B* 的受力图。

1-7 试画出图 1-34 所示物系和物系中每个物体的受力图。

1-8 如图 1-35 所示，画物系中每个物体的受力图。

1-9 如图 1-36 所示，画物系中各物体的受力图。

1-10 图 1-37 为制动器制动装置，画出图中 *AB* 杆的受力图。

1-11 图 1-38 为凸轮机构，画出物系中各物体的受力图。

1-12 如图 1-39 所示为自动卸货汽车示意图，画出翻斗 *ABC* 的受力图。

1-13 如图 1-40 所示，画出图中 *AC*、*BC* 及整体的受力图。

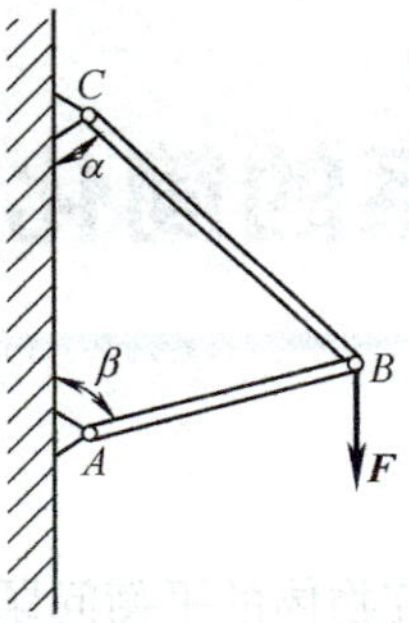

图 1-33

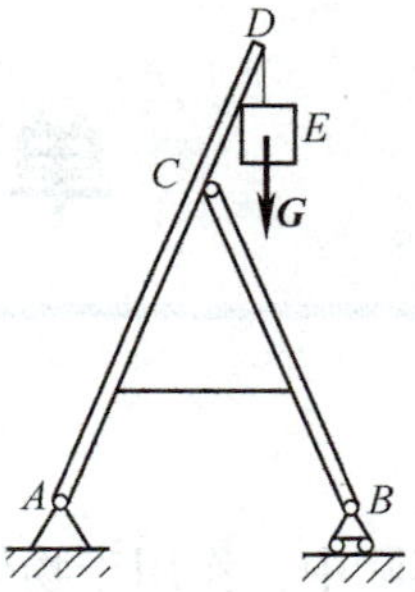

图 1-34

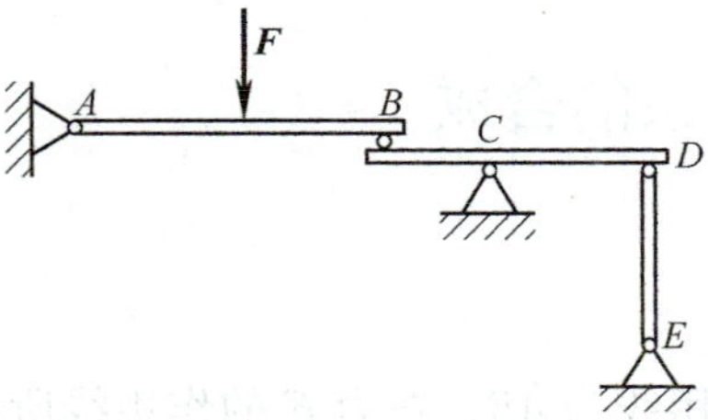

图 1-35

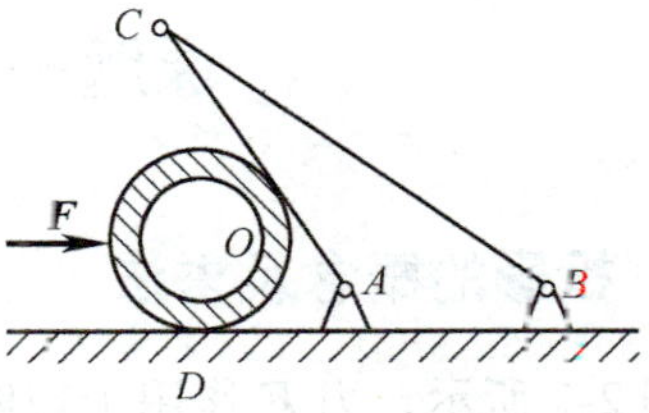

图 1-36

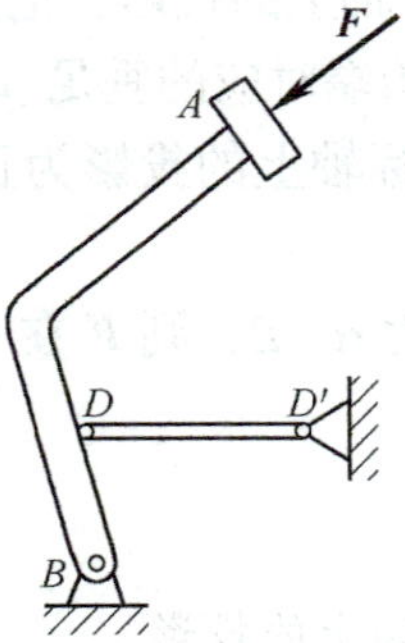

图 1-37

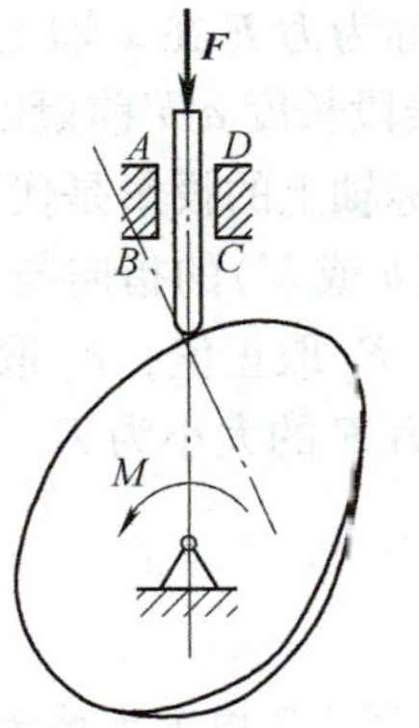

图 1-38

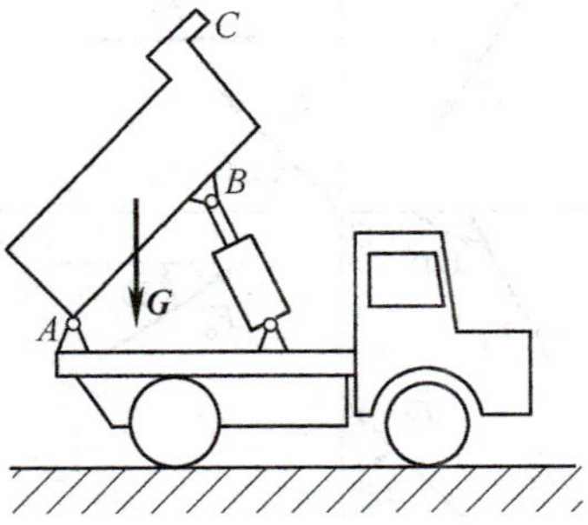

图 1-39

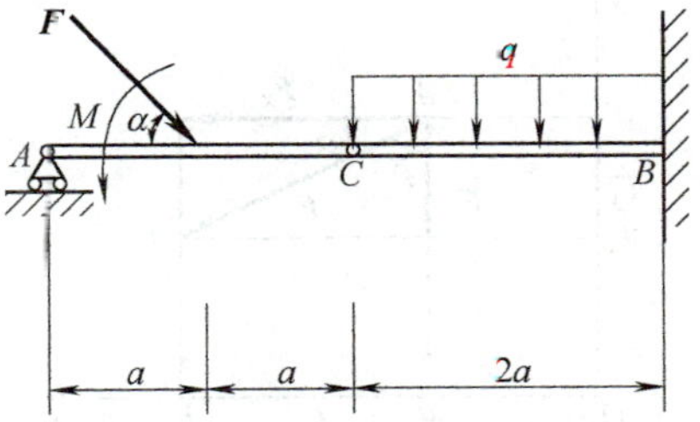

图 1-40

单元二　平面力系的简化与合成

在工程实际中，作用于物体上的力系是较为复杂的。研究物体的平衡问题，就必须在保证作用效应完全相同的前提下，将复杂力系简化为简单力系。

本单元将研究平面力系的简化与合成，为建立平衡方程和解决平衡问题打下基础。

课题一　平面汇交力系的合成

一、投影的概念及求法

如图 2-1 所示，力 $\boldsymbol{F}$ 作用于物体上的 A 点，其作用线为 AB，在力 $\boldsymbol{F}$ 的作用线所在的平面内建立直角坐标系 Oxy。

从力 $\boldsymbol{F}$ 的两个端点 A、B 作 x 轴的垂线，分别得垂足 a、b，在线段长度 ab 前冠以适当的正负号，称为力 $\boldsymbol{F}$ 在 x 轴上的**投影**，记作 F_x；同样从 A、B 作 y 轴的垂线，分别得垂足 a'、b'，在线段长度 $a'b'$ 前冠以适当的正负号，称为力 $\boldsymbol{F}$ 在 y 轴上的**投影**，记作 F_y。

力在坐标轴上的投影是代数量，其正负规定如下：若从始端对应的垂足(a 或 a')到末端对应的垂足(b 或 b')的指向与坐标轴的正向一致，则力在坐标轴上的投影为正，反之为负。如图 2-1 中，F_x 取正值，F_y 取负值。

若已知力 $\boldsymbol{F}$ 的大小为 F，它与 x 和 y 轴所夹的锐角分别为 α、β，则 $\boldsymbol{F}$ 在 x、y 轴上的投影分别为

$$\begin{cases} F_x = \pm F\cos\alpha = \pm F\sin\beta \\ F_y = \pm F\cos\beta = \pm F\sin\alpha \end{cases} \tag{2-1}$$

例 2-1　图 2-2 中各力的大小均为 100N，求各力在 x、y 轴上的投影。

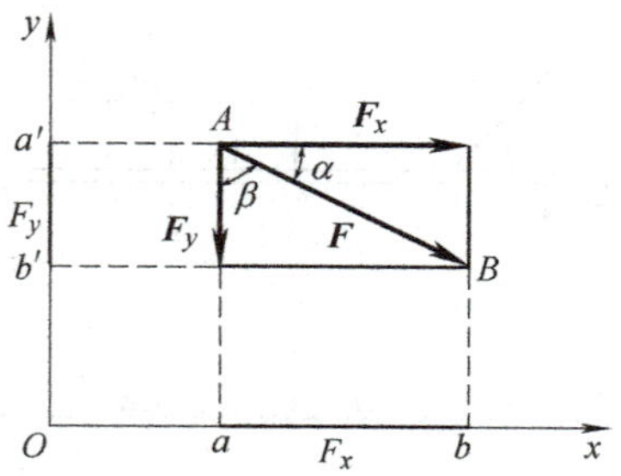

图　2-1

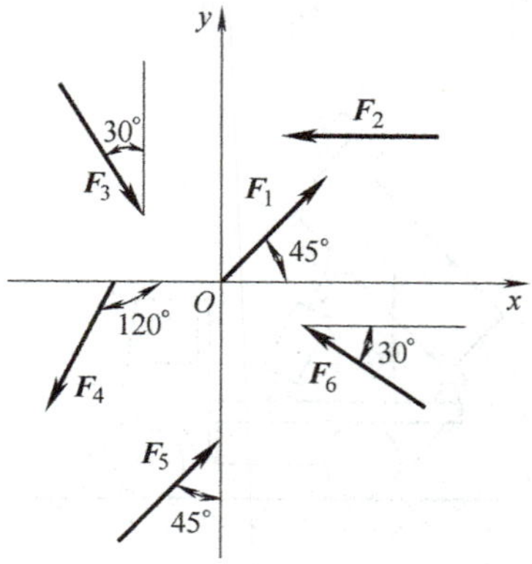

图　2-2

解 由式(2-1)得，各力的投影分别为

$\boldsymbol{F}_1$：$F_{1x}=F_1\cos45°=100\times\frac{\sqrt{2}}{2}\text{N}=50\sqrt{2}\text{N}=70.7\text{N}$

$F_{1y}=F_1\sin45°=100\times\frac{\sqrt{2}}{2}\text{N}=50\sqrt{2}\text{N}=70.7\text{N}$

$\boldsymbol{F}_2$：$F_{2x}=-F_2\cos0°=-100\times1\text{N}=-100\text{N}$

$F_{2y}=F_2\sin0°=100\times0\text{N}=0\text{N}$

$\boldsymbol{F}_3$：$F_{3x}=F_3\sin30°=100\times\frac{1}{2}\text{N}=50\text{N}$

$F_{3y}=-F_3\cos30°=-100\times\frac{\sqrt{3}}{2}\text{N}=-50\sqrt{3}\text{N}=-86.6\text{N}$

$\boldsymbol{F}_4$：$F_{4x}=-F_4\cos(180°-120°)=-100\times\frac{1}{2}\text{N}=-50\text{N}$

$F_{4y}=-F_4\sin(180°-120°)=-100\times\frac{\sqrt{3}}{2}\text{N}=-50\sqrt{3}\text{N}=-86.6\text{N}$

$\boldsymbol{F}_5$：$F_{5x}=F_5\sin45°=100\times\frac{\sqrt{2}}{2}\text{N}=50\sqrt{2}\text{N}=70.7\text{N}$

$F_{5y}=F_5\cos45°=100\times\frac{\sqrt{2}}{2}\text{N}=50\sqrt{2}\text{N}=70.7\text{N}$

$\boldsymbol{F}_6$：$F_{6x}=-F_6\cos30°=-100\times\frac{\sqrt{3}}{2}\text{N}=-50\sqrt{3}\text{N}=-86.6\text{N}$

$F_{6y}=F_6\sin30°=100\times\frac{1}{2}\text{N}=50\text{N}$

由上式可以看出，当力与坐标轴平行(或重合)时，力在坐标轴上投影的绝对值等于力的大小，力的方向与坐标轴的正向一致时，投影为正，反之为负；当力与坐标轴垂直时，力在坐标轴上的投影等于零。

在上例中，$\boldsymbol{F}_1$ 与 $\boldsymbol{F}_5$ 在 x、y 轴上的投影均完全相同。这说明，力在坐标轴上的投影与力的大小、方向有关，而与力的作用点或作用线的位置无关。

前面讲述了已知力求投影的方法，反过来，若已知力 $\boldsymbol{F}$ 在坐标轴上的投影 F_x 和 F_y，也可以求出力 $\boldsymbol{F}$ 的大小和方向。

$$\begin{cases}F=\sqrt{F_x^2+F_y^2}\\ \tan\alpha=\left|\dfrac{F_y}{F_x}\right|\end{cases}\tag{2-2}$$

式中 F——力 $\boldsymbol{F}$ 的大小(N)；

α——$\boldsymbol{F}$ 与 x 轴所夹的锐角(°)；

必须指出，投影和分力是两个不同的概念，分力是矢量，投影是代数量；分力与作用点的位置有关，而投影与作用点的位置无关。它们与原力的关系分别遵循不同的规则，只有在直角坐标系中，分力的大小才和同一轴上的投影的绝对值相等。

二、合力投影定理

可以证明：合力在任意轴上的投影等于所有分力在同一轴上投影的代数和，此即合力投影定理，即

若 $$F_R = F_1 + F_2 + \cdots + F_n$$

则 $$\begin{cases} F_{Rx} = F_{1x} + F_{2x} + \cdots + F_{nx} = \sum F_x \\ F_{Ry} = F_{1y} + F_{2y} + \cdots + F_{ny} = \sum F_y \end{cases} \tag{2-3}$$

三、平面汇交力系合成的解析法

各力的作用线在同一平面内，且汇交于一点的力系称为平面汇交力系，如图 2-3 中的固定环所受的力即为一个平面汇交力系。平面汇交力系的合成方法主要有几何法和解析法两种。工程上应用较多的是解析法。其具体方法如下：

欲求平面汇交力系 $F_1, F_2, \cdots, F_n$ 的合力，首先建立坐标系 Oxy，并求出各力在 x、y 轴上的投影，然后根据合力投影定理计算合力 F_R 的投影 F_{Rx}和 F_{Ry}，最后根据式(2-2)求出合力的大小和方向。

$$\begin{cases} F_R = \sqrt{F_{Rx}^2 + F_{Ry}^2} = \sqrt{(\sum F_x)^2 + (\sum F_y)^2} \\ \tan\alpha = \left|\dfrac{F_{Ry}}{F_{Rx}}\right| = \left|\dfrac{\sum F_y}{\sum F_x}\right| \end{cases} \tag{2-4}$$

式中 F_R——合力的大小(N)；

α——F_R 与 x 轴所夹的锐角(°)。

F_R 的具体指向仍由 F_{Rx}和 F_{Ry}的正负确定，合力的作用点在力系的汇交点。

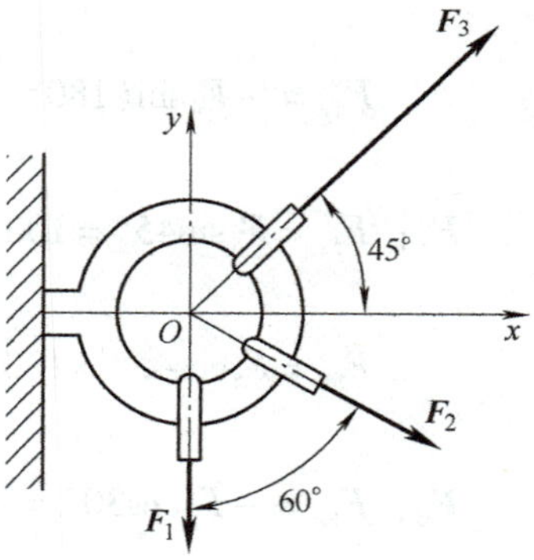

图 2-3

例 2-2 如图 2-4a 所示，重 50N 的球用与斜面平行的绳 AB 系住，静止在与水平面成 30°角的斜面上。已知绳子的拉力 $F_T = 25\text{N}$，斜面对球的支持力 $F_N = 25\sqrt{3}\text{N}$，试求该球所受的合外力的大小。

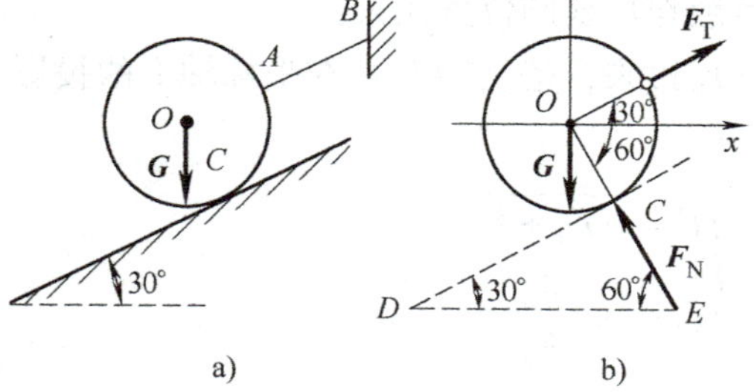

图 2-4

解一 画受力图并建立直角坐标系 Oxy，如图 2-4b 所示。

$$F_{Rx} = \sum F_x = F_{Nx} + G_x + F_{Tx} = -F_N\cos60° + 0 + F_T\cos30°$$

$$=\left(-25\sqrt{3}\times\frac{1}{2}+0+25\times\frac{\sqrt{3}}{2}\right)\mathrm{N}=0$$

$$F_{\mathrm{Ry}}=\sum F_y=F_{\mathrm{Ny}}+G_y+F_{\mathrm{Ty}}=F_{\mathrm{N}}\sin60^\circ-G+F_{\mathrm{T}}\sin30^\circ$$

$$=\left(25\sqrt{3}\times\frac{\sqrt{3}}{2}-50+25\times\frac{1}{2}\right)\mathrm{N}=0$$

显然
$$F_{\mathrm{R}}=\sqrt{F_{\mathrm{R}x}^2+F_{\mathrm{Ry}}^2}=0$$

解二 画受力图并建立直角坐标系 $Ox'y'$，如图 2-4c 所示。

$$F'_{\mathrm{R}x}=\sum F'_x=F'_{\mathrm{N}x}+F'_{\mathrm{T}x}+G'_x=0+F_{\mathrm{T}}-G\cos60^\circ$$

$$=\left(0+25-50\times\frac{1}{2}\right)\mathrm{N}=0$$

$$F'_{\mathrm{Ry}}=\sum F'_y=F'_{\mathrm{Ny}}+F'_{\mathrm{Ty}}+G'_y=F_{\mathrm{N}}+0-G\sin60^\circ$$

$$=\left(25\sqrt{3}+0-50\times\frac{\sqrt{3}}{2}\right)\mathrm{N}=0$$

$$F_{\mathrm{R}}=\sqrt{F'^2_{\mathrm{R}x}+F'^2_{\mathrm{Ry}}}=0$$

由本例可知，所选坐标系不同，力系合成的结果一样，但繁简程度却不同。解题时，使坐标轴与尽可能多的力垂直或平行，可简化运算过程。

课题二 力对点之矩

力对物体的作用效应，除移动效应外，还有转动效应。其移动效应可用力在坐标轴上的投影来描述，那么力对物体的转动效应与哪些因素有关，又如何描述呢？

一、力对点之矩的概念

如图 2-5 所示，当我们用扳手拧螺母时，力 $\boldsymbol{F}$ 使螺母绕 O 点转动的效应不仅与力 $\boldsymbol{F}$ 的大小有关，而且还与转动中心 O 到 $\boldsymbol{F}$ 的作用线的距离 d 有关。大量实践表明，转动效应随 F 或 d 的增加而增强，可用 F 与 d 的乘积来度量。另外，转动方向不同，效应也不同。为了表示不同的转动方向，还应在乘积前加上适当的正负号，类似的实例还很多。

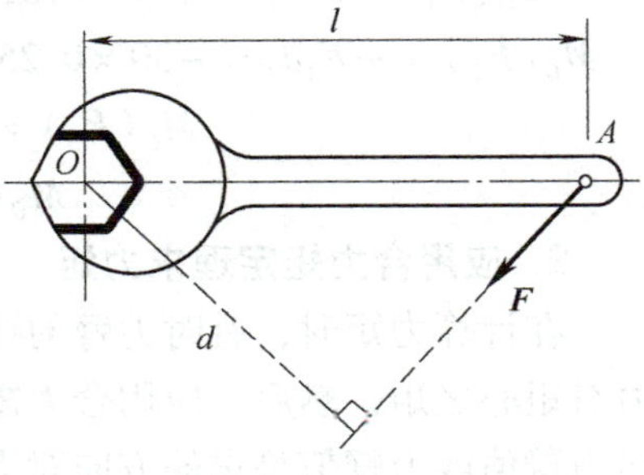

图 2-5

在力学中，为度量力使物体绕某点（矩心 O）的转动的效应，将力的大小 F 与矩心到力的作用线的距离（力臂 d）的乘积 Fd 冠以适当的正负号所得的物理量称为力 $\boldsymbol{F}$ 对 O 点之矩，简称力矩，记作 $M_O(\boldsymbol{F})$，即

$$M_O(\boldsymbol{F})=\pm Fd \tag{2-5}$$

力对点之矩是一个代数量，其正负规定为：力矩使物体绕矩心逆时针转动时，取正号；反之，取负号。其单位为牛顿米（N·m）或千牛顿米（kN·m）。显然，1kN·m = 1000N·m。

由力矩的定义式可知，力矩具有以下性质：

① 力矩的大小和转向与矩心位置有关，同一力对不同矩心的力矩不同。

② 力沿其作用线滑移时，力对点之矩不变，因为此时力的大小、方向未变，力臂也

未变。

③ 当力的作用线通过矩心时，力臂为零，力矩也为零。

二、合力矩定理

力矩是度量力对物体的转动效应的物理量。可以证明：合力对平面内任意一点之矩，等于所有分力对同一点之矩的代数和。即

若 $$F_R = F_1 + F_2 + \cdots + F_n$$

则 $$M_O(F_R) = M_O(F_1) + M_O(F_2) + \cdots + M_O(F_n) = \sum M_O(F)$$

此关系称为合力矩定理。该定理不仅适用于平面汇交力系，对任何有合力的力系均成立。

三、力对点之矩的求法

求力对点之矩的方法，一般有以下两种：

1. 直接根据定义式(2-5)求力矩

这种方法的关键是求力臂 d。需要特别注意的是，力臂是矩心到力的作用线的距离，而点到线段的距离是垂线的长度，即力臂大小是垂直于力的作用线的线段长。

例 2-3 在图 2-6 中，已知 $F_1 = 40\text{N}$、$F_2 = 30\text{N}$、$F_3 = 50\text{N}$、$F_4 = 40\text{N}$、$OA = 0.5\text{m}$，试求图中各力对 O 点之矩。

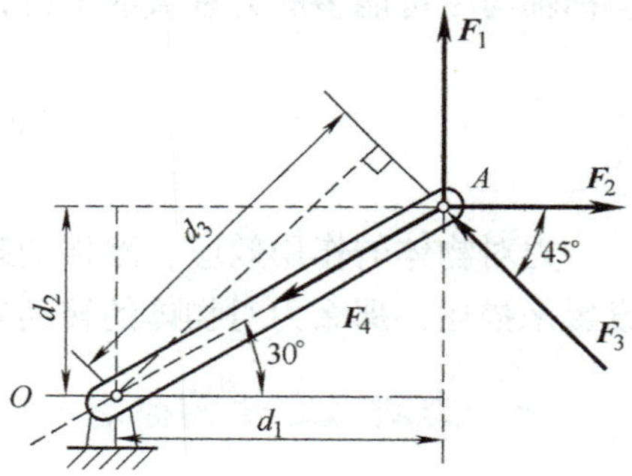

图 2-6

解 (1) 分别求各力的力臂

$$d_1 = OA\cos30° = 0.5 \times 0.866\text{m} = 0.433\text{m}$$

$$d_2 = OA\sin30° = 0.5 \times 0.5\text{m} = 0.25\text{m}$$

$$d_3 = OA\sin75° = 0.5 \times 0.966\text{m} = 0.483\text{m}$$

$$d_4 = 0$$

(2) 根据式(2-5)求各力对 O 点之矩

$$M_O(F_1) = F_1 d_1 = 40 \times 0.433\text{N·m} = 17.3\text{N·m}$$

$$M_O(F_2) = -F_2 d_2 = -30 \times 0.25\text{N·m} = -7.5\text{N·m}$$

$$M_O(F_3) = F_3 d_3 = 50 \times 0.483\text{N·m} = 24.2\text{N·m}$$

$$M_O(F_4) = F_4 d_4 = 40 \times 0\text{N·m} = 0$$

2. 应用合力矩定理求力矩

在计算力矩时，有时力臂的计算较烦琐，可将力分解为两个互相垂直的分力，分别求分力对矩心之矩，然后，应用合力矩定理求原力对矩心之矩。采用这种方法时，应选择图中标出力臂值或力臂值易求的方向对力进行分解，只有这样才能简化计算过程。

例 2-4 如图 2-7a 所示，圆柱齿轮的齿面受一压力角 $\alpha = 20°$ 的法向压力 F，$F = 1\text{kN}$，齿轮分度圆直径 $D = 60\text{mm}$，试求力 F 对轴心 O 之矩。

解一 按力对点之矩的定义式求。由图 2-7a 可得

$$d = r\cos\alpha = \frac{D}{2}\cos\alpha = \frac{60 \times 10^{-3}}{2} \times \cos20°\text{m} = 28.2 \times 10^{-3}\text{m}$$

由式(2-5)得

$$M_O(F) = Fd = 1 \times 10^3 \times 28.2 \times 10^{-3}\text{N·m}$$

2 UNIT

$$=28.2\text{N}\cdot\text{m}$$

解二 按合力矩定理求。将 $\boldsymbol{F}$ 沿分度圆的切向和法向分解(图 2-7b)。

$$F_t = F\cos\alpha \qquad F_r = F\sin\alpha$$

$$M_O(\boldsymbol{F}) = M_O(\boldsymbol{F}_t) + M_O(\boldsymbol{F}_r)$$

显然 $M_O(\boldsymbol{F}_r) = 0$ （$\boldsymbol{F}_r$ 通过 O 点，力臂为零）

因此 $M_O(\boldsymbol{F}) = M_O(\boldsymbol{F}_t) = Fr\cos\alpha$

$$=1\times10^3\times\cos20°\times\frac{60}{2}\times10^{-3}\text{N}\cdot\text{m}$$

$$=28.2\text{N}\cdot\text{m}$$

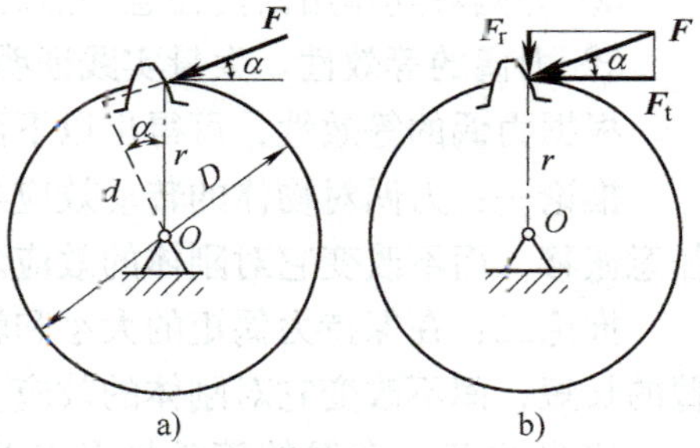

图 2-7

课题三 力偶 平面力偶系的合成

一、力偶及力偶矩

如前所述，把作用在同一物体上，大小相等、方向相反、作用线平行但不共线的一对力称为**力偶**，记作($\boldsymbol{F},\boldsymbol{F}'$)。力偶中两个力的作用线间的距离 d 称为**力偶臂**。两个力所在的平面称为**力偶的作用面**。

在工程实际和日常生活中，物体受力偶作用而转动的现象十分常见。例如，司机两手转动转向盘(图 2-8a)，双手用丝锥攻螺纹(图 2-8b)等所施加的都是力偶。

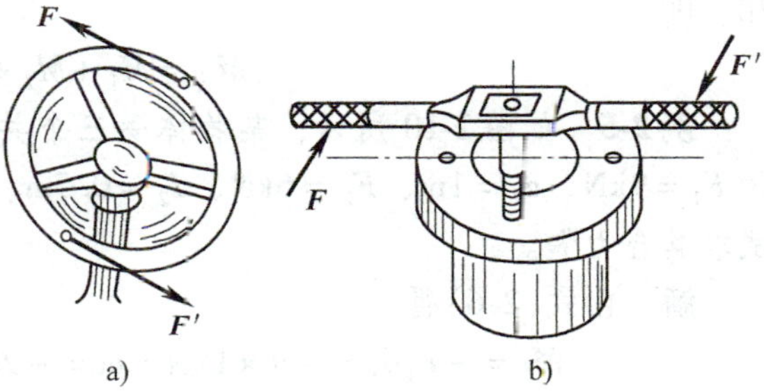

图 2-8

由实践经验可知，力偶中的两个力不满足二力平衡条件，不能平衡，也不能对物体产生移动效应，只能对物体产生转动效应。而且，力偶对物体的转动效应随力的大小 F 和力偶臂 d 的增大而增强。因此，我们用二者的乘积 $F\cdot d$ 冠以适当的正负号所得的物理量来度量力偶对物体的转动效应，称之为**力偶矩**，记作 $M(\boldsymbol{F},\boldsymbol{F}')$ 或 M。即

$$M(\boldsymbol{F},\boldsymbol{F}') = \pm Fd \tag{2-6}$$

在平面力系中，力偶矩与力矩一样，也是代数量，正负号表示力偶的转向，其规定与力矩相同，即“逆正顺负”。力偶矩的单位也与力矩相同，常用 N·m 和 kN·m。

力偶对物体的转动效应取决于力偶矩的大小、力偶的转向和作用面的方位，我们称这三个因素为**力偶的三要素**。三要素中，有任何一个改变，力偶的作用效应就会改变。

二、力偶的性质

根据力偶的概念，可以证明，力偶具有以下性质：

① 力偶在任意轴上的投影等于零，力偶无合力，既不能与一个力等效，也不能用一个力平衡，力偶只能用力偶来平衡。力偶和力是组成力系的两个基本物理量。

② 力偶对其作用面内任意一点之矩，恒等于其力偶矩，而与矩心的位置无关。

③ 力偶的等效性。大量实践证明，凡是三要素相同的力偶，彼此等效，可以相互代替。

根据力偶的等效性，可得出以下两个推论：

推论一：力偶对物体的转动效应与它在作用面内的位置无关，故力偶可以在其作用面内任意搬移，而不改变它对刚体的效应。

推论二：在保持力偶矩的大小和转向不变的情况下，可同时改变力偶中力的大小和力偶臂的长短，而不改变它对刚体的效应。

应当注意：力偶的等效性及其推论，只适用于刚体，不适用于变形体。

在平面力系中，表示力偶时，仅以一个带箭头的弧线来表示，并标出力偶矩的值即可，如图 2-9 所示，其中箭头表示力偶的转向。

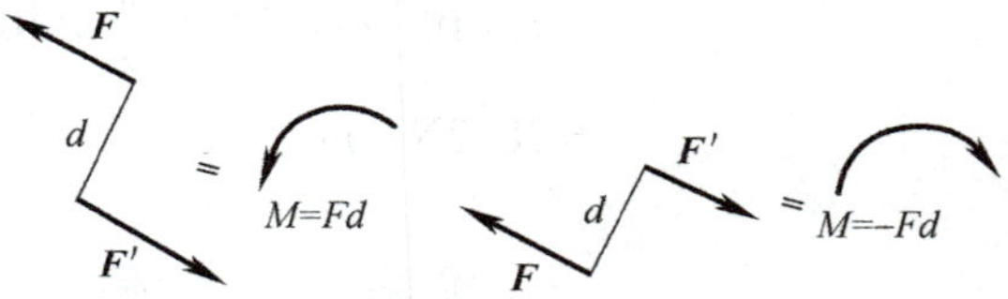

图 2-9

三、平面力偶系的合成

作用于同一物体上的若干个力偶组成一个力偶系，若力偶系中各力偶均作用在同一平面，则称为平面力偶系。

可以证明，平面力偶系合成的结果为一合力偶，其合力偶矩等于各分力偶矩的代数和。即

$$M_{合} = M_1 + M_2 + \cdots + M_n = \sum M \tag{2-7}$$

例 2-5 如图 2-10 所示，某物体受三个共面力偶的作用，已知 $F_1 = 9\text{kN}$、$d_1 = 1\text{m}$、$F_2 = 6\text{kN}$、$d_2 = 0.5\text{m}$、$M_3 = -12\text{kN}\cdot\text{m}$，试求其合力偶。

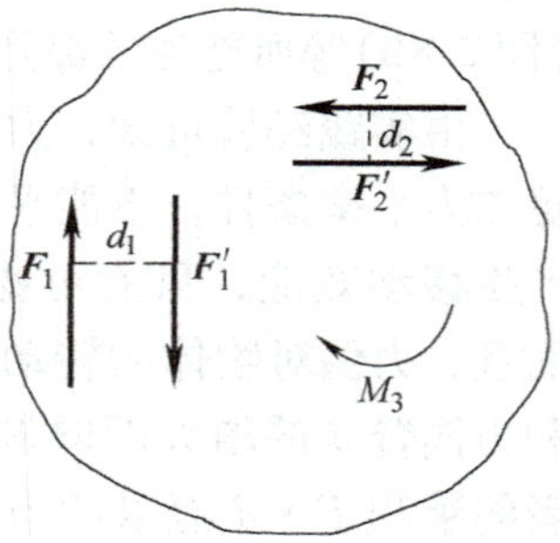

图 2-10

解 由式(2-6)得

$$M_1 = -F_1 d_1 = -9 \times 1\text{kN}\cdot\text{m} = -9\text{kN}\cdot\text{m}$$

$$M_2 = F_2 d_2 = 6 \times 0.5\text{kN}\cdot\text{m} = 3\text{kN}\cdot\text{m}$$

合力偶矩为

$$M_{合} = M_1 + M_2 + M_3 = (-9 + 3 - 12)\text{kN}\cdot\text{m} = -18\text{kN}\cdot\text{m}$$

此力偶系的合力偶是一顺时针转向、力偶矩大小为 18kN · m 的力偶。

课题四 平面任意力系的简化

各力的作用线都处于同一平面内，既不都汇交于一点，又不全部平行的力系称为平面任意力系。它是工程实际中最常见的一种力系，其简化以力的平移定理为依据。

一、力的平移定理

由力的基本性质可知：在刚体内，力沿其作用线滑移，其作用效应不变。如果将力的作用线平行移动到另一位置，其作用效应是否改变呢？由经验可知，力的作用线平移后，将改

变原力对物体的作用效果。例如，如图 2-11 所示，当力 $\boldsymbol{F}$ 作用于 A 点并通过其轴心 O 时，轮不转动，而力 $\boldsymbol{F}$ 的作用线平移至 B 点后，轮则转动。显然，力的作用线从 A 点平移到 B 点后，其效应发生了改变。

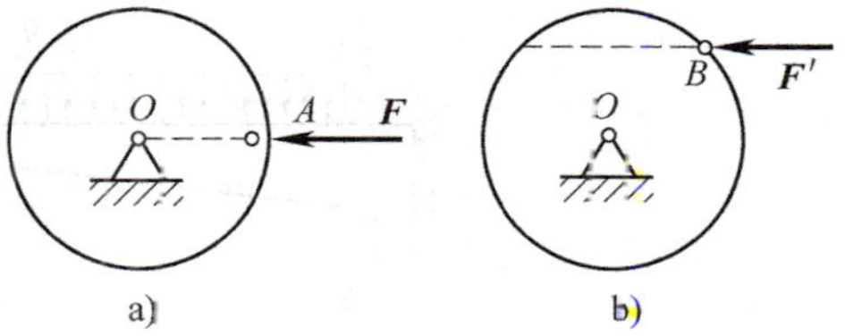

图 2-11

可以证明，将作用于刚体上的力，平移到刚体上任意一点，必须附加一个力偶才能与原力等效，附加力偶的力偶矩等于原力对平移点之矩，此即为力的平移定理。

应用力的平移定理时必须注意：

① 力的作用线平移时所附加的力偶矩的大小、转向与平移点的位置有关。

② 力的平移定理只适用于刚体，对变形体不适用，并且力的作用线只能在同一刚体内平移，不能平移到另一刚体。

③ 力的平移定理的逆定理也成立。

力的平移定理不仅是力系简化的依据，而且也是分析力对物体作用效应的一个重要方法，能解释许多工程和生活中的现象。例如，用丝锥攻丝时，为什么单手操作时容易断锥或攻偏；打乒乓球时，为什么搓球能使乒乓球旋转等，请读者自己分析。

二、平面任意力系简化

设刚体上作用着平面任意力系 $\boldsymbol{F}_1, \boldsymbol{F}_2, \cdots, \boldsymbol{F}_n$（图 2-12a）。在力系所在平面内任选一点 O 作为简化中心，根据力的平衡定理，把所有力平移至简化中心，可得到一个平面汇交力系和一个平面力偶系，如图 2-12b 所示。

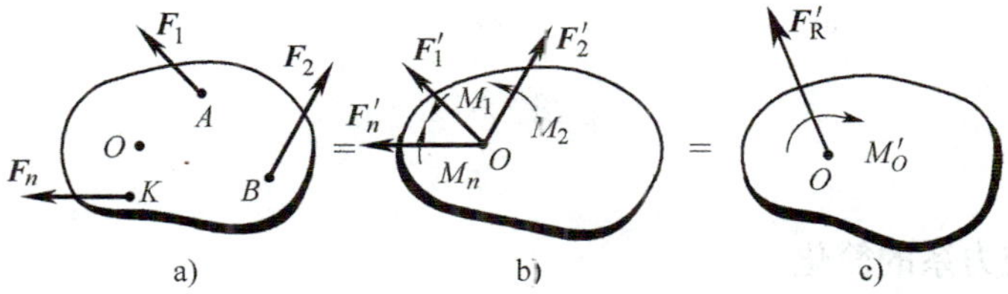

图 2-12

对平面汇交力系和平面力偶系分别合成，可得到作用于简化中心的一个力 $\boldsymbol{F}'_R$ 和一个力偶 M_O，如图 2-12c 所示。该力等于原力系中各力的矢量和，称为原力系的主矢量，其大小、方向与简化中心的位置无关。该力偶等于原力系中各力对简化中心之矩的代数和，称为原力系的主矩，其值一般与简化中心的位置有关。

三、固定端约束

物体的一部分固嵌于另一物体所构成的约束，称为固定端约束。例如，建筑物中的阳台（图 2-13a）、车床上车刀的固定（图 2-13b）、电线杆插入地面以及焊铆接和用螺栓联接的结构等，这些工程实例都可抽象为固定端约束，其简图如图 2-14 所示。

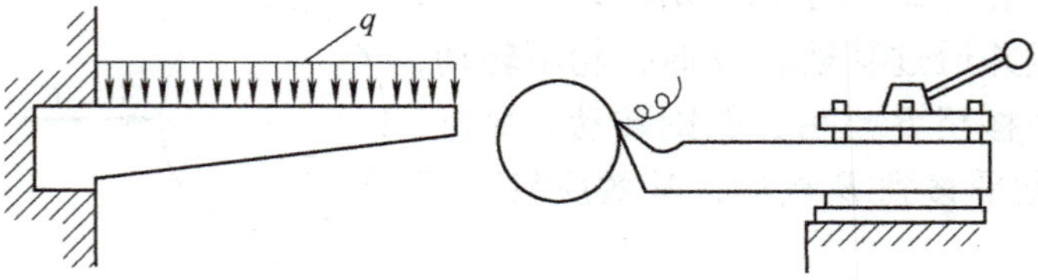

a) b)

图 2-13

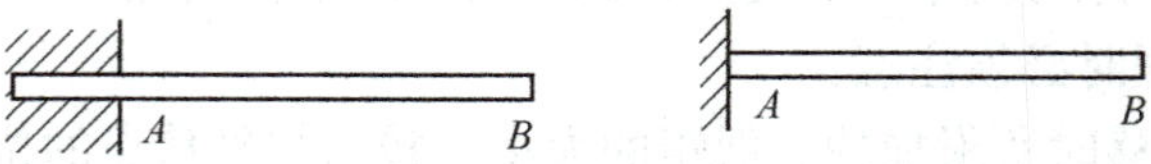

a) b)

图 2-14

固定端约束所产生的约束力比较复杂，物体插入部分各点所受的约束力的大小、方向均不同，但在平面力系问题中，这些约束力组成一个平面任意力系(图 2-15a)。在不清楚插入部分受力情况的条件下，把这个力系向固定端上的 A 点简化，可得到作用于 A 点的一个力 $\boldsymbol{F}_A$ 和一个力偶 M_A，如图 2-15b 所示。一般情况下，$\boldsymbol{F}_A$ 的方向未知，常用两个正交约束力 $\boldsymbol{F}_{Ax}$、$\boldsymbol{F}_{Ay}$来表示。因此，固定端约束有两个约束力和一个约束力偶，如图 2-15c。其中两个约束力 $\boldsymbol{F}_{Ax}$、$\boldsymbol{F}_{Ay}$限制物体的移动，约束力偶 M_A 限制物体的转动。

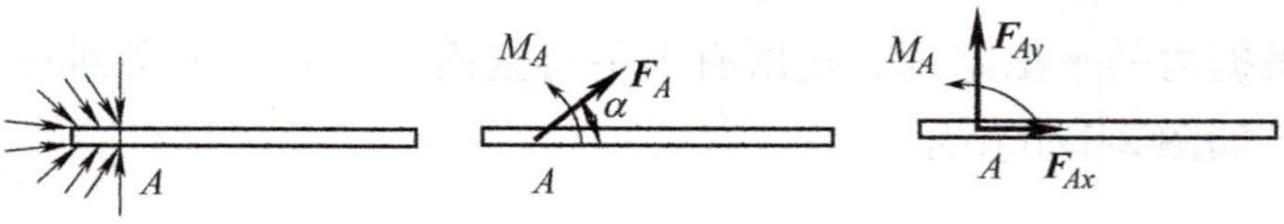

a) b) c)

图 2-15

小结

一、平面汇交力系的简化

1. 力在坐标轴上的投影

由力的作用线的始端和末端分别向坐标轴作垂线，所得的垂足间的线段冠以适当的正负号，称为该力在该坐标轴上的投影。其求法为

$$\begin{cases} F_x = \pm F\cos\alpha \\ F_y = \pm F\sin\alpha \end{cases}$$

2. 合力投影定理

合力在任意轴上的投影等于所有分力在同一轴上投影的代数和。

3. 平面汇交力系的合成

$$\begin{cases} F_{Rx} = F_{1x} + F_{2x} + \cdots + F_{nx} = \sum F_x \\ F_{Ry} = F_{1y} + F_{2y} + \cdots + F_{ny} = \sum F_y \\ F_R = \sqrt{F_{Rx}^2 + F_{Ry}^2} = \sqrt{(\sum F_x)^2 + (\sum F_y)^2} \\ \tan\alpha = \left|\dfrac{F_{Ry}}{F_{Rx}}\right| = \left|\dfrac{\sum F_y}{\sum F_x}\right| \end{cases}$$

二、力对点之矩

1. 力对点之矩的概念

力的大小与力的作用线到矩心的距离的乘积冠以适当的正负号，称为力对点之矩。它是力使物体绕矩心转动效应的度量，其值与矩心位置有关。

2. 力对点之矩的求法

（1）用定义式：$M_O(\boldsymbol{F}) = \pm Fd$

（2）用合力矩定理：$M_O(\boldsymbol{F}_\mathrm{R}) = \sum M_O(\boldsymbol{F})$

三、平面力偶系的简化

1. 力偶的概念

作用在同一物体上，大小相等、方向相反、作用线平行但不共线的一对力称为力偶。它对物体只有转动效应，没有移动效应。其三要素是力偶矩的大小、力偶的转向和作用面的方位。

2. 力偶矩

力偶中力的大小与力偶臂的乘积冠以适当的正负号称为力偶矩，它是力偶对物体转动效应的度量，其大小与矩心的位置无关。

3. 力偶的性质

（1）力偶在任意轴上的投影恒等于零，力偶无合力，不能与一个力等效，也不能用一个力来平衡，力偶只能用力偶来平衡。

（2）力偶对其作用面内任意一点之矩，恒等于其力偶矩，而与矩心的位置无关。

（3）凡三要素相同的力偶彼此等效。因此力偶可在其作用面内任意移动或转动；在不改变力偶矩的大小和转向的前提下，可任意改变力偶中力的大小和力偶臂的长度。

4. 平面力偶系的合成

$$M_{合} = \sum M$$

四、平面任意力系的简化

1. 力的平移定理

将作用于刚体上的力平移到刚体上任意一点，必须附加一个力偶才能与原力等效，附加力偶的力偶矩等于原力对平移点之矩。

2. 平面任意力系的简化

根据力的平移定理将所有力向简化中心平移，得到一平面汇交力系和一平面力偶系，然后分别将这两个力系合成，可得到一个力 $\boldsymbol{F}'_\mathrm{R}$ 和一个力偶 M_O。

3. 固定端约束

物体的一部分固嵌于另一物体所构成的约束。其约束力由两个正交约束力和一个约束力偶组成。

讨论与交流

2-1 某同学求如图 2-16 所示力的投影如下：

$$\begin{cases} F_{1x} = -F_1\cos\alpha \\ F_{1y} = F_1\sin\alpha \end{cases} \qquad \begin{cases} F_{2x} = F_2\sin\beta \\ F_{2y} = -F_2\cos\beta \end{cases}$$

这种做法对吗？为什么？

2-2 投影与分力有何区别和联系？在平面汇交力系合成的解析法中，以分力代替投影是否可以？为什么？

2-3 “因为力偶在任意轴上的投影恒等于零，所以力偶的合力为零”这种说法对吗？为什么？

2-4 试分析力与力偶的区别与联系。

2-5 试分析力矩与力偶矩的区别与联系。

2-6 起吊重物时，若悬挂点不在物体重心的正上方会有什么结果，为什么？

2-7 既然力偶不能用一个力来平衡，那么如图2-17所示的轮子能不能平衡呢？为什么？

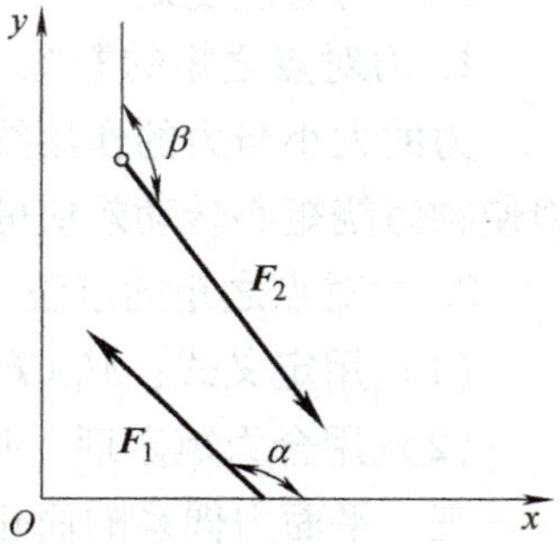

图 2-16

2-8 如图2-18所示，将图中的力 $\boldsymbol{F}$ 平移至 C 点或 D 点，是否可以用力的平移定理进行分析。

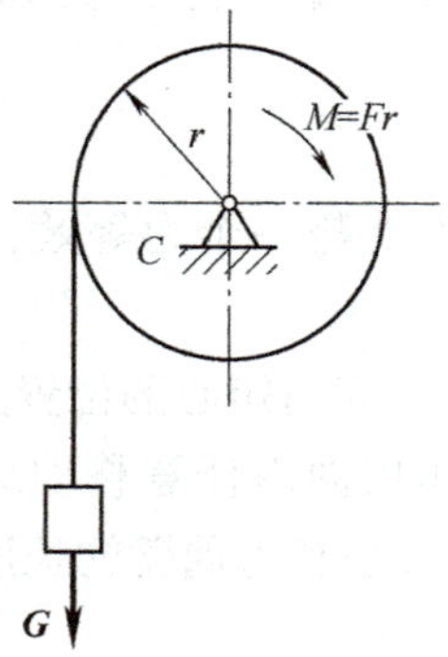

图 2-17

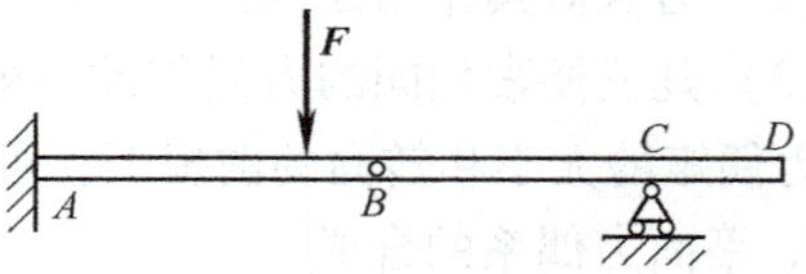

图 2-18

习题

2-1 如图2-19所示，已知 $F_1=F_2=F_3=F_4=F_5=F_6=10\text{N}$，$\alpha=30°$，试分别计算各力在 x、y 轴的投影。

2-2 如图2-20所示，已知 $F_1=10\text{N}$，$F_2=6\text{N}$、$F_3=8\text{N}$、$F_4=12\text{N}$，试求合力的大小。

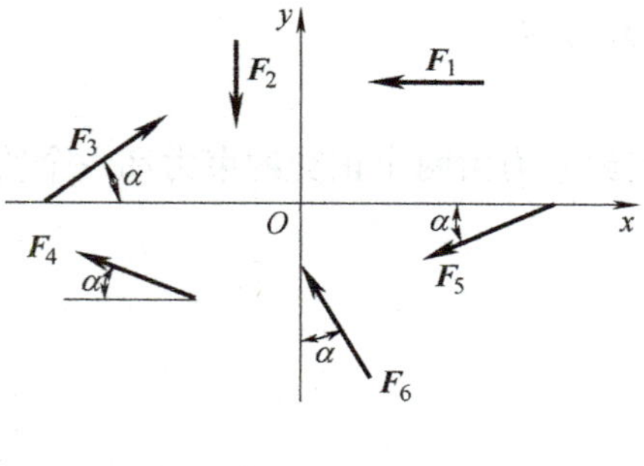

图 2-19

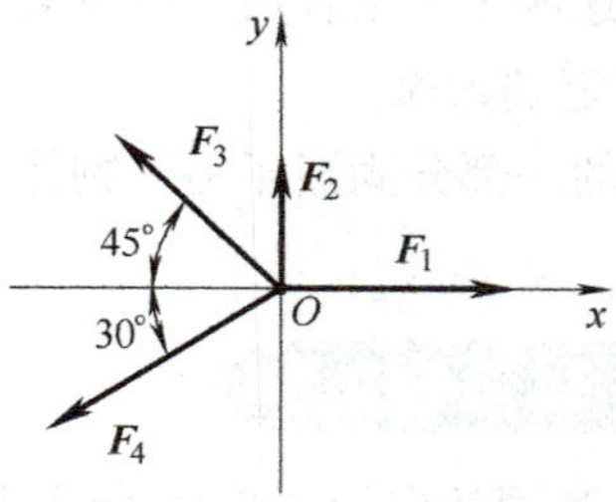

图 2-20

2 UNIT

2-3 试求图 2-21 中五个力的合力。

2-4 如图 2-22 所示，钢板在 A、B、C、D 处受四个力的作用，尺寸如图。已知 F_1 = 50N、F_2 = 100N、F_3 = 150N、F_4 = 200N，试求合力的大小。

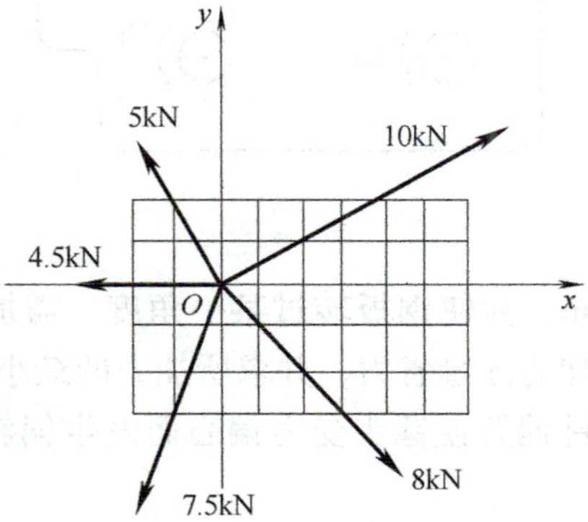

图 2-21

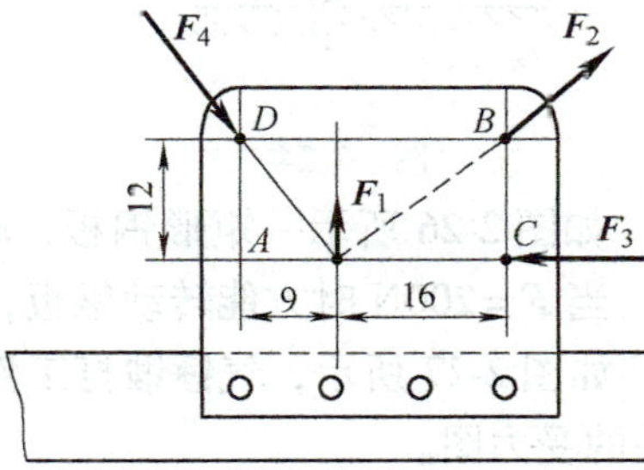

图 2-22

2-5 试求图 2-23 中各力对 O 点之矩。

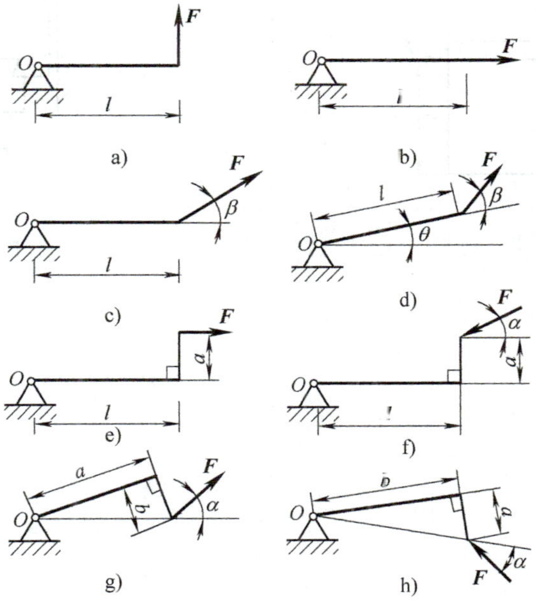

图 2-23

2-6 试求图 2-24 中 G、F 对 A 点之矩。

2-7 如图 2-25 所示，用多头钻床在工件上同时钻四个相同的孔，已知每个钻头对工件的切削力偶矩为 15N · m，试求工件所受到的总切削力偶矩是多大？

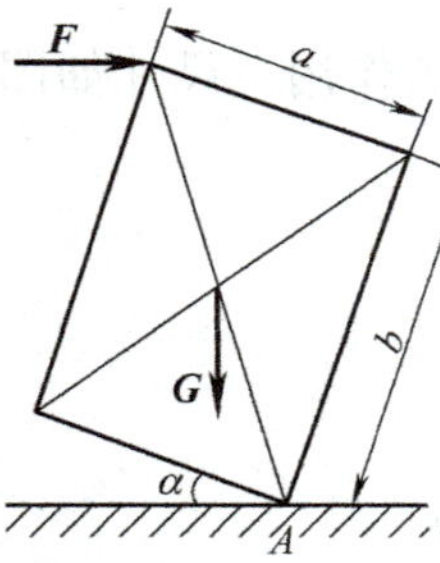

图 2-24

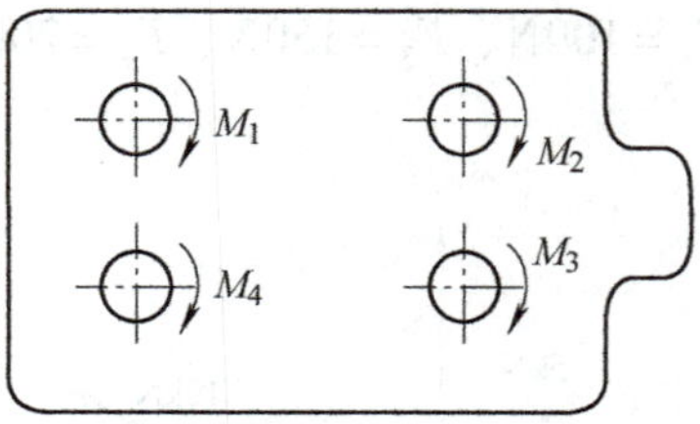

图 2-25

2-8 如图 2-26 所示一矩形钢板，$a=4\text{m}$、$b=2\text{m}$，为使钢板转过某一角度，需加力偶（$\boldsymbol{F}$、$\boldsymbol{F}'$），当 $F=200\text{N}$ 时方能转动钢板，试考虑如何加力才最省力，并求所加力的最小值。

2-9 如图 2-27 所示，气锤锻打工件时，由于工件偏置使锤头受力偏心而发生偏斜，试画出锤头的受力图。

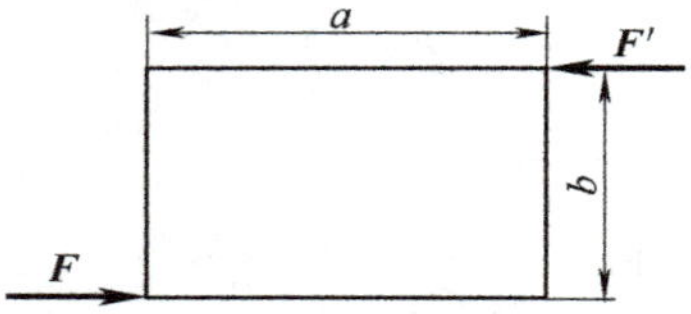

图 2-26

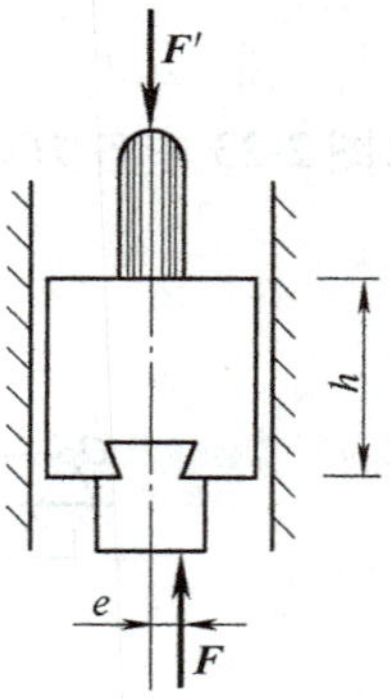

图 2-27

单元三 平面力系的平衡

本单元将介绍构件在平面力系的作用下，处于平衡状态时需要满足的条件，并利用该条件求解一些工程实际问题。

课题一 平面任意力系的平衡

平面任意力系向任一点简化，可得一个主矢量和一个主矩。因此，要使平面任意力系平衡，必须使主矢量和主矩都等于零。反之，若原力系是平衡力系，则主矢量和主矩必等于零。所以，平面力系平衡的必要和充分条件是：简化所得到的主矢量和主矩都等于零。即

$$\boldsymbol{F}'_{\mathrm{R}}=0,\ M_O=0 \tag{3-1}$$

由此可得平面任意力系的平衡方程为

$$\begin{cases}\sum F_x=0\\ \sum F_y=0\\ \sum M_O(\boldsymbol{F})=0\end{cases} \tag{3-2}$$

以上三式为平面任意力系平衡方程。由平衡方程可知，平面任意力系平衡的解析条件是：力系中各力在两个任选的坐标轴上投影的代数和分别等于零（力系对物体无移动效应），各力对力系作用面内任一点之矩的代数和等于零（力系对物体无转动效应）。式(3-2)是平面力系平衡方程的基本形式，此外还可将平衡方程表示为二力矩形式。

二力矩形式的平衡方程是两个力矩方程和一个投影方程。即

$$\begin{cases}\sum M_A(\boldsymbol{F})=0\\ \sum M_B(\boldsymbol{F})=0\\ \sum F_x=0\end{cases} \tag{3-3}$$

附加条件：x 轴不垂直于 A、B 两点的连线。

平面任意力系上述的两种不同形式的平衡方程，都具有三个独立的方程，因此，可以也只能求解三个未知量。在实际应用中，可以适当选取坐标轴和矩心，以便计算简便。

例 3-1 悬臂起重机如图 3-1a 所示。横梁 AB 长 $l=2.5\mathrm{m}$，自重 $G_1=1.2\mathrm{kN}$。拉杆 BC 倾斜角 $\alpha=30°$，自重不计。电动葫芦连同重物共重 $G_2=7.5\mathrm{kN}$。当电动葫芦在图示位置 $a=2\mathrm{m}$，匀速吊起重物时，求拉杆的拉力和支座 A 的约束力。

解 (1) 取横梁 AB 为研究对象，画其受力图，如图 3-1b 所示。

(2) 建立直角坐标系 Axy，如图 3-1b 所示，列平衡方程求解

$$\sum F_x=0\quad F_{Ax}-F_{\mathrm{T}}\cos\alpha=0 \tag{a}$$

$$\sum F_y=0\quad F_{Ay}-G_1-G_2+F_{\mathrm{T}}\sin\alpha=0 \tag{b}$$

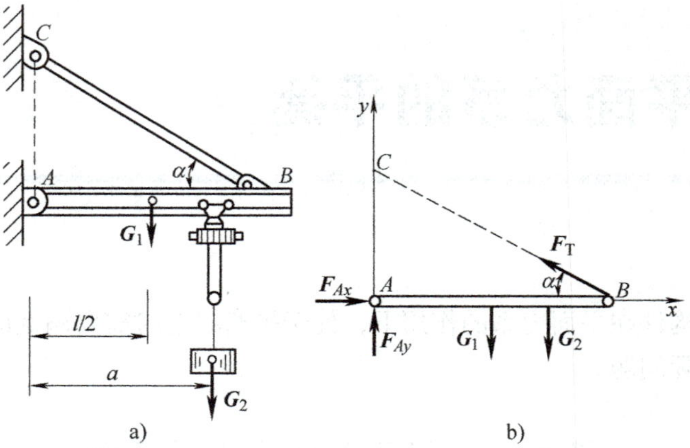

图 3-1

$$\sum M_A(\boldsymbol{F})=0 \quad F_T\sin\alpha\, l - G_1\frac{l}{2} - G_2 a = 0 \tag{c}$$

由式(c)解得

$$F_T = \frac{1}{l\sin\alpha}\left(G_1\frac{l}{2}+G_2 a\right) = \frac{1}{2.5\sin30°}(1.2\times1.25+7.5\times2)\text{kN}$$
$$=13.2\text{kN}$$

将 F_T 代入式(a)得

$$F_{Ax}=F_T\cos\alpha=13.2\times\frac{\sqrt{3}}{2}\text{kN}=11.4\text{kN}$$

将 F_T 代入式(b)得

$$F_{Ay}=G_1+G_2-F_T\sin\alpha=2.1\text{kN}$$

本题也可用二力矩式求解。即

$$\sum F_x=0 \quad F_{Ax}-F_T\cos\alpha=0 \tag{d}$$

$$\sum M_A(\boldsymbol{F})=0 \quad F_T\sin\alpha\, l-G_1\frac{l}{2}-G_2 a=0 \tag{e}$$

$$\sum M_B(\boldsymbol{F})=0 \quad G_1\frac{l}{2}-F_{Ay}l+G_2(l-a)=0 \tag{f}$$

解式(d)得 $F_{Ax}=11.4\text{kN}$

解式(e)得 $F_T=13.2\text{kN}$

解式(f)得 $F_{Ay}=2.1\text{kN}$

例 3-2 减速器中齿轮轴的 B 端可简化为固定铰支座，A 端为可动铰支座，如图 3-2a 所示。已知 F、a。试求两支座的约束力。

解 (1) 取齿轮轴为研究对象，画其受力图，如图 3-2b 所示。

(2) 建立直角坐标系 Axy，如图 3-2b 所示，列平衡方程求解

$$\sum F_x=0 \quad F-F_{Bx}=0$$

$$F_{Bx}=F$$

$$\sum M_B(\boldsymbol{F})=0 \quad -F_A\times3a+F\times2a+2Fa-Fa=0$$

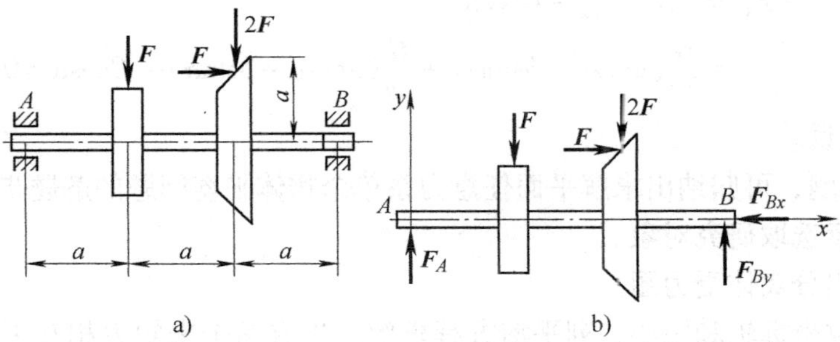

图 3-2

$$F_A = F$$

$$\sum F_y = 0 \quad F_A + F_{By} - F - 2F = 0$$

$$F_{By} = 2F$$

检验
$$\sum M_A(\boldsymbol{F}) = -Fa - 2F \times 2a - Fa + F_{Ey} \times 3a = 0$$

所求结果无误。

例 3-3 车厢重 G，由绕过绞车的钢索牵引沿斜面向上匀速运动（图 3-3a），尺寸 a、b 以及角度 α 为已知，钢索与斜面平行，不计车轮与斜面的摩擦。试求车轮与斜面接触点 A、B 处的约束力及钢索的拉力。

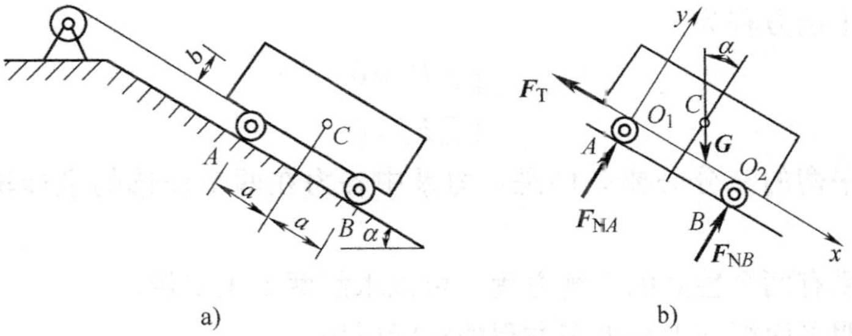

图 3-3

解 （1）取车厢为研究对象，画其受力图，如图 3-3b 所示。作用于车厢的四个力 $\boldsymbol{G}$、$\boldsymbol{F}_T$、$\boldsymbol{F}_{NA}$、$\boldsymbol{F}_{NB}$ 组成平面任意力系。

（2）建立直角坐标系 O_1xy 如图 3-3b 所示，列平衡方程求解

$$\sum F_x = 0 \quad -F_T + G\sin\alpha = 0$$

$$F_T = G\sin\alpha$$

以力 $\boldsymbol{F}_{NA}$ 和 $\boldsymbol{F}_T$ 的交点 O_1 为矩心

$$\sum M_{O_1}(\boldsymbol{F}) = 0 \quad -G\cos\alpha\, a - G\sin\alpha\, b + F_{NB} \times 2a = 0$$

$$F_{NB} = \frac{G}{2a}(a\cos\alpha + b\sin\alpha)$$

以力 $\boldsymbol{F}_{NB}$ 和 $\boldsymbol{F}_T$ 的交点 O_2 为矩心

$$\sum M_{O_2}(\boldsymbol{F}) = 0 \quad G\cos\alpha\, a - G\sin\alpha\, b - F_{NA} \times 2a = 0$$

$$F_{NA} = \frac{G}{2a}(a\cos\alpha - b\sin\alpha)$$

检验 $$\sum F_y = F_{NA} + F_{NB} - G\cos\alpha$$
$$= \frac{G}{2a}(a\cos\alpha - b\sin\alpha) + \frac{G}{2a}(a\cos\alpha + b\sin\alpha) - G\cos\alpha = 0$$

所求结果无误。

通过上述例题，可归纳出求解平面任意力系单个物体平衡问题的解题步骤：

① 根据题意选取研究对象。

② 正确画出分离体受力图。

③ 合理选取坐标轴和矩心，列平衡方程求解。当有两个未知力相互平行时，可选垂直于该两力的轴为坐标轴；如无两未知力平行，则可选两未知力的交点为矩心，先列力矩方程。

课题二　平面特殊力系的平衡

一、平面汇交力系的平衡

如力系汇交于 O 点，则在式(3-2)中 $\sum M_O(\boldsymbol{F})=0$ 恒成立，因而平面汇交力系的平衡条件为力系的合力为零。

$$\boldsymbol{F}_R = \sum \boldsymbol{F} = 0 \tag{3-4}$$

在解析法中，其平衡方程为

$$\begin{cases} \sum F_x = 0 \\ \sum F_y = 0 \end{cases} \tag{3-5}$$

即平面汇交力系平衡的充分必要条件是：力系中各力在两个任选的坐标轴上投影的代数和为零。

平面汇交力系有两个独立的平衡方程，可以求解两个未知量。

下面举例说明平面汇交力系平衡方程的实际应用。

例 3-4 重 G 的物块悬于长 l 的吊索上，如图 3-4a 所示，有人以水平力 $\boldsymbol{F}$ 将物块向右推过水平距离 x 处。已知 $G=1.2\text{kN}$，$l=13\text{m}$，$x=5\text{m}$，试求所需水平力 $\boldsymbol{F}$ 的值。

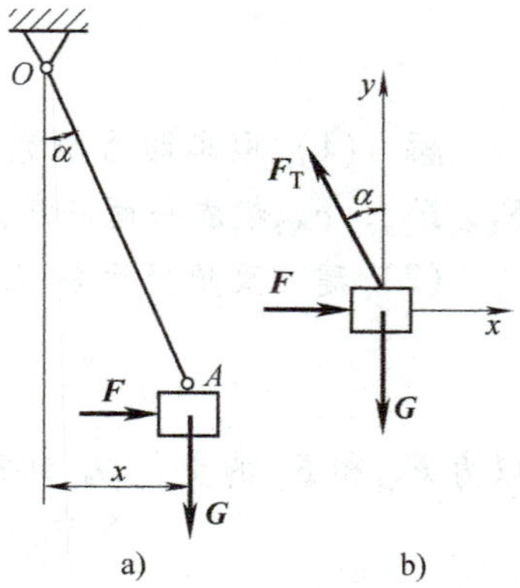

图　3-4

解 (1) 取物块为研究对象，画其受力图如图3-4b所示。水平力 $\boldsymbol{F}$、重力 $\boldsymbol{G}$、吊索拉力 $\boldsymbol{F}_T$ 汇交于一点。

(2) 建立直角坐标系如图 3-4b 所示，列平衡方程求解

$$\sum F_y = 0 \quad F_T\cos\alpha - G = 0$$

$$F_T = \frac{G}{\cos\alpha} \tag{a}$$

$$\sum F_x = 0 \quad F - F_T\sin\alpha = 0 \tag{b}$$

由式(a)、式(b)，可得

$$F = G\tan\alpha = G\frac{x}{\sqrt{l^2 - x^2}} = 1.2\times\frac{5}{\sqrt{13^2 - 5^2}}\text{kN} = 0.5\text{kN}$$

二、平面力偶系的平衡

由于力偶中的二力在任意坐标轴上投影的代数和恒为零，且力偶对作用面内任意点之矩恒等于力偶矩，而与矩心位置无关，故在式(3-2)中，$\sum F_x = 0$，$\sum F_y = 0$ 恒成立。因而平面力偶系的平衡方程为

$$M_{合} = \sum M = 0 \tag{3-6}$$

即平面力偶系平衡的充分必要条件是合力偶矩为零。

例 3-5 如图 3-5a 所示，用多轴钻床在水平工件上钻孔时，每个钻头对工件施加一压力和一力偶。已知：三个力偶的矩分别为：$M_1 = M_2 = 10\text{N}\cdot\text{m}$，$M_3 = 20\text{N}\cdot\text{m}$；固定螺栓 A 和 B 的距离 $l = 200\text{mm}$。求两个螺栓所受的水平力。

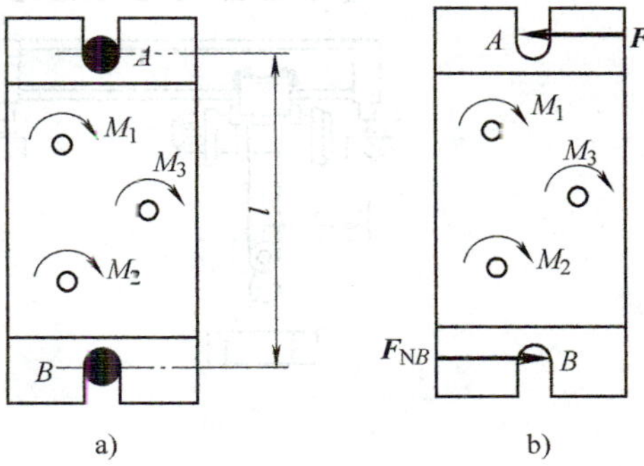

图 3-5

解 取工件为研究对象。工件在水平面内受三个力偶和两个螺栓的水平约束力的作用，按照平面力偶系的合成，三个力偶合成后仍为一力偶，如果工件平衡，必有一约束力偶与它相平衡。因此螺栓 A 和 B 的水平力 F_{NA} 和 F_{NB} 必组成一力偶，它们的方向如图 3-5b 所示，且 $F_{NA} = F_{NB}$。由力偶系的平衡条件

$$\sum M = 0 \quad F_{NA} l - M_1 - M_2 - M_3 = 0$$

得

$$F_{NA} = \frac{M_1 + M_2 + M_3}{l}$$

代入已知数值，得

$$F_{NA} = 200\text{N}$$

$$F_{NB} = F_{NA} = 200\text{N}$$

由作用力和反作用力公理可知，两螺栓所受的力分别等于 F_{NA}、F_{NB}，大小均为 200N。

三、平面平行力系的平衡

设平面平行力系各力与 y 轴平行，则式(3-2)中 $\sum F_x = 0$ 恒成立。因而平面平行力系的平衡方程为

$$\begin{cases} \sum F_y = 0 \\ \sum M_O(\boldsymbol{F}) = 0 \end{cases} \tag{3-7}$$

即平面平行力系平衡的充分必要条件是：力系中各力在与力平行的轴上的投影之代数和为零，以及各力对任一点之矩的代数和为零。

平面平行力系平衡方程的另一形式是

$$\begin{cases} \sum M_A(\boldsymbol{F}) = 0 \\ \sum M_B(\boldsymbol{F}) = 0 \end{cases} \tag{3-8}$$

其中 A、B 连线不与各力平行。

例 3-6 图 3-6a 所示是桥式起重机简图。起吊重物的重力 $G_1 = 50\text{kN}$，横梁 AB 为工字

钢，横梁单位长度重 $q=4.2\text{N/cm}$，$l=5\text{m}$。试求当 $x=\dfrac{l}{4}$ 时，A 与 B 支座的约束力。

解 由题意，桥式起重机可以简化为如图 3-6b 所示的情况。

(1) 取横梁为研究对象，画其受力图如图 3-6c 所示。

作用于梁上的力有重物重力 $\boldsymbol{G}_1$ 和梁的重力 $\boldsymbol{G}_2$($G_2=ql$,作用在梁的中点)。此外，还有可动铰支座的约束力 $\boldsymbol{F}_B$，固定铰支座的约束力 $\boldsymbol{F}_A$。因所有主动力均平行且沿竖直方向，故 A 处无水平方向的约束力。

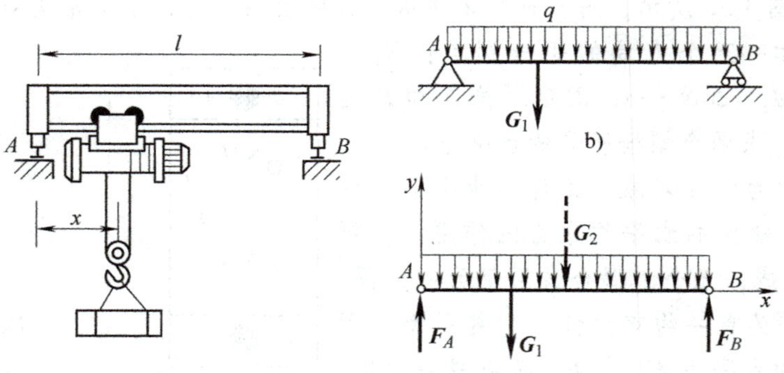

图 3-6

(2) 建立直角坐标系 Axy，如图 3-6c 所示，列平衡方程求解

$$\sum F_y=0 \quad F_A+F_B-G_1-G_2=0 \tag{a}$$

$$\sum M_A(\boldsymbol{F})=0 \quad F_Bl-G_2\frac{l}{2}-G_1x=0 \tag{b}$$

由式(b)解得

$$\begin{aligned}F_B&=\frac{1}{l}\left(G_2\frac{l}{2}+G_1x\right)\\&=\frac{1}{l}\left(ql\frac{l}{2}+G_1x\right)\\&=\frac{1}{2}ql+\frac{G_1x}{l}\end{aligned}$$

将 F_B 值代入式(a)得

$$F_A=G_1+G_2-F_B=G_1+ql-\left(\frac{1}{2}ql+\frac{G_1x}{l}\right)$$

将 $x=\dfrac{l}{4}$ 代入，可得

$$F_B=\frac{1}{2}ql+\frac{G_1}{4}=\frac{1}{2}\times4.2\times10^{-1}\text{kN/m}\times5\text{m}+\frac{50}{4}\text{kN}=13.6\text{kN}$$

$$F_A=50\text{kN}+4.2\times10^{-1}\text{kN/m}\times5\text{m}-13.6\text{kN}=38.6\text{kN}$$

课题三　物体系统的平衡

前面讨论的是单个物体的平衡问题。工程实际中经常遇到物体系统的平衡问题。物体系

统就是由几个物体通过约束所组成的系统，简称物系。

由前面的讨论可知，每一种力系所能列出的独立的平衡方程的数目是一定的。若未知量的数目少于或等于所能列出的独立方程的数目，则所有未知量均可由静力学平衡方程解出，这类问题称为静定问题。反之，若未知量的数目多于所能列出的独立方程的数目，则所有未知量就不能由静力学平衡方程完全解出，这类问题称为静不定问题或超静定问题。需要说明的是，静不定问题并不是绝对不能解决的问题，只是仅利用静力学的方法不能解决。

本书只介绍所有未知量都可通过平衡方程求得的物系平衡问题。当物系处于平衡时，系统内的每一部分也是平衡的。我们既可以选择整个物系作为研究对象，也可选择其中某几个物体或某一个物体作为研究对象，作用于研究对象上的力系都满足平衡方程。

对于一般简单的静定物系平衡问题，应先画出整体、几个物体组成的局部或单个物体的受力图，再从有已知力作用且未知量数少于或等于独立平衡方程数的物体着手分析，便可解出全部未知量。若物系内分离体均不符合可解条件，必须寻找有无符合局部可解条件的分离体。例如，有的分离体在 n 个未知力中，其中有 $n-1$ 个未知力汇交或平行，适当选择坐标轴与矩心，可以解出部分未知量，进而求出全部未知量。

例 3-7 图 3-7a 所示的压榨机中，杆 AB 和 BC 的长度相等，自重不计，A、B、C 处为铰链连接。已知活塞 D 上受到液压缸内的总压力为 $F=3000\text{N}$，$h=200\text{mm}$，$L=1500\text{mm}$。试求压块 C 加于工件的压力。

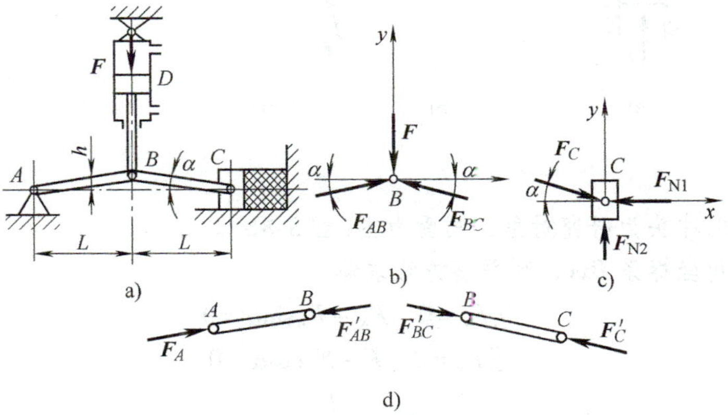

图 3-7

解 由作用力和反作用力的关系，压块对工件的压力可通过求工件对压块的约束力 F_{N1} 而得出。

（1）先取销钉 B 为研究对象，画其受力图，如图 3-7b 所示。

（2）建立直角坐标系 Bxy 如图 3-7b 所示，列平衡方程求解

$$\sum F_x=0 \quad F_{AB}\cos\alpha-F_{BC}\cos\alpha=0$$

解得

$$F_{AB}=F_{BC}$$

$$\sum F_y=0 \quad F_{AB}\sin\alpha+F_{BC}\sin\alpha-F=0$$

解得

$$F_{AB}=F_{BC}=\frac{F}{2\sin\alpha}$$

（3）再选压块 C 为研究对象，画其受力图，如图 3-7c 所示。因二力杆 BC 平衡，故 $F_C=$

F_{BC}(图 3-7d)。

(4) 建立直角坐标系 Cxy，如图 3-7c 所示，列平衡方程求解

$$\sum F_x=0,\quad -F_{N1}+F_C\cos\alpha=0$$

解得
$$F_{N1}=F_C\cos\alpha=\frac{F\cos\alpha}{2\sin\alpha}=\frac{F}{2}\cot\alpha=\frac{FL}{2h}=11.3\text{kN}$$

压块对工件的压力就是力 F_{N1} 的反作用力，也等于 11.3kN。

例 3-8 图 3-8a 所示为曲柄连杆机构简图，由轮 Ⅰ、连杆 AB 和冲头 B 组成，A、B 两处为铰链连接。$OA=R$，$AB=L$，如忽略摩擦和物体的自重，当 OA 在水平位置，$\boldsymbol{F}$ 及 α 已知时。求：(1)作用在轮Ⅰ上的力偶矩 M 的大小；(2)轴承 O 处的约束力；(3)连杆 AB 受的力；(4)冲头给导轨的侧压力。

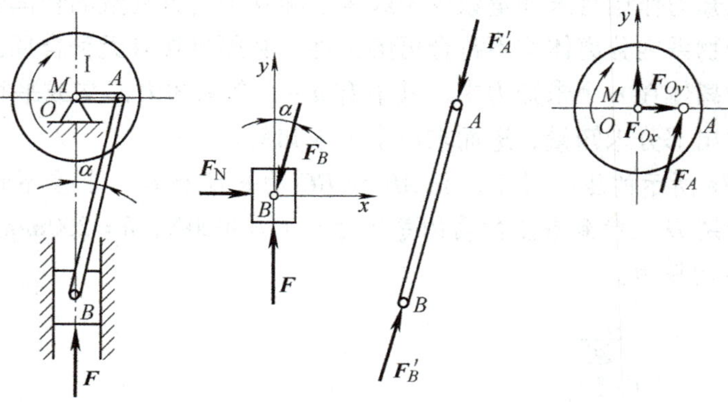

图 3-8

解 (1) 先取冲头为研究对象，画受力图(图 3-8b)。

(2) 建立直角坐标系 Bxy，列平衡方程求解

$$\sum F_x=0\quad F_N-F_B\sin\alpha=0 \tag{a}$$

$$\sum F_y=0\quad F-F_B\cos\alpha=0 \tag{b}$$

由式(b)得
$$F_B=\frac{F}{\cos\alpha}$$

由式(a)得
$$F_N=F_B\sin\alpha=F\tan\alpha$$

由作用力和反作用力公理可知，连杆 AB 所受的力的大小 $F'_B=F_B=\dfrac{F}{\cos\alpha}$(压力)(图 3-8c)；冲头给导轨的侧压力的大小等于 $F_N=F\tan\alpha$。

(3) 再以轮 Ⅰ 为研究对象，画受力图(图 3-8d)。

(4) 建立直角坐标系 Oxy，列平衡方程求解

$$\sum M_O(\boldsymbol{F})=0\quad F_A\cos\alpha\, R-M=0 \tag{c}$$

$$\sum F_x=0\quad F_{Ox}+F_A\sin\alpha=0 \tag{d}$$

$$\sum F_y=0\quad F_{Oy}+F_A\cos\alpha=0 \tag{e}$$

由式(c)得
$$M=FR$$

由式(d)得
$$F_{Ox}=-F_A\sin\alpha=-F\tan\alpha$$

由式(e)得 $$F_{Oy}=-F_A\cos\alpha=-F$$

负号说明力 $\boldsymbol{F}_{Ox}$ 和 $\boldsymbol{F}_{Oy}$ 的方向与图示假设的方向相反。

课题四　考虑摩擦时物体的平衡

摩擦是自然界中重要而普遍存在的物理现象。此前在分析物体受力时，总是把物体的接触面视为绝对光滑的，忽略了物体间的摩擦。这是因为，有些构件的接触面确实比较光滑，而且有良好的润滑条件，摩擦力与物体所受的其他力相比很小，对所研究的问题无明显影响，为简化问题，便于抓住主要矛盾，将摩擦力作为次要因素而略去不计，这是允许的。然而，在有些工程实际问题中，摩擦力起着十分重要的作用，必须予以考虑。例如，摩擦离合器和带传动要靠摩擦力才能工作；螺纹联接及工件装夹靠摩擦力起紧固作用；车辆靠驱动轮与地面间的摩擦力来起动；制动器靠摩擦力来制动等，这些都是摩擦有利的一面。同时，摩擦也有其有害的一面：摩擦要消耗能量，并使机器磨损而降低精度和使用寿命。据估计，目前在能源使用中，有一半以上是用于克服各类摩擦，约 80% 的机械因磨损而失效。要充分利用摩擦有利的一面，克服其有害的一面，掌握一些摩擦现象的客观规律是非常必要的。

为了便于研究，一般将摩擦现象作如下分类：

① 按物体接触部分可能存在的相对运动形式，分为滑动摩擦和滚动摩擦。

② 按两接触物体间是否发生相对运动，分为静摩擦和动摩擦。

③ 按接触面间是否有润滑，分为干摩擦和湿摩擦。

一、滑动摩擦

两个相互接触的物体，发生相对滑动或存在相对滑动趋势时，在接触面处，彼此间就会有阻碍相对滑动的力存在，此力称为滑动摩擦力。显然，滑动摩擦力作用在物体的接触面处，其方向沿接触面的切线且与物体相对滑动或相对滑动趋势方向相反。按两接触物体间的相对滑动是否存在，滑动摩擦力又可分为静滑动摩擦力和动滑动摩擦力。

当两个相互接触的物体间只有相对滑动趋势时，接触面间所产生的摩擦力称为静滑动摩擦力，简称静摩擦力，用 $\boldsymbol{F}_s$ 表示。其方向与物体相对滑动趋势方向相反。

由试验可知，静摩擦力的大小由平衡条件($\sum F=0$)确定，其数值决定于使物体产生滑动趋势的外力，但不超过某一限度。当物体处于临界平衡状态时，静摩擦力达到最大值 $F_{s\max}$。即

$$0\leqslant F_s\leqslant F_{s\max} \tag{3-9}$$

大量试验证明，最大静摩擦力的大小与两物体间的正压力(即法向力)成正比。即

$$F_{s\max}=\mu_s F_N \tag{3-10}$$

这就是静滑动摩擦定律(库仑摩擦定律)，式中的比例常数 μ_s 称为静滑动摩擦因数，简称静摩擦因数。其大小主要取决于接触面的材料及表面状况(表面粗糙度、温度、湿度等)，与接触面积无关。静摩擦因数的数值由试验确定，也可从有关手册中查到。表 3-1 是部分常用材料间的静摩擦因数。需说明的是，由于摩擦理论尚不完善，影响摩擦因数的因素也很复杂，鉴于实际情况的差别，摩擦因数的值可能会有较大出入，要想得到精确的摩擦因数值，应在特定条件下通过试验测定。

表 3-1 常用材料间的滑动摩擦因数

材料名称	静摩擦因数 μ_s		动摩擦因数 μ	
	无润滑剂	有润滑剂	无润滑剂	有润滑剂
钢—钢	0.15	0.1~0.12	0.15	0.05~0.10
钢—铸铁	0.30	—	0.18	0.05~0.15
钢—青铜	0.15	0.1~0.15	0.15	0.1~0.15
铸铁—铸铁	—	0.18	0.15	0.07~0.12
皮革—铸铁	0.30~0.5	0.15	0.6	0.15
木材—木材	0.4~0.6	0.1	0.2~0.5	0.07~0.15

若使物体产生滑动趋势的主动力增大到大于 $F_{s\max}$，这时的最大静滑动摩擦力已不足以阻碍物体的相对滑动。当两相互接触物体之间发生相对滑动时，接触面间产生阻碍相对滑动的摩擦力称为动滑动摩擦力，简称动摩擦力，一般用 F_d 表示，它的方向与两物体间相对滑动的方向相反。

通过试验也可得出与静滑动摩擦定律相似的动滑动摩擦定律。即

$$F_d = \mu F_N \tag{3-11}$$

式中，μ 称为动滑动摩擦因数(简称动摩擦因数)，它除了与接触面的材料、表面粗糙度、温度、湿度等有关以外，还与物体的滑动速度有关。常用材料的 μ 值见表 3-1，表中可见，$\mu < \mu_s$。一般工程中，在精确度要求不高的情况下，可近似认为动摩擦因数与静摩擦因数相等。

二、摩擦角与自锁

如图 3-9a 所示，当考虑摩擦时，接触面对物体的约束力由两部分组成，即法向约束力 F_N 和摩擦力 F_s，两者的合力 F_R 代表了接触面对物体的全部作用，称为全约束力。显然，全约束力 F_R 与法向约束力 F_N 之间的夹角 φ 随摩擦力 F_s 的增大而增大，当物体处于临界平衡状态时，摩擦力 F_s 达到最大值 $F_{s\max}$，夹角 φ 也达到最大值 φ_m(图 3-9b)，φ_m 称为摩擦角。由图可知

$$\tan\varphi_m = \frac{F_{s\max}}{F_N} = \frac{\mu_s F_N}{F_N} = \mu_s \tag{3-12}$$

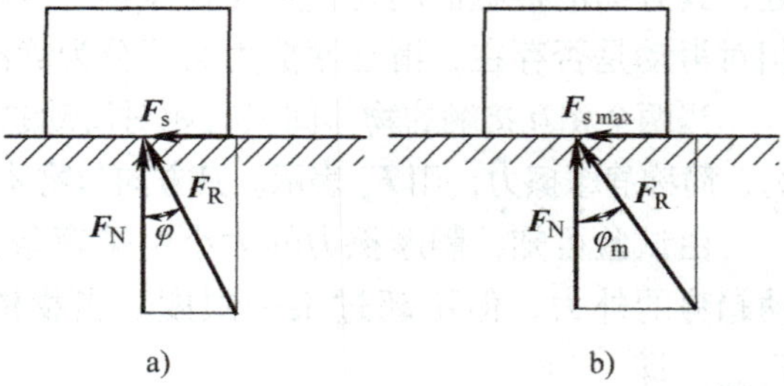

图 3-9

即摩擦角的正切值等于静摩擦因数。因此，摩擦角也是表征接触面摩擦性质的物理量，给出摩擦角 φ_m 就相当于给出了静摩擦因数 μ_s。

摩擦角表示了全约束力能够存在的范围，即全约束力 F_R 的作用线必定在摩擦角内，物体处于临界平衡状态时，全约束力的作用线在摩擦角的边缘。

若物体所受全部主动力的合力的作用线位于摩擦角之内，即

$$\alpha \leqslant \varphi_m$$

这种现象称为自锁，$\alpha \leqslant \varphi_m$ 称为自锁条件，如图 3-10 所示。

自锁在工程实际中应用十分广泛。如螺旋千斤顶、压榨机、圆锥销钉、螺纹等均是借助自锁而工作；在堆放松散物质，如砂土、粮食等时，能堆起的最大坡角(称休止角)也是松散物质的摩擦角，利用它可以计算一定面积场地能堆放物质的量；铁路路基侧面的最大倾角应小于摩擦角，以防滑坡等等。另外，自锁也有不利的一面，在有些情况下，还需避免自锁。如工作台在导轨中要克服“卡死”现象；自动卸货汽车的翻斗在车身上抬起的角度应大于摩擦角，以保证卸车时能将翻斗内的货物倾卸干净等(图 3-11)。

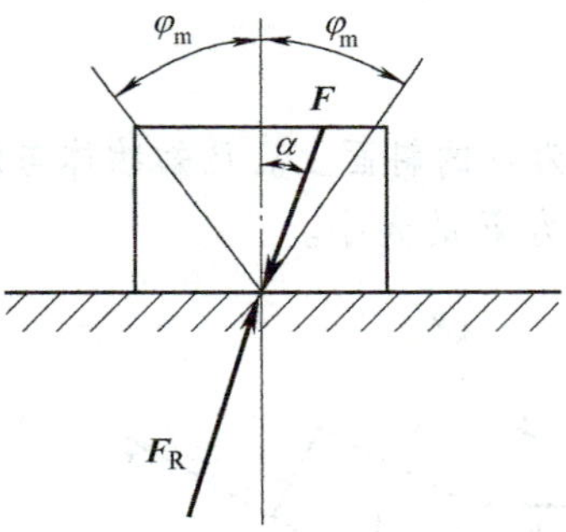

图 3-10

图 3-11

三、考虑摩擦时的物体平衡问题

考虑摩擦时的物体平衡问题，仍可应用平衡方程求解，其解题方法与不计摩擦时的平衡问题基本相同，并应注意以下几点：

① 在画受力图时，要考虑摩擦力的存在，摩擦力的方向不能假设，必须按实际方向画出。

② 多一个摩擦力就多了一个未知量，除列平衡方程外，还需列出补充方程 $F_{s\max}=\mu_s N$ 或 $F_s<\mu_s F_N$。

③ 由于静摩擦力的值是一个范围，故问题的答案往往也是一个范围。

例 3-9 图 3-12a 为一种制动装置的示意图，若鼓轮与制动片间的静摩擦因数为 μ_s，作用在鼓轮上的力偶矩为 M，几何尺寸如图。试求制动所需力 F 的最小值。

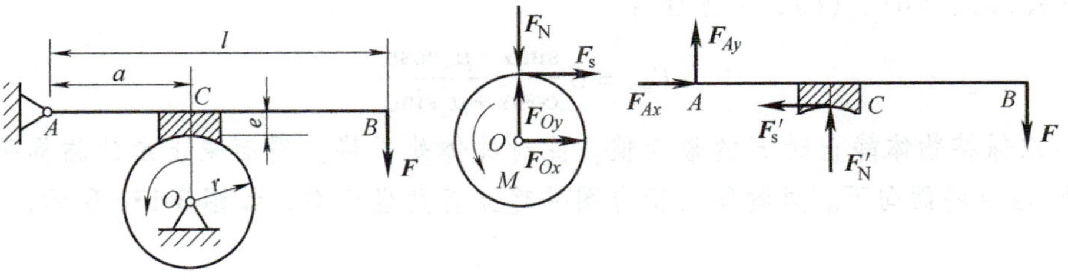

a)　　b)　　c)

图 3-12

解 (1) 取鼓轮为研究对象，画受力图(图 3-12b)，列平衡方程求解

$$\Sigma M_O(\boldsymbol{F})=0 \quad M-Fr=0 \tag{a}$$

当鼓轮处于临界平衡状态时，所需 F_s 的值最小，列补充方程

$$F_s=F_{s\max}=\mu_s F_N \tag{b}$$

联立(a)、(b)式解得

$$F_s = \frac{M}{r} \quad F_N = \frac{M}{\mu_s r}$$

(2) 取制动杆为研究对象，画受力图如图3-12c所示。其中，$F'_N = F_N = \frac{M}{\mu_s r}$，$F'_s = F_s = \frac{M}{r}$，列平衡方程求解

$$\Sigma M_A(\boldsymbol{F}) = 0 \quad F'_N a - F'_s e - F_{min} l = 0$$

解之，得

$$F_{min} = \frac{M(a - \mu_s e)}{\mu_s r l}$$

例3-10 如图3-13a所示，重为G的物体放在倾角为α的斜面上。已知物体与斜面间的静摩擦因数为μ_s，试求能使物体静止于斜面上的水平推力$\boldsymbol{F}$的大小。

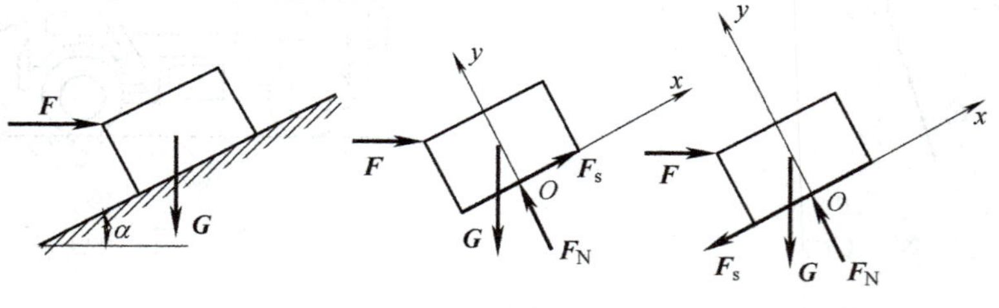

图 3-13

解 若F太小，物体将向下滑；若F太大，物体将向上滑。

(1) 求保持物体静止时F的最小值。此时物体处于将下滑而未下滑的临界平衡状态，摩擦力F_s应沿斜面向上。画受力图并建立直角坐标系，如图3-13b所示，列平衡方程求解

$$\Sigma F_x = 0 \quad F\cos\alpha - G\sin\alpha + F_s = 0 \tag{a}$$

$$\Sigma F_y = 0 \quad F_N - G\cos\alpha - F\sin\alpha = 0 \tag{b}$$

列补充方程

$$F_s = F_{s\,max} = \mu_s F_N \tag{c}$$

联立式(a)、(b)、(c)，解方程得

$$F_{min} = G\frac{\sin\alpha - \mu_s\cos\alpha}{\cos\alpha + \mu_s\sin\alpha}$$

(2) 求保持物体静止时F的最大值。此时物体处于将上滑而未上滑的临界平衡状态，摩擦力F_s应沿斜面向下。画物体的受力图并建立直角坐标系，如图3-13c所示，列平衡方程求解

$$\Sigma F_x = 0 \quad F\cos\alpha - G\sin\alpha - F_s = 0 \tag{d}$$

$$\Sigma F_y = 0 \quad F_N - G\cos\alpha - F\sin\alpha = 0 \tag{e}$$

列补充方程

$$F_s = F_{s\,max} = \mu_s F_N \tag{f}$$

联立式(d)、(e)、(f)，解方程得

$$F_{max} = G\frac{\sin\alpha + \mu_s\cos\alpha}{\cos\alpha - \mu_s\sin\,\alpha}$$

综上所述，若保持物体静止，F 的大小应在下列范围

$$G\frac{\sin\alpha-\mu_s\cos\alpha}{\cos\alpha+\mu_s\sin\alpha}\leqslant F\leqslant G\frac{\sin\alpha+\mu_s\cos\alpha}{\cos\alpha-\mu_s\sin\alpha}$$

例 3-11 在变速箱中，拨叉推力 $\boldsymbol{F}_P$ 使双联齿轮沿着轴向滑动(图 3－14a)。已知宽度为 b 的齿轮与轴之间的静摩擦因数为 μ_s。要求拨动齿轮时不能被轴卡住。试确定拨叉推力 $\boldsymbol{F}_P$ 作用点 C 到轴线的距离 e。

解题分析 由于推力 $\boldsymbol{F}_P$ 作用线偏离齿轮几何中心，其力矩使齿轮沿轴向倾斜，与轴上的 A、B 两点接触，受到法向压力 $\boldsymbol{F}_{NA}$ 和 $\boldsymbol{F}_{NB}$，滑动时产生摩擦力 $\boldsymbol{F}_A$ 和 $\boldsymbol{F}_B$(图 3-14b)。偏心距离 e 的尺寸越大，使齿轮倾斜的力矩越大，法向压力越大，摩擦力也越大，齿轮会被卡住。在这种情况下，无论多大的推力 $\boldsymbol{F}_P$ 都无法推动齿轮，这就是自锁。

解 (1) 选择双联齿轮为研究对象。

(2) 画双联齿轮的受力图，如图 3-14b 所示。

(3) 列方程求解未知量

$$\Sigma F_y=0 \quad F_{NA}-F_{NB}=0$$

由上式可得

$$F_{NA}=F_{NB}=F_N \tag{a}$$

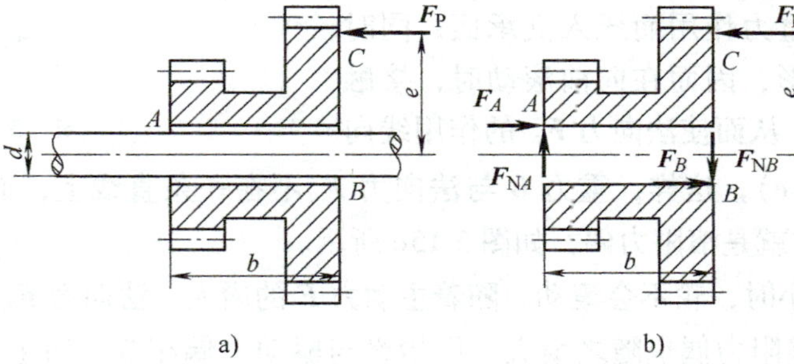

图 3-14

所以，齿轮滑动之前 A、B 两处的最大静摩擦力相等，即

$$F_A=F_B=F_{max}=\mu_sF_N \tag{b}$$

齿轮能够滑动的受力条件是

$$F_P>F_A+F_B=2\mu_sF_N \tag{c}$$

$$\Sigma M_A=0 \qquad F_P\left(e-\frac{d}{2}\right)-F_{NB}b+F_Bd=0$$

将式(a)、(b)和(c)代入上式，得

$$2\mu_sF_N\left(e-\frac{d}{2}\right)-F_Nb+\mu_sF_Nd<0$$

即

$$2\mu_se-b<0$$

解得

$$e<\frac{b}{2\mu_s}$$

由上式可知，为了齿轮沿着轴线滑动时不被卡住，可以采取如下措施：①减小尺寸 e，使拨叉推力作用点尽可能靠近轴线；②增大尺寸 b，即增大齿轮的宽度；③减小摩擦因数。

四、滚动摩擦简介

当一物体在另一物体表面做无滑动的滚动或有滚动的趋势时，由于两物体在接触部分受压发生形变而产生的对滚动的阻碍作用，称为滚动摩擦。

如图 3-15a 所示，重 G 的轮放置在水平面上。若在轴心处施加一水平拉力 $\boldsymbol{F}$，则在轮与水平面间就会产生一滑动摩擦力 $\boldsymbol{F}_s$，以阻止轮的滑动，其受力图如图 3-15b 所示。主动力 $\boldsymbol{F}$ 与摩擦力 $\boldsymbol{F}_s$ 等值、反向，组成一个力偶，其力偶矩为 $\boldsymbol{F}r$，其效果使轮转动。若轮与水平面都是刚体，则重力 $\boldsymbol{G}$ 与法向力 $\boldsymbol{F}_N$ 平衡。在这种情况下，无论力 $\boldsymbol{F}$ 多么小，轮都将滚动。但事实并非如此，当力不够大时，轮并不滚动。这说明，支承面对轮的作用除 $\boldsymbol{F}_N$ 和 $\boldsymbol{F}_s$ 之外，还有一个阻止轮滚动的力偶，这一力偶称为滚动摩擦力偶，简称滚阻力偶。

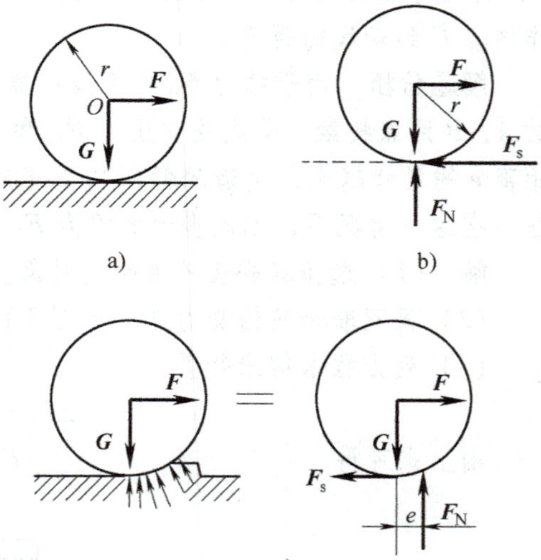

图 3-15

滚动摩擦的产生是由于轮和支承面接触处的变形引起的。轮受重力作用而压入支承面，同时本身也受压缩而变形，因而在向前滚动时，接触前方的支承面隆起，从而使法向力 $\boldsymbol{F}_N$ 的作用线向前偏移(偏移距离为 e)，这样，重力 G 与法向力 $\boldsymbol{F}_N$不在一条直线上，而是组成一个力偶，其力偶矩为 $\boldsymbol{F}_N e$，这就是滚阻力偶，如图 3-15c 所示。

当主动力 $\boldsymbol{F}$ 较小时，轮不会滚动。随着主动力 $\boldsymbol{F}$ 的增大，法向力 $\boldsymbol{F}_N$ 的作用线向前偏移的距离随之增大，滚阻力偶也随之增大，但始终与驱动力偶相等。当主动力 $\boldsymbol{F}$ 增大到某一值时，轮处于将滚动而未滚动的临界平衡状态，此时，e 达到最大值 δ，滚阻力偶也达到最大值。

$$M_{max} = \delta F_N \tag{3-13}$$

此即滚动摩擦定律。它表明，滚动摩擦力偶的最大值与法向力的大小成正比。式中，比例系数 δ 称为滚动摩擦因数，它表示了法向力向前偏移的最大距离。其单位为长度单位(一般为 mm)，其大小主要取决于接触面的硬度。显然，材料越硬，接触面处的变形越小，δ 值也越小。自行车车胎打足气后便可省力，就是这个原因。表 3-2 是几种常用材料间的滚动摩擦因数 δ 的参考值。

表 3-2 常用材料间的滚动摩擦因数

材料名称	δ/mm	材料名称	δ/mm
软钢对软钢	0.05	木材对木材	0.5~0.8
淬火钢对淬火钢	0.01	木材对钢	0.3~0.4
铸铁对铸铁	0.05	火车轮对钢轨	0.5~0.7

小结

一、平面任意力系的平衡方程

1. 基本形式

$$\begin{cases}\sum F_x = 0\\ \sum F_y = 0\\ \sum M_O(\boldsymbol{F}) = 0\end{cases}$$

式中，x、y 轴及矩心 O 的选取是任意的。

2. 二力矩式

$$\begin{cases}\sum M_A(\boldsymbol{F}) = 0\\ \sum M_B(\boldsymbol{F}) = 0 \quad (A、B \text{ 的连线不与 } x \text{ 轴垂直})\\ \sum F_x = 0\end{cases}$$

无论取何种形式，平面任意力系只能有三个独立的平衡方程。

二、平面特殊力系的平衡方程

1. 平面汇交力系 $\begin{cases}\sum F_x = 0\\ \sum F_y = 0\end{cases}$

2. 平面力偶系 $\sum M = 0$

3. 平面平行力系

$$\begin{cases}\sum F_y = 0\\ \sum M_O(\boldsymbol{F}) = 0\end{cases} (y \text{ 轴与各力平行})$$

$$\begin{cases}\sum M_A(\boldsymbol{F}) = 0\\ \sum M_B(\boldsymbol{F}) = 0\end{cases} (A、B \text{ 的连线不与各力平行})$$

三、求解单个物体平衡问题的注意点

1. 正确画出受力图，要注意二力构件的判断。

2. 有两未知力平行，选其垂线为坐标轴列投影方程；有两未知力相交，则选此交点为矩心列力矩方程，尽可能做到一个方程解一个未知量。

四、求解物系平衡问题的注意点

1. 正确画出物系整体、局部以及单个物体的受力图。应特别注意受力图之间要彼此协调，符合作用力和反作用力公理。

2. 具体求解前要比较解题方案，看是否需要先以物系整体为研究对象，解出部分未知量。

五、静滑动摩擦

1. 静滑动摩擦力：当两个相互接触的物体间只有相对滑动趋势时，接触面间所产生的摩擦力，其方向与物体相对滑动趋势方向相反。物体处于临界平衡状态时的静滑动摩擦力称为最大静滑动摩擦力。

2. 静滑动摩擦定律：$F_{s\,max} = \mu_s F_N$

六、动滑动摩擦

1. 动滑动摩擦力：当两个相互接触的物体发生相对滑动时，接触面间的摩擦力。其方向与物体相对滑动的方向相反。

2. 动滑动摩擦定律：$F_d = \mu F_N$

七、摩擦角和自锁

1. 全约束力：法向约束力与静摩擦力的合力。

2. 摩擦角：当物体处于临界平衡状态时，最大全约束力与法向约束力之间的夹角的正切值等于静摩擦因数。

3. 自锁：当物体所受全部主动力的合力的作用线位于摩擦角之内时，无论主动力多大，物体总是保持静止，这种现象称为自锁。

4. 自锁条件：$\alpha \leqslant \varphi_m$（$\varphi_m$ 为摩擦角）。

八、滚动摩擦

1. 滚动摩擦力偶：物体有滚动趋势时，阻止轮滚动的力偶。

2. 滚动摩擦定律：$M_{max} = \delta F_N$

讨论与交流

3-1 试判断图3-16所示各个平面平衡力系的类型，并写出每个平衡力系可解的未知量个数。

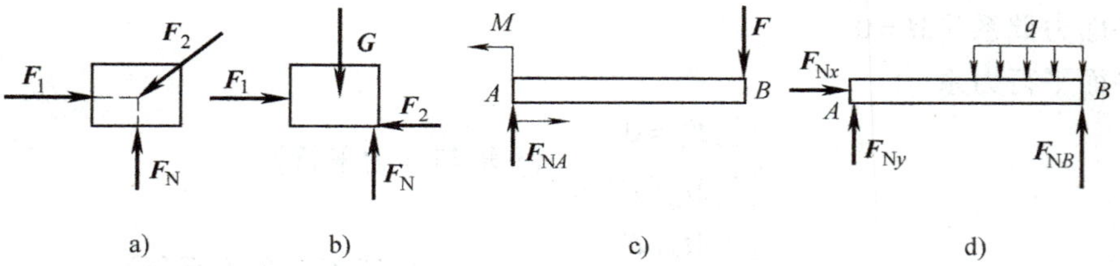

图 3-16

3-2 图3-17中两物体均受两个力作用，它们对物体的作用效果是否一样？

3-3 平面力系平衡方程二矩式的条件是什么？

3-4 如图3-18所示平面平行力系，选取的坐标轴 x 和 y 均不与各力平行或垂直，其独立的平衡方程有几个？平衡方程的形式是否改变？

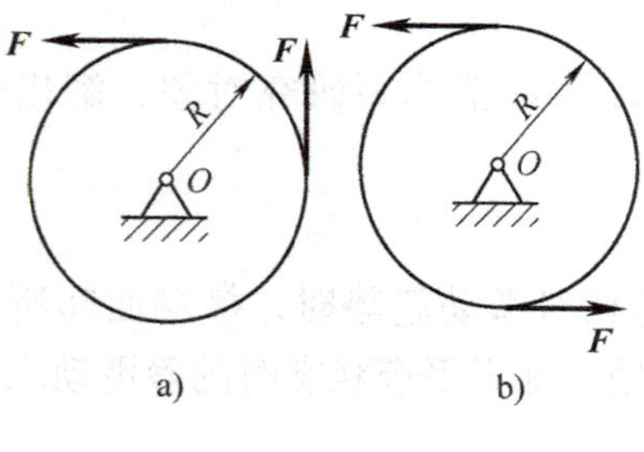

图 3-17

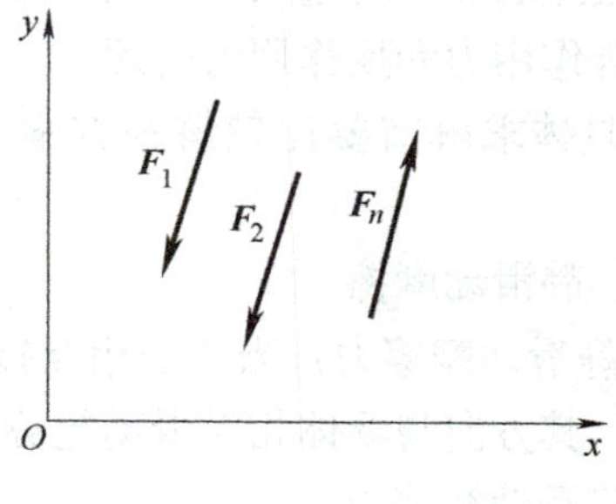

图 3-18

3-5 “静滑动摩擦力的大小与正压力的大小成正比”，这种说法对吗？为什么？

3-6 库仑摩擦定律中的正压力是否一定等于物体的重力。应怎样求出？

3-7 试分析汽车的驱动轮与非驱动轮所受的摩擦力有何不同。

习题

3-1 如图 3-19 所示，已知 $F=400\text{N}$，$q=10\text{N/cm}$，$M=20\text{N}\cdot\text{m}$，$a=50\text{cm}$，求各梁支座的约束力。

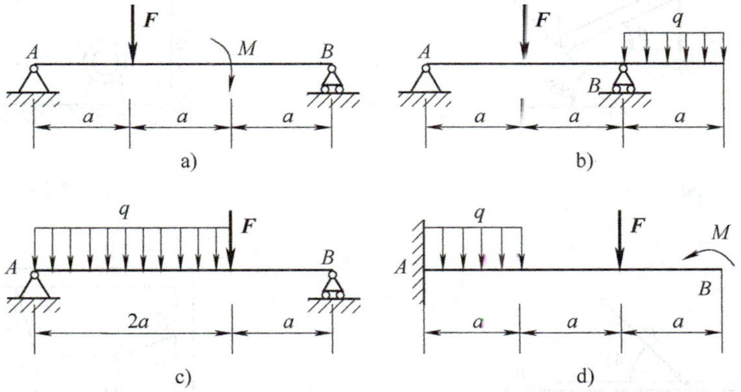

图 3-19

3-2 如图 3-20 所示，计算梁支座的约束力。

3-3 如图 3-21 所示为一旋转起重机简图，已知悬重 $G=6\text{kN}$，$AB=1\text{m}$，$CD=3\text{m}$，不计支架自重。试求 A、B 两处的约束力。

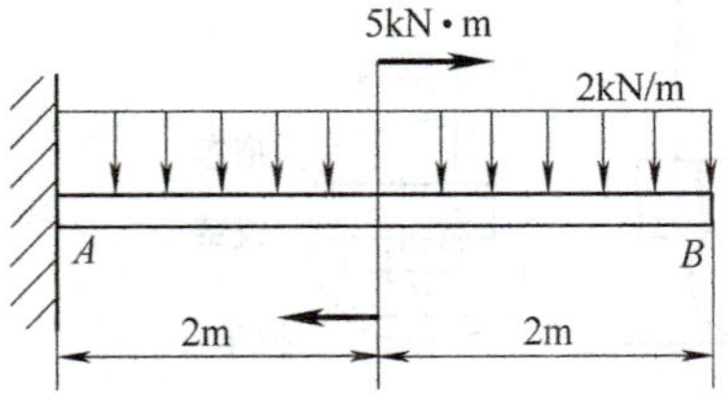

图 3-20

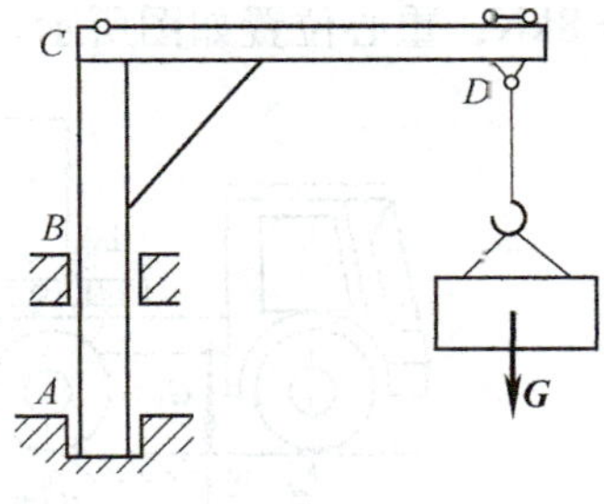

图 3-21

3-4 如图 3-22 所示，均质梯子 AB 长 l，重力为 $G=100\text{N}$，A 端靠在光滑的墙上，B 端放置在 40°倾角的光滑斜面上。求梯子在自身重力作用下处于平衡时两端的约束力及梯子与水平面的夹角 θ。

3-5 如图 3-23 所示，卷扬机铰盘用绕过滑轮 A 的钢索吊起重 $G=20\text{kN}$ 的悬重，已知：$\alpha=30°$，$\beta=60°$。试求 AB 与 AC 杆所受的力。

3-6 如图 3-24 所示，在梁的中点作用一力 $\boldsymbol{F}$，其大小 $F=20\text{kN}$。求 A、B 的支座约束力。

3-7 图 3-25 所示为一绳索拔桩装置，绳索的一端固定于 C 点，绳 EB 与绳 CA 固结于 B 点，在 D 点施力 $F=1\text{kN}$ 向下拉，此时 DB 位于水平位置，BA 位于垂直位置，且 $\alpha=0.1\text{rad}$。试求 AB 绳作用于木桩的拉力。

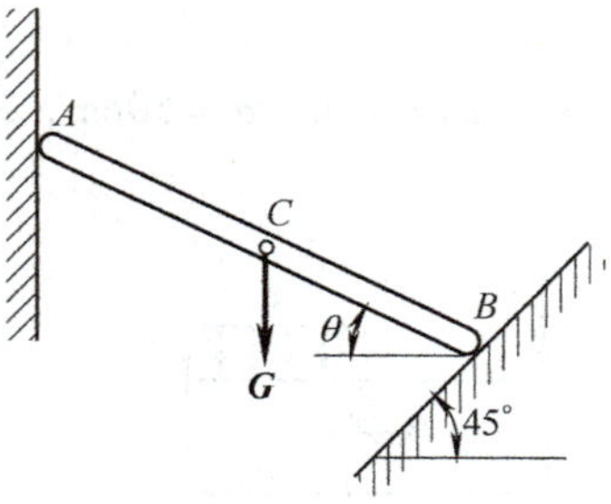

图 3-22

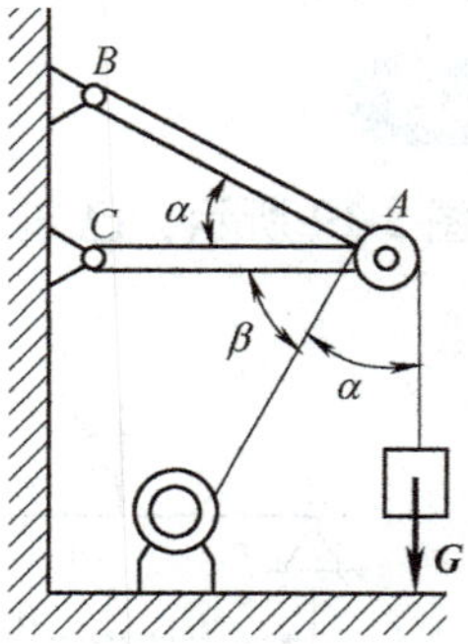

图 3-23

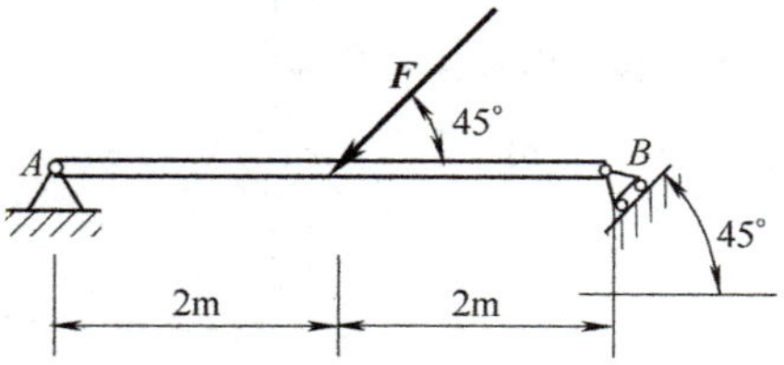

图 3-24

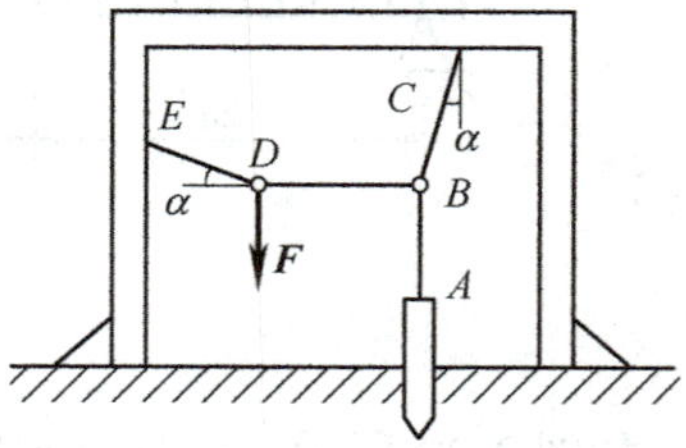

图 3-25

3-8 如图3-26所示，拖车与汽车之间为铰链连接。汽车重 $G_1=3\text{kN}$，$G_2=1.5\text{kN}$，货物重 $G_3=8\text{kN}$，重心位置如图所示。求汽车静止时，地面对 A、B、C 三轮的约束力。

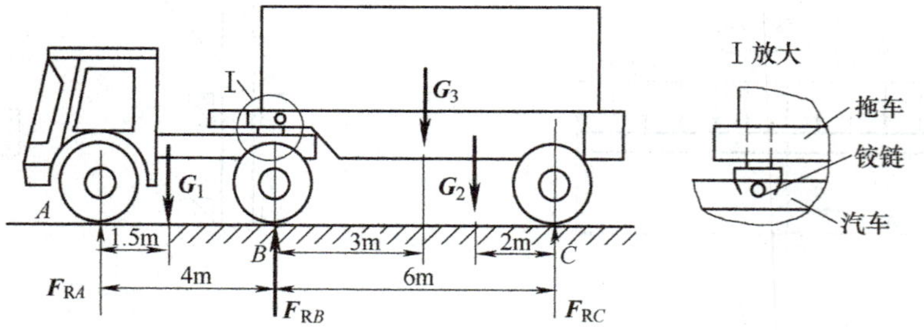

图 3-26

3-9 如图3-27所示，q、a 为已知，$F=\sqrt{2}qa$，$M=2qa^2$，$\alpha=45°$，求固定端 A、活动铰支座 B 及中间铰 C 的约束力。

3-10 如图3-28所示，梯子的两部分 AB 和 AC 在 A 点铰接，又在 D、E 两点用水平绳子连接，梯子放在光滑的水平面上，其一边作用有垂直力 $\boldsymbol{F}$，尺寸如图所示，不计梯重。求梯子平衡时绳 DE 中的拉力。

3-11 如图3-29所示，电工攀登电杆用的套丝、电杆与套丝间的静摩擦因数为 μ_s，若保证套丝正常使用，a、l、μ_s 三者间应满足什么关系？

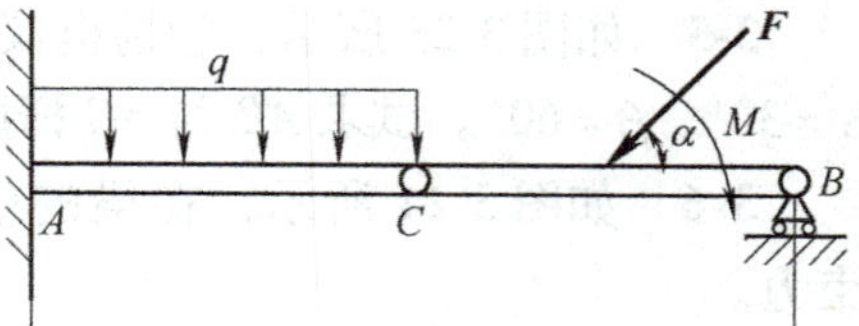

图 3-27

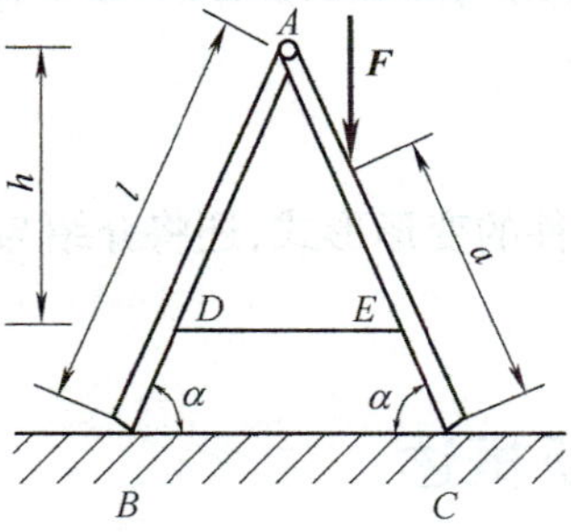

图 3-28

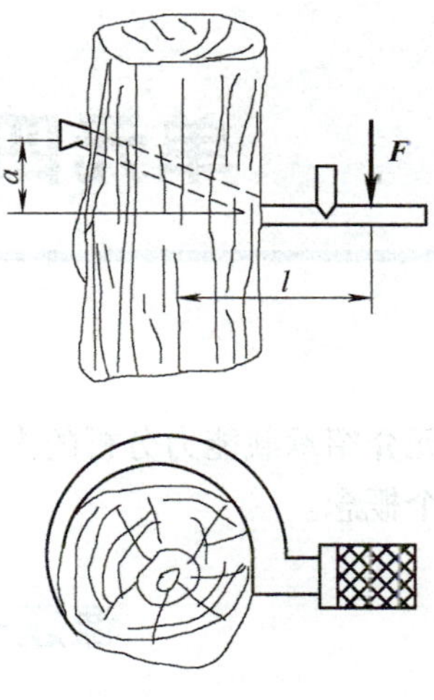

图 3-29

3-12 如图 3-30 所示为一种制动装置示意图，若鼓轮与制动片间的静摩擦因数为 μ_s，作用在鼓轮上的力偶为 M，几何尺寸如图。试求制动时所需力 F 的最小值。

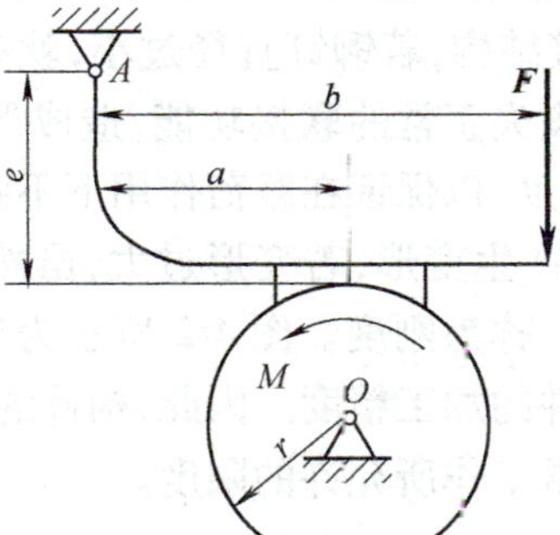

图 3-30

单元三　平面力系的平衡

单元四　构件的承载能力分析基础

本单元介绍承载能力分析的内容、研究对象及杆类构件的变形形式，还将介绍与承载能力有关的两个概念。

课题一　承载能力分析概述

一、承载能力分析的内容和任务

各种机器设备和工程结构，都是由若干构件组成的。在工作状态下，各构件要受到载荷的作用，若构件的几何尺寸、材料的性能不能满足需要，就有可能发生破坏。构件抵抗破坏的能力，称为强度。图4-1所示的铆接结构，若铆钉直径过小，就有可能在载荷作用下，沿 m—n 截面断开或产生明显的塑性变形，丧失正常的联接功能，造成严重的后果。因此，构件的承载能力首先就是使构件具有足够的强度，以保证在载荷作用下不致破坏。

在载荷的作用下，构件还会产生变形，若变形过大，虽然不至破坏，但也会影响其正常工作。我们把构件抵抗变形的能力，称为刚度。图4-2所示为镗床镗孔示意图，若刀杆 AB 受力后的变形过大，就会直接影响工件的加工精度。因此，构件的承载能力还要使构件具有足够的刚度，以保证其变形量不超过正常工作所允许的限度。

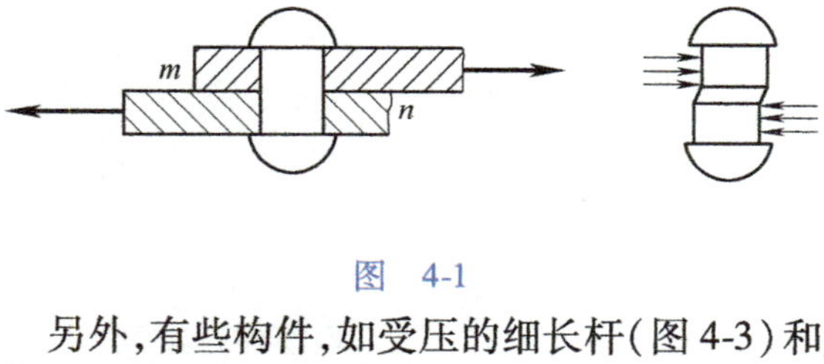

图　4-1

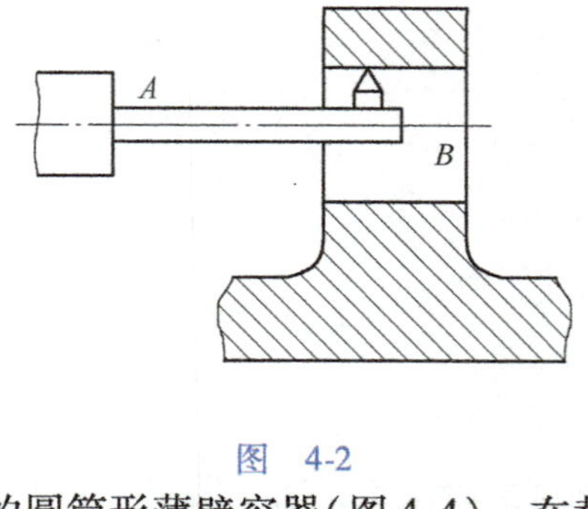

图　4-2

另外，有些构件，如受压的细长杆（图4-3）和受外压的圆筒形薄壁容器（图4-4），在载荷增加到某一临界值后，遇到某种偶然的外界微小干扰，可能会突然失去初始的平衡形态，这种现象称为丧失稳定，简称失稳。构件因失稳使其丧失工作能力，也会造成严重事故。因此，构件的承载能力还要使这类构件具有足够的保持其原有平衡状态的能力，即足够的稳定性。

要保证构件在载荷作用下安全可靠地工作，就必须使其具有足够的强度、刚度和稳定性。因而，就要求多用材料或用优质材料；但另一方面，构件的设计还应符合经济和节约的原则，尽可能少用材料。显然，构件设计的安全性与经济性是矛盾的。承载能力分析的任务就是在保证构件既安全又经济的前提下，建立构件强度、刚度和稳定性计算的理论基础，为构件选用适当的材料，确定合理的截面形状和几何尺寸。

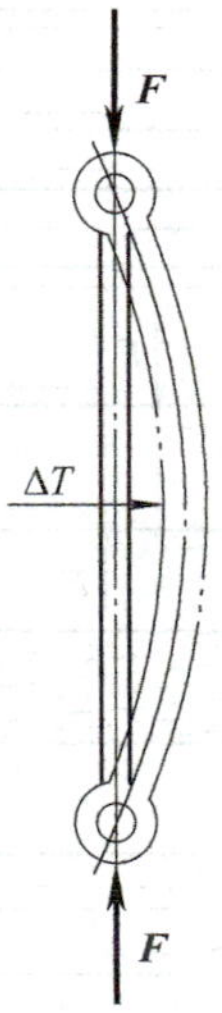

图 4-3

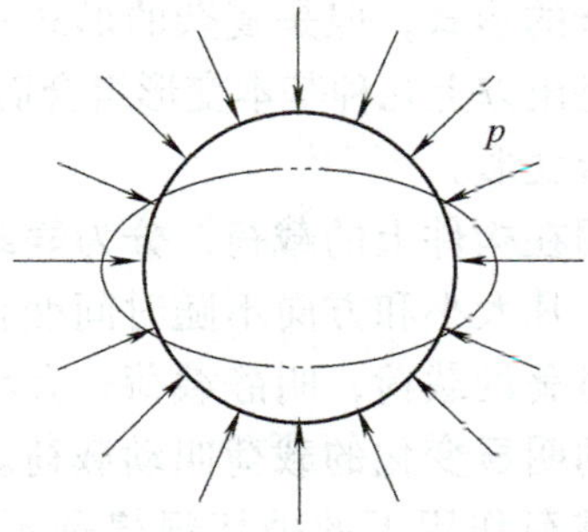

图 4-4

二、构件承载能力分析的研究对象

在前几个单元中，我们将构件抽象为刚体，即在外力作用下绝对不变形的固体。在构件承载能力分析中，我们要研究强度、刚度等问题，构件的变形是不可忽略的，故不再采用刚体这一力学模型，而将构件视为受力后会变形的固体——变形固体。

工程实际中的各种构件，其材料的物质结构及其性质是很复杂的。为了便于理论分析，我们只保留它的主要特征，忽略其次要属性。因此，我们对变形固体作出如下基本假设：

① 连续均匀假设。即假设变形固体在其整个体积内毫无间隙地充满了物质，而且各处的力学性质都相同。

② 各向同性假设。即认为变形固体在各个不同方向上具有相同的力学性质。

工程中使用的大部分材料，可视为各向同性的，如大部分金属材料。但木材等一类纤维性材料只在单一方向上具有相同性质，利用上述假设得到的结论，只能近似地用在这一类材料上，这一点应予以注意。

构件在载荷的作用下，一般只产生微小的变形，即变形量与构件的尺寸相比很小。外力卸除后能自动完全回复的变形叫弹性变形，外力卸除后被保留下来的变形叫塑性变形。承载能力分析是在上述两个基本假设的前提下，只研究弹性变形中的小变形问题。

三、杆件变形的基本形式

尽管实际中构件的形状千差万别，但经过适当简化，一般都可归纳为四类，即杆、板、壳和块。

杆的几何特征是，其长度尺寸远大于其他两个方向的尺寸。大量的工程构件可以简化为杆，如机器中的传动轴、曲柄连杆机构中的连杆、石油化工中的各种塔设备等。杆的各个截面的形心连线叫轴线，垂直于轴线的截面叫横截面。轴线是曲线的杆叫曲杆，轴线是直线的杆叫直杆，各横截面大小形状相同的直杆叫等直杆。本课程的研究对象主要是等直杆。

当载荷以不同的方式作用在杆件上时，杆件将产生不同的变形。杆件变形的基本形式有轴向拉伸和压缩、剪切、扭转及弯曲，如图4-5所示。

杆件的变形，除上述的基本形式外，还有复杂的形式，但是复杂的形式总可把它看成是由以上几种基本变形组合而成的，称为组合变形。

作用在构件上的载荷，分为静载荷和动载荷。凡大小和方向不随时间变化，或变化不显著的载荷，叫静载荷；大小或方向随时间明显变化的载荷叫动载荷。构件在两种载荷作用下的破坏规律是不同的，研究的方法也有所不同。承载能力分析主要研究静载荷问题。

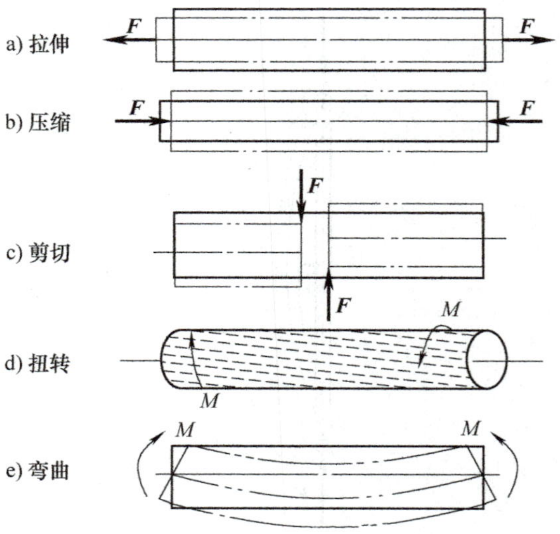

图 4-5

课题二 内力与截面法

一、内力的概念

在对构件进行承载能力分析时，杆件受到的其他物体的作用力都称为外力，它包括载荷和约束力。由外力引起的相连各部分之间的相互作用力的改变量称为内力。根据材料的连续性假设，内力在截面上是连续分布，组成一个分布内力系。通常所称的内力是指该分布力系的合力或合力偶。

二、截面法

我们研究杆件受拉伸时的内力。为观察内力，首先假想沿欲求内力的截面 m—n，将杆件截成左右两部分(图4-6a)。若观察左侧部分，并将右侧部分对左侧部分的作用以内力代替(图4-6b)，由于整个杆件是平衡的，因此截开的各部分也应该是平衡的。由平衡方程可求得内力 F_N，设轴向为 x 轴，则有

$$\sum F_x = 0 \quad F_N - F = 0$$

$$F_N = F$$

若观察右侧部分，并将左侧部分对右侧部分的作用以内力 F'_N代替(图4-6c)，由作用与反作用公理可知，F'_N与 F_N 必定是大小相等，方向相反，作用线重合。因此，不论观察截面左侧部分还是右侧部分，它们的内力是相同的。所以，在分析杆件的内力时，可以选取截面任意一侧的部分杆件来研究。

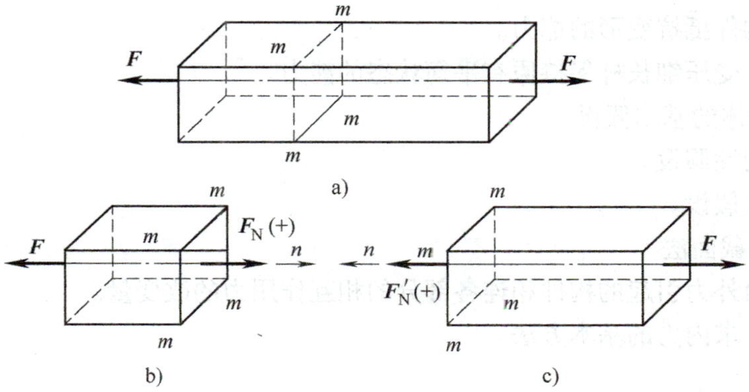

图 4-6

以上这种求内力的方法，称为截面法。它是求内力的基本方法，在以后的学习中还用到它。截面法可以概括为以下四步：

① 截：假想沿欲求内力截面截开。

② 取：取截面左侧或右侧为研究对象。

③ 代：将弃去部分对研究对象的作用以内力代替。

④ 平：考察研究对象的平衡，确定内力的大小和方向。

课题三　应　　力

两根材料相同、截面积不同的杆，受到相同的轴向拉力的作用，当拉力达到一定的数值时，截面积较小的杆件肯定先断裂。这是因为截面积较小的杆上的内力密集程度大。我们把内力在一点处的密集程度（简称集度）称为应力。判断杆件破坏与否的依据不是内力的大小，而是应力的大小。

应力的方向与内力的方向相同，通常将其分解为垂直于截面和平行于截面的两个分量，垂直于截面的应力称为正应力，用 σ 来表示，平行于截面的应力称为切应力，用 τ 来表示。应力的单位是帕斯卡，简称帕，符号为 Pa，1 帕等于每平方米的面积上作用 1 牛顿的力，即 $1\text{Pa}=1\text{N/m}^2$。工程实际中应力的数值较大，常用兆帕（MPa）或吉帕（GPa）来作单位。

$$1\text{MPa}=10^6\text{Pa}$$

$$1\text{GPa}=10^9\text{Pa}=10^3\text{MPa}$$

工程上以毫米（mm）和千牛（kN）作单位时，它们的换算关系如下：

$$1\text{MPa}=10^6\text{N/m}^2=1\text{N/mm}^2$$

$$1\text{GPa}=10^9\text{N/m}^2=1\text{kN/mm}^2$$

由此可见，当力的单位为 N，长度的单位 mm 时，应力的单位应是 MPa；当力和长度的单位分别是 kN 和 mm 时，应力的单位是 GPa。

小结

一、构件承载能力分析的内容

1. 强度：构件抵抗破坏的能力。
2. 刚度：构件抵抗变形的能力。
3. 稳定性：受压细长杆保持原有平衡状态的能力。

二、变形固体的基本假设
1. 连续均匀性假设。
2. 各向同性假设。

三、内力、截面法
1. 内力：由外力引起的构件相连各部分的相互作用力的改变量。
2. 截面法：求内力的基本方法。

四、应力
1. 内力在一点处的密集程度（简称集度）称为应力。
2. 正应力：垂直于截面的应力。
3. 切应力：平行于截面的应力。
4. 应力的单位：当力的单位为 N，长度的单位 mm 时，应力的单位应是 MPa。

讨论与交流

请分别举出因强度、刚度、稳定性不足而破坏的实例。

单元五　轴向拉伸和压缩

如图 5-1 所示，钢板外形尺寸、材料及铆钉数目已知，在如图所示的受力状态下会产生何种变形？哪里为断裂危险区？本单元主要研究此类问题。

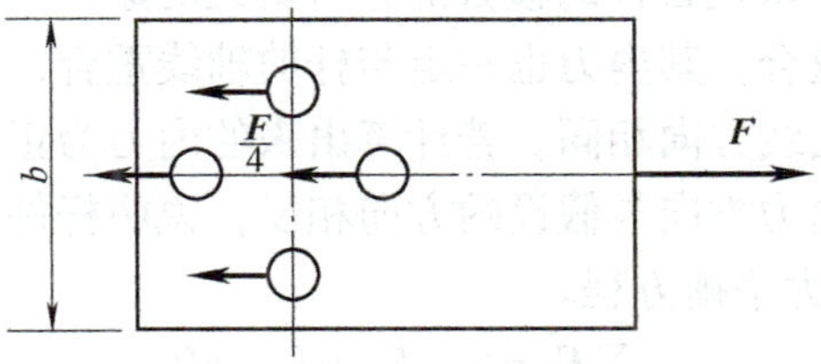

图　5-1

课题一　轴向拉伸和压缩的概念

承受轴向拉伸或压缩的杆件，在实际工程中是常见的。图 5-2 所示的支撑结构中，二力杆 *AB* 受到拉伸，*CA* 杆则受到压缩。产生轴向拉伸(或压缩)的杆件简称拉(压)杆。

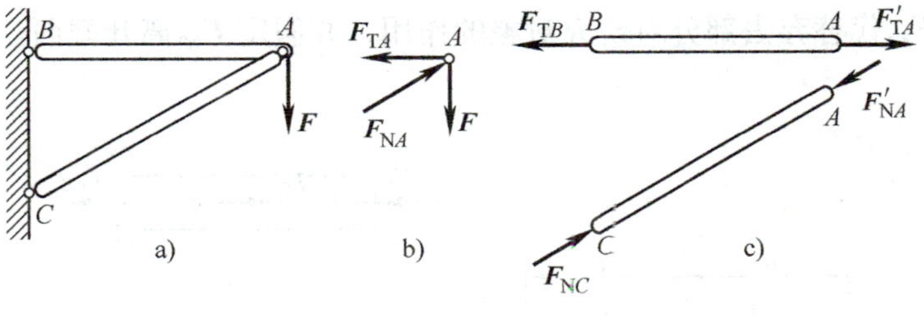

图　5-2

若将实际受拉或受压的杆简化成如图 5-3 所示的计算简图，则可以看出，轴向拉伸和压缩的受力特点是：作用在直杆上的两个力大小相等，方向相反，作用线与杆件的轴线重合；其变形特点是：杆件沿杆的轴线方向产生伸长(图 5-3a)或缩短(图 5-3b)。

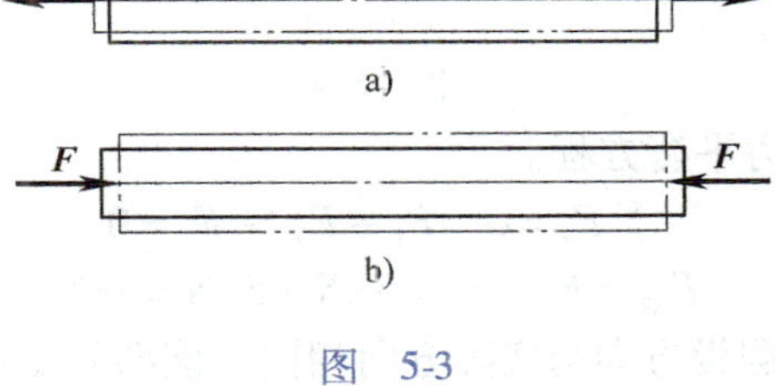

图　5-3

课题二　轴向拉伸和压缩时横截面上的内力

图5-4a所示的直杆，沿轴线受到F_1、F_2、F_3三个外力作用，三个力的作用点分别为A、B、C，已知$F_1=5\text{kN}$，$F_2=8\text{kN}$、$F_3=3\text{kN}$。下面研究1—1和2—2横截面上的内力。

首先用截面法求1—1截面上内力，步骤如下：

① 将杆沿截面1—1截开。

② 取截面左侧为研究对象(图5-4b)。

③ 以截面上的内力F_{N1}来代替杆的移去部分对研究对象的作用，由平衡条件可知，拉伸或压缩的外力与杆件轴线重合，其内力也一定与杆的轴线重合，故称为轴力。假定内力的方向离开截面，即与截面外法线方向相同。若计算出来的内力为正，说明杆件受拉伸；若计算出来的内力为负，则实际内力方向与假设的方向相反，说明杆件受压缩。

④ 列出研究对象的静力平衡方程。

$$\sum F_x=0 \quad F_1+F_{N1}=0$$
$$F_{N1}=-F_1$$
$$F_{N1}=-5\text{kN}$$

负号说明F_{N1}的假设方向与实际方向相反，该部分受压缩。

由于1—1截面是外力作用点A和B之间的任意一位置上的截面，故A、B之间的轴力大小是一样的，都为-5kN。再次利用截面法，可求出2—2截面上的轴力，步骤如下：

① 将杆沿截面2—2截开。

② 取截面左侧为研究对象(图5-4c)。

③ 以轴力F_{N2}代替弃去部分对研究对象的作用，并假定F_{N2}离开截面。

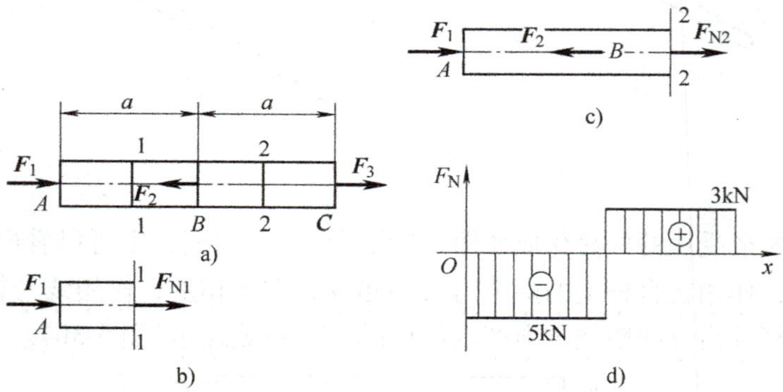

图 5-4

④ 列出研究对象的静力平衡方程。

$$\sum F_x=0 \quad F_1+F_{N2}-F_2=0$$
$$F_{N2}=F_2-F_1=8\text{kN}-5\text{kN}=3\text{kN}$$

结果为正，说明F_{N2}的假设方向与实际方向相同，该部分受拉伸。由于2—2截面处于外

力作用点 B、C 之间任意位置，故 B、C 之间的轴力大小都是 3kN。

由上例可以总结出用截面法求轴力的简单方法。

① 轴力的大小等于截面一侧（左侧或右侧）所有外力的代数和。外力方向与截面外法线方向相反者取正号，反之取负号。注意约束力也应视为外力，不要忽略。

② 轴力为正值时，杆件受拉伸；轴力为负值时，杆件受压缩。

为了形象而直观地表示各横截面上轴力沿轴线的变化情况，取平行于杆轴线方向的坐标表示截面的位置，垂直轴线的坐标表示对应截面轴力的大小，绘出的轴力沿轴线方向变化的图线叫轴力图。图 5-4d 即为图 5-4a 所示杆件的轴力图。

受轴向拉伸和压缩的杆件，若沿杆的轴线不同位置作用有多个外力，则外力作用点所在的截面处，存在着轴力的突变。

例 5-1 图 5-5a 所示的等截面直杆，在 B、C、D、E 处分别作用已知外力 $\boldsymbol{F}_4$、$\boldsymbol{F}_3$、$\boldsymbol{F}_2$、$\boldsymbol{F}_1$，且 $F_1=10\text{kN}$、$F_2=20\text{kN}$、$F_3=15\text{kN}$、$F_4=8\text{kN}$。作其轴力图。

解 (1) 外力分析：以整个杆件为研究对象，A 端的约束力 F_R 可由平衡方程求得

$$\sum F_x=0$$

$$F_1+F_3-F_2-F_4-F_R=0$$

$$F_R=F_1+F_3-F_2-F_4=-3\text{kN}$$

(2) 内力分析：直杆在 A、B、C、D、E 五处受外力作用，应分别计算 AB、BC、CD、DE 段的轴力。

设 1—1 为 AB 段任意截面，考虑截面左侧，如图 5-5c 所示。

$$F_{N1}=F_R=-3\text{kN}\quad（受压）$$

设 2—2 为 BC 段任意截面，考虑截面左侧，如图 5-5d 所示。

$$F_{N2}=F_R+F_4=-3\text{kN}+8\text{kN}=5\text{kN}\quad（受拉）$$

设 3—3 为 CD 段任意截面，考虑截面左侧，如图 5-5e 所示。

$$F_{N3}=F_R+F_4-F_3=-3\text{kN}+8\text{kN}-15\text{kN}=-10\text{kN}\quad（受压）$$

设 4—4 为 DE 段任意截面，考虑截面左侧，如图 5-5f 所示。

$$F_{N4}=F_R+F_4-F_3+F_2=-3\text{kN}+8\text{kN}-15\text{kN}+20\text{kN}=10\text{kN}$$

（受拉）

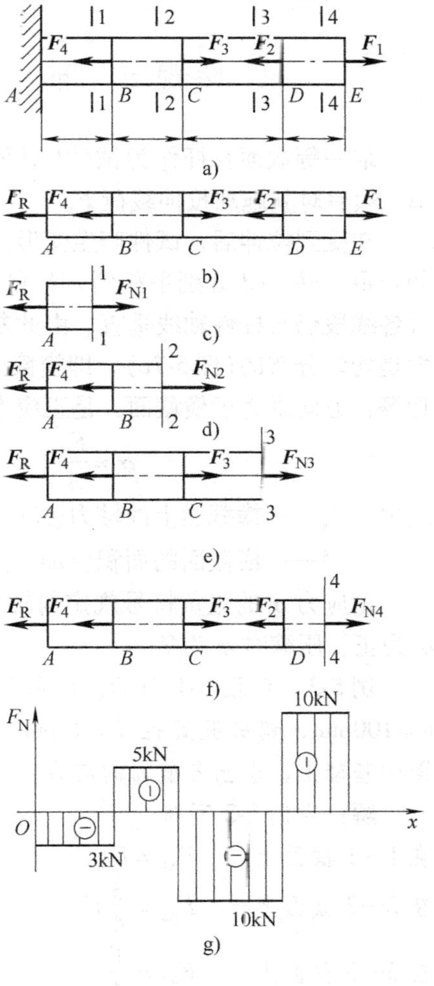

图 5-5

若研究截面 4—4 右侧，则

$$F_{N4}=F_1=10\text{kN}\quad（受拉）$$

由此可见，用截面法求轴力时，选择外力较少的一侧，计算比较方便。

(3) 画轴力图（图 5-5g）。

例 5-2 如图 5-6a 所示，轴向力 $F=100\text{kN}$，每个螺栓受力均匀，试绘其轴力图。

解： 如图 5-6b 所示，利用截面法在钢板上做截面 1—1、2—2、3—3，由于每个铆钉受力相同，由截面法可得到

在 1—1 截面上 $F_{N1}=F$

在 2—2 截面上 $F_{N2}=\dfrac{3}{4}F$

在 3—3 截面上 $F_{N3}=F/4$

由此绘轴力图如图 5-6b 所示。

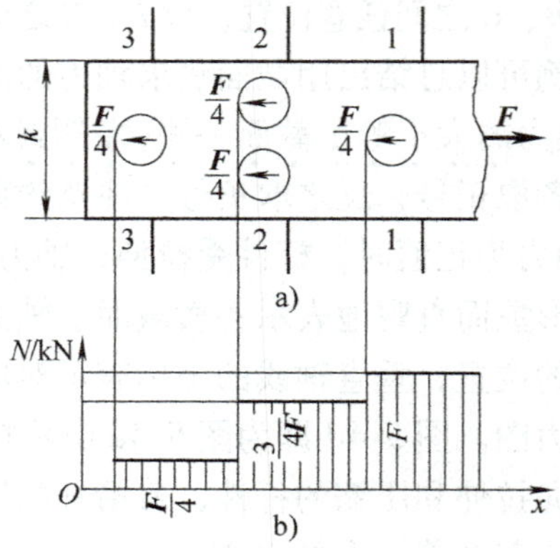

图 5-6

课题三 轴向拉伸和压缩时横截面上的应力

取一等截面直杆作为试件(图 5-7a)，在其表面上沿垂直于杆件轴线方向画直线段 ab、cd，然后对其施加拉伸载荷 $\boldsymbol{F}$。

在受到拉伸后，试件产生变形，纵向产生了相同的伸长量，ab、cd 分别平移到 $a'b'$ 和 $c'd'$ 位置(图 5-7b)，且各线段仍与杆件轴线垂直。由此断定，横截面上的内力是均匀分布的(图 5-7c)，即横截面上各点的应力大小相等，方向垂直于横截面，是正应力。其计算公式为

$$\sigma=\frac{F_N}{A} \tag{5-1}$$

式中 F_N——横截面上的轴力(N)；

A——横截面的面积(mm^2)。

正应力 σ 的正负符号规定与轴力 F_N 相同：拉伸时 σ 为正，压缩时 σ 为负。

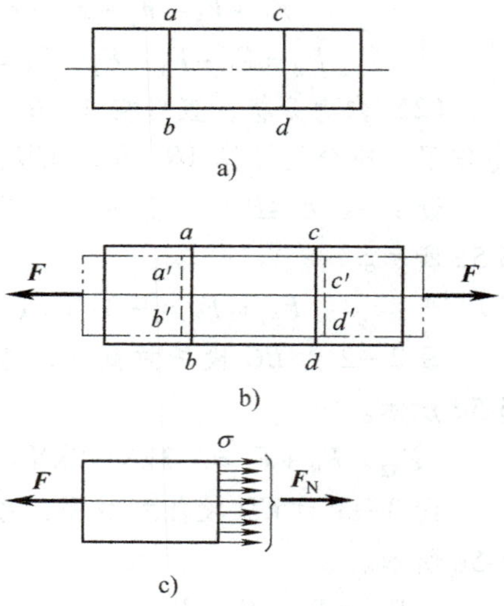

图 5-7

例 5-3 如图 5-1 所示，钢板厚度 $t=12\text{mm}$，宽度 $b=100\text{mm}$，销钉孔直径 $d=17\text{mm}$，在例 5-2 所求轴力图的基础上，求出各截面的应力。

解： 由例 5-2 可知

在 1—1 截面上 $F_{N1}=F$

在 2—2 截面上 $F_{N2}=\dfrac{3}{4}F$

在 3—3 截面上 $F_{N3}=\dfrac{F}{4}$

在 1—1 截面上

$$\sigma_{1-1}=\frac{F_{N1}}{(b-d)t}=\frac{100\times10^3\text{MPa}}{(100-17)\times12}=100\text{MPa}$$

在 2—2 截面上

$$\sigma_{2-2}=\frac{F_{N2}}{(b-2d)t}=\frac{75\times10^3\text{MPa}}{(100-2\times17)\times12}=94.7\text{MPa}$$

在 3—3 截面上

$$\sigma_{3-3}=\frac{F_{N3}}{(b-d)t}=\frac{25\times10^{3}\mathrm{MPa}}{(100-17)\times12}=25.1\mathrm{MPa}$$

课题四　轴向拉伸和压缩时的变形

试验表明，杆件受拉时纵向尺寸伸长，横向尺寸缩短；受压时，纵向尺寸缩短，横向尺寸伸长。现在我们以轴向拉伸为例，来研究这种变形。

设 l、d 为等直杆变形前的长度与直径(图 5-8)，l_1、d_1 为变形后的长度与直径。

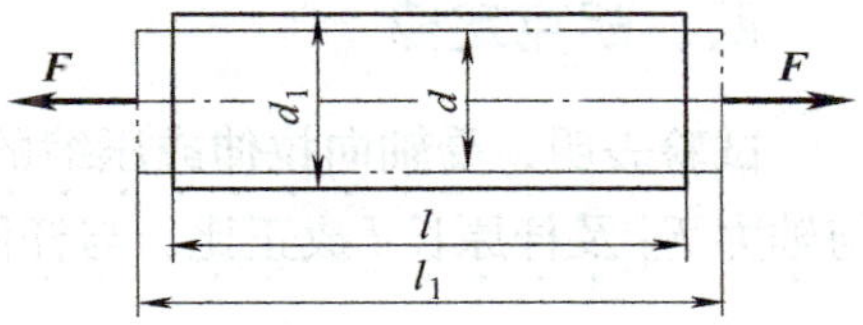

图　5-8

一、绝对变形

变形后的尺寸与变形前尺寸之差，称为绝对变形。用 Δl 表示轴向绝对变形；Δd 表示横向绝对变形。则

$$\begin{cases}\Delta l=l_1-l\\ \Delta d=d_2-d\end{cases}$$

拉伸时 Δl 为正，Δd 为负；压缩时 Δl 为负，Δd 为正。

二、相对变形

绝对变形表达的是总的变形量，通过试验得出它与杆件原始尺寸有关。为消除原始尺寸的影响，引入相对变形的概念。把绝对变形与原始尺寸之比，称为相对变形，因而相对变形就是单位原始尺寸上的变形。

用 ε 表示轴向相对变形；ε_1 表示横向相对变形。则

$$\varepsilon=\frac{\Delta l}{l}\tag{5-2}$$

$$\varepsilon_1=\frac{\Delta d}{d}\tag{5-3}$$

ε 又称轴向线应变；ε_1 也称横向线应变。轴向拉伸时 ε 为正，ε_1 为负；轴向压缩时 ε 为负，ε_1 为正。显然 ε 和 ε_1 的大小反映杆件的变形程度。

三、泊松比

试验证明，对于同一种材料，在弹性范围内，其横向相对变形与轴向相对变形之比的绝对值为一常数。即

$$\left|\frac{\varepsilon_1}{\varepsilon}\right|=\mu\tag{5-4}$$

比值 μ 称为泊松比或横向变形系数。因 ε_1 与 ε 的正负符号恒相反，所以有

$$\varepsilon_1=-\mu\varepsilon\tag{5-5}$$

泊松比是一个量纲为一的量。常用的几种工程材料的泊松比列于表 5-1 中。

表 5-1 常用材料的 E 值和 μ 值

材料名称	$E/(GPa\times10^2)$	μ
低碳钢	2~2.2	0.25~0.33
合金钢	1.9~2.2	0.24~0.33
灰铸铁	1.15~1.6	0.23~0.27
铜及其合金	0.74~1.30	0.31~0.42
橡胶	0.00008	0.47

四、胡克定律

试验表明，受轴向拉伸或压缩的杆件，当应力未超过一定限度时，其轴向绝对变形 Δl 与轴力 F_N 及杆原长 l 成正比，与杆件的横截面积 A 成反比。即

$$\Delta l\propto\frac{F_N l}{A}$$

引进比例系数 E，则

$$\Delta l=\frac{F_N l}{EA} \tag{5-6}$$

式(5-6)称为胡克定律。比例系数 E 称为材料的拉(压)弹性模量，其数值随材料的不同而异。各种材料的拉(压)弹性模量 E 可用试验进行测定，几种常见材料的 E 值列于表 5-1 中。由式(5-6)可以看出，当其他条件不变时，弹性模量 E 越大，杆件的绝对变形 Δl 就越小，所以 E 值表示材料抗拉伸或压缩变形的能力，它体现材料的弹性性质，是材料的刚度指标。当 F_N、l 值不变时，EA 值越大，绝对变形量 Δl 就越小，说明 EA 是拉(压)杆抵抗拉(压)变形能力的量度，称为杆的抗拉(压)刚度。它不仅与杆的材料有关，而且与杆的横截面积有关。

将 $\frac{F_N}{A}=\sigma$ 和 $\frac{\Delta l}{l}=\varepsilon$ 代入式(5-6)，则得到

$$\sigma=E\varepsilon \tag{5-7}$$

式(5-7)是胡克定律的另一表达式。所以胡克定律又可表达为：当应力不超过某一限度时，应力与应变成正比。由于 ε 是个量纲为一系数，所以 E 的单位与 σ 相同，E 的常用单位是吉帕(GPa)。

在使用式(5-6)、式(5-7)时，应注意它的适用条件：

① 应力未超过某一限度(这个限度称为比例极限,各种材料的比例极限可由试验测定)。

② 在长度 l 内，F_N、E、A 均应是常量。否则，应分段处理。

例 5-4 图 5-9 为一阶梯形钢杆，AC 段的截面面积为 $A_{AB}=A_{BC}=500\text{mm}^2$，$CD$ 段的截面面积为 $A_{CD}=200\text{mm}^2$。钢的弹性模量 $E=200\text{GPa}$，受力情况为 $F_1=30\text{kN}$，$F_2=10\text{kN}$，各段长度如图。试求：(1) 各段杆截面上的轴力和应力。(2) 杆的总变形。

解 (1) 画杆的受力图(图 5-9b)，由整个杆的平衡求出支座约束力 F_A。

$$\sum F_x=0 \quad -F_A+F_1-F_2=0$$

$$F_A=20\text{kN}$$

(2) 求杆的各段截面上的轴力。

AB 段

$$F_{N1}=F_A=20\text{kN}\quad(\text{拉})$$

BC 段与 *CD* 段

$$F_{N2}=F_A-F_1=-10\text{kN}\quad(\text{压})$$

(3) 画轴力图(图 5-9c)。

(4) 计算各段横截面上的应力。

AB 段 $\sigma_{AB}=\dfrac{F_{N1}}{A_{AB}}=\dfrac{20\times10^3}{500}\text{MPa}=40\text{MPa}$

BC 段 $\sigma_{BC}=\dfrac{F_{N2}}{A_{BC}}=\dfrac{-10\times10^3}{500}\text{MPa}=-20\text{MPa}$

CD 段 $\sigma_{CD}=\dfrac{F_{N2}}{A_{CD}}=\dfrac{-10\times10^3}{200}\text{MPa}=-50\text{MPa}$

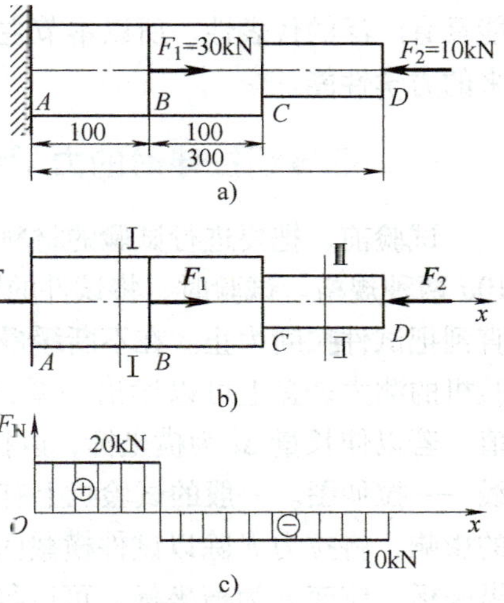

图 5-9

(5) 计算杆的绝对变形(总变形)。

全杆总变形 Δl_{AD} 等于杆各段变形的代数和。即

$$\Delta l_{AD}=\Delta l_{AB}+\Delta l_{BC}+\Delta l_{CD}=\frac{F_{N1}l_{AB}}{EA_{AB}}+\frac{F_{N2}l_{BC}}{EA_{BC}}+\frac{F_{N2}l_{CD}}{EA_{CD}}$$

将有关数据代入，并考虑单位及正负，即得

$$\Delta l_{AD}=\frac{1}{200\times10^9}\left[\frac{20\times10^3\times100\times10^{-3}}{500\times(10^{-3})^2}-\frac{10\times10^3\times100\times10^{-3}}{500\times(10^{-3})^2}-\frac{10\times10^3\times100\times10^{-3}}{200\times(10^{-3})^2}\right]\text{m}$$

$$=-1.5\times10^{-6}\text{m}=-0.015\text{mm}$$

计算结果为负，说明整个杆件轴向缩短。

课题五　材料在拉伸和压缩时的力学性能

材料从开始受力到破坏为止的整个过程中所表现出来的各种性能，叫做材料的力学性能，如弹性、塑性、强度、韧性、硬度等。这些性能指标是进行强度、刚度设计和选择材料的重要依据。

材料的力学性能取决于它的化学成分、冶炼、加工和热处理方法等，是其本身固有的特性。材料的力学性能指标只能通过试验的方法测得。

另一方面，构件承载能力分析的理论，是在试验的基础上，经过假设、分析和推理而建立起来的，已经建立起来的理论，又必须经过试验来验证。所以材料的力学性能试验在构件承载能力分析中，具有重要的地位。

材料的力学性能试验种类很多，其中静载荷拉伸和压缩试验是最基本也是最重要的一种，它能比较全面、明显地反映材料的各种力学性能，所获得的一些试验数据是材料力学性能的基本数据。

低碳钢和铸铁是工程上常用的两类典型材料，它们在拉伸和压缩时所表现出来的力学性能具有广泛的代表性。所以本节主要介绍这两种材料在常温静载下受拉伸和压缩时所表现出来的力学性能。

一、低碳钢拉伸时的力学性能

试验前，把要进行试验的材料做成如图 5-10 所示的标准试件，其标距 l 有 $l=5d$ 和 $l=10d$ 两种规格。试验时，将试件的两端装卡在试验机上，然后在其上施加缓慢增加的拉力，直到把试件拉断为止。在不断缓慢增加拉力的过程中，试件的伸长量 Δl 也逐渐增大。在试验机的测力表盘上可以读出一系列的拉力 F 值，同时可以测出与每一个 F 值所对应的 Δl 值。若以伸长量 Δl 为横坐标，以拉力 F 为纵坐标，可以作出拉力 F 与绝对变形 Δl 关系的曲线——拉伸图。一般的试验机上有自动绘图装置，可以自动绘出拉伸图。为了消除试件尺寸的影响，将拉力 F 除以试件横截面面积 A 得 σ，又将 Δl 除以试件原标距 l 得 ε。以应力 σ 为纵坐标、应变 ε 为横坐标，可以得到应力应变关系曲线——应力应变图(或称 σ—ε 曲线)，如图 5-11 所示。下面以 Q235 钢的 σ—ε 曲线为例，讨论低碳钢在拉伸时的力学性能。

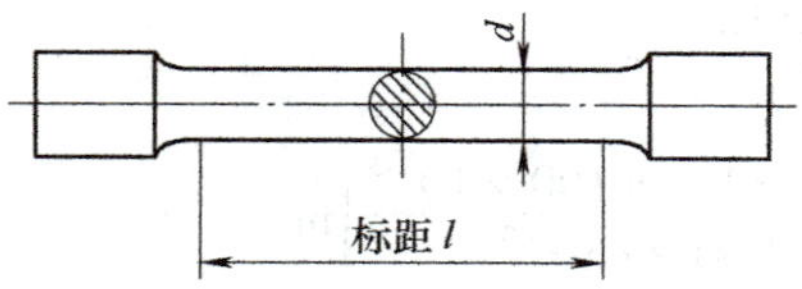

图 5-10

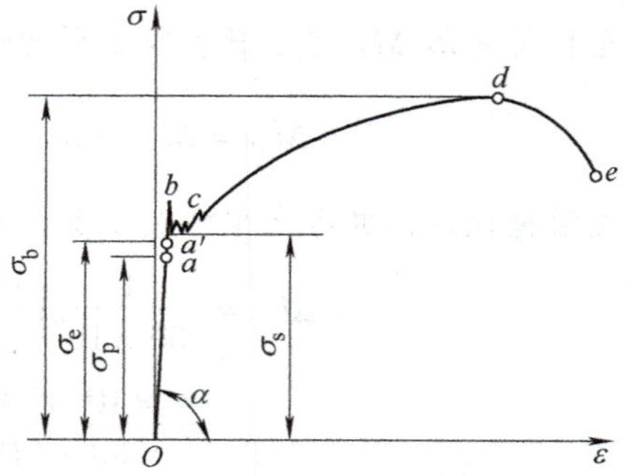

图 5-11

1. 比例极限 σ_p

σ—ε 曲线的 Oa 段是斜直线，这说明试件的应变与应力成正比，材料符合胡克定律 $\sigma=E\varepsilon$。Oa 段的斜率 $\tan\alpha=E$，直线部分最高点 a 点所对应的应力值 σ_p，是材料符合胡克定律的最大应力值，称为材料的比例极限。Q235 钢的比例极限 $\sigma_p\approx200\text{MPa}$。

2. 弹性极限 σ_e

当应力超过材料比例极限 σ_p 后，图上 aa' 已不是直线，这说明应力与应变不再成正比，材料不符合胡克定律。但是，当应力值不超过 a' 点对应的应力值 σ_e 时，拉力 F 解除后，变形也完全随之消失，试件恢复原长，材料只出现弹性变形。应力值若超过 σ_e，即使把拉力 F 全部解除，试件也不能恢复原长，会保留有残余变形，这部分不可恢复的残余变形称作塑性变形。a' 点对应的应力值 σ_e 是材料只出现弹性变形的极限应力值，称为弹性极限。实际上 a' 与 a 两点非常接近，在应用时通常对比例极限和弹性极限不作严格区分。Q235 钢的弹性极限 σ_e 近似等于 200MPa。

试件的应力在从零缓慢增加到弹性极限 σ_e 的过程中，只产生弹性变形，不产生塑性变形，故 $\sigma-\varepsilon$ 曲线上从 O 至 a' 这一阶段叫弹性阶段。

3. 屈服强度 σ_s

当应力超过弹性极限 σ_e 后，$\sigma—\varepsilon$ 图上出现一段近似与横坐标轴平行的小锯齿形曲线 bc，说明这一阶段应力虽有波动，但几乎没有增加，而变形却在明显增加，材料好像失去了抵抗变形的能力。这种应力大小基本不变而应变显著增加的现象称为屈服或流动。图上从 b 点至 c 点所对应的过程叫屈服阶段，这一阶段应力波动的最低值 σ_s 称为材料的屈服强度。如果试件表面光滑，可在试件表面上看到与轴线成45°角的条纹(图5-12)，一般认为，这是材料内部的晶粒沿最大切应力方向相对滑移的结果，这种滑移是造成塑性变形的根本原因。因此，屈服阶段的变形主要是塑性变形，塑性变形在工程上一般是不允许的，所以屈服强度 σ_s 是材料的重要强度指标。Q235 钢的 $\sigma_s = 235\text{MPa}$。

4. 抗拉强度 σ_b

经过屈服阶段以后，曲线从 c 点开始逐渐向上凸起，这意味着要继续增加应变，必须增加应力，材料恢复了抵抗变形的能力，这种现象称为材料的强化。从 c 点到 d 点所对应的过程叫强化阶段，曲线最高点 d 对应的应力 σ_b 是试件断裂前所承受的最大应力值，称为抗拉强度，抗拉强度 σ_b 是表示材料强度的另一个重要指标。Q235 钢的抗拉强度 $\sigma_b \approx 400\text{MPa}$。

在应力值小于抗拉强度 σ_b 时，试件的变形是均匀的；当应力达到 σ_b 后，在试件的某一局部，纵向变形显著增加，横截面积急剧减小，出现缩颈现象，如图5-13所示，试件被迅速拉断。缩颈现象出现后，试件继续变形所需的拉力 F 也相应减小，用原始面积算出的应力值 $\frac{F}{A}$ 也随之下降，所以 $\sigma—\varepsilon$ 曲线出现了 de 部分。在 e 点试件断裂，曲线上从 d 点至 e 点所对应的过程叫缩颈阶段。

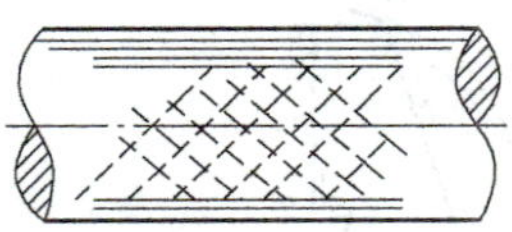

图 5-12

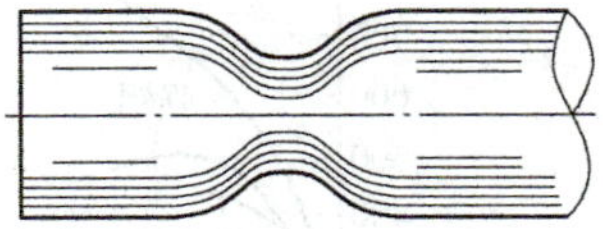

图 5-13

5. 断后伸长率 δ 和断面收缩率 ψ

断后伸长率
$$\delta = \frac{l_1 - l_0}{l_0} \times 100\%$$

式中 l_0——试件原始标距(m)；

l_1——试件拉断后的标距(m)；

$l_1 - l_0$——塑性变形(m)。

δ 值的大小反映材料塑性的好坏。工程上一般把 $\delta > 5\%$ 的材料称为塑性材料，如低碳钢、铜、铝等；将 $\delta < 5\%$ 的材料称为脆性材料，如铸铁等。Q235 钢的 $\delta = 25\% \sim 27\%$。

断面收缩率
$$\psi = \frac{A_0 - A_1}{A_0} \times 100\%$$

式中 A_0——试件横截面原始面积(m^2)；

A_1——试件断口处的横截面面积(m^2)。

ψ 值的大小也反映材料的塑性好坏。Q235 钢的 $\psi = 60\%$，它是典型的塑性材料。

6. 冷作硬化

在强化阶段中的任意一点f，停止加载，并使载荷逐渐减小至零(卸载)，我们发现，卸载过程中应力与应变仍保持正比例关系，沿着几乎与Oa平行的直线fg回到g点(图5-14a)。图中gh代表消失了的弹性变形，Og代表残余的塑性变形。如果卸载后重新加载，应力与应变关系将基本上沿着同一直线gf升至f点。f点以后的曲线与原来的$\sigma—\varepsilon$曲线重合(图5-14b)。将图5-14b与图5-14a比较，这时的比例极限和屈服强度有所提高，而断裂后的塑性变形将减小，塑性降低，这种现象叫做冷作硬化。工程上常用冷作硬化来增加某些构件(如建筑钢筋、钢丝等)的承载能力。

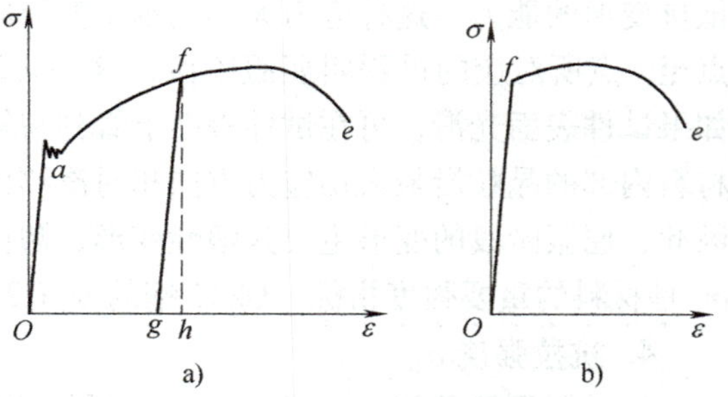

图 5-14

二、没有明显屈服阶段的塑性材料拉伸时的力学性能 名义屈服强度

图5-15a为伸长率$\delta>10\%$的几种塑性材料的应力—应变曲线。由图线可以看出，在拉伸的开始阶段，$\sigma—\varepsilon$也成直线关系(青铜除外)，符合胡克定律。与Q235钢相比，这些塑性材料并没有明显的屈服阶段，对于没有明显屈服阶段的塑性材料，工程上常采用名义屈服强度$\sigma_{0.2}$作为其强度指标。$\sigma_{0.2}$是产生0.2%塑性应变时的应力值，如图5-15b所示。

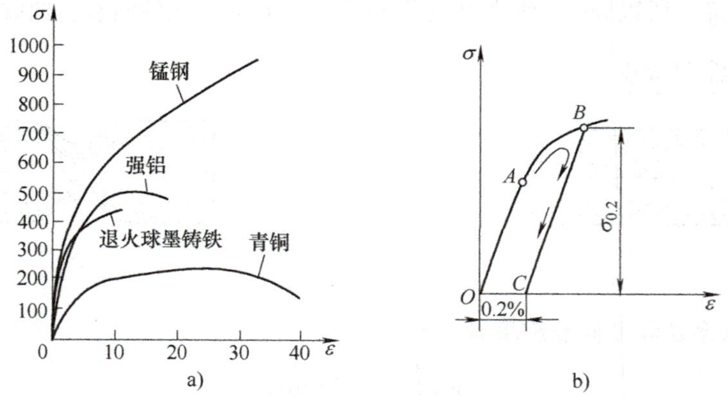

图 5-15

三、灰铸铁拉伸时的力学性能

灰铸铁静拉伸试验的$\sigma—\varepsilon$曲线，如图5-16所示。应力应变曲线没有真正的直线部分，但是在较小的应力范围内很接近于直线。这说明在应力不大时，可近似地认为灰铸铁符合胡克定律。

灰铸铁没有屈服和缩颈现象，断裂时塑性变形很小，断后伸长率一般只有0.5%~0.60%，断口较平齐。灰铸铁的抗拉强度较低，其抗拉强度在100~200MPa之间，故一般不用灰铸铁作承受拉伸的构件。

四、低碳钢压缩时的力学性能

将低碳钢做成高与直径之比为1.5~3的圆柱形试件，并在万能材料试验机上进行压缩试验。其应力应变曲线如图5-17所示，图中虚线表示拉伸时的$\sigma—\varepsilon$曲线。我们发现，在屈服阶段以前，压缩时的力学性能与拉伸时的力学性能相同，即比例极限σ_p、屈服强度σ_s和弹性模量E都与拉伸时相同。但过了屈服阶段后，随着压力的增大，试件越压越扁，试件的横截面积也不断地增大，试件不会断裂，所以低碳钢压缩时不存在抗压强度σ_{bc}。

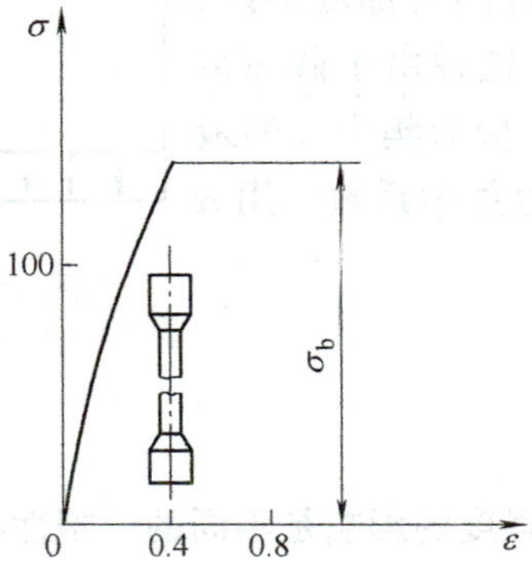

图 5-16

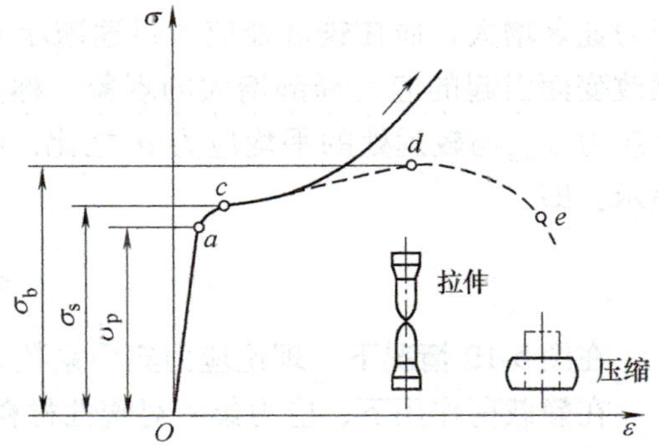

图 5-17

五、灰铸铁压缩时的力学性能

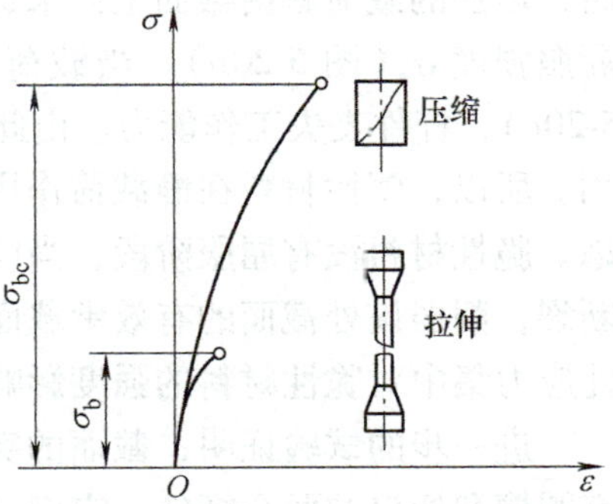

图 5-18

灰铸铁压缩试验时的$\sigma—\varepsilon$曲线，如图5-18所示。曲线上也没有真正的直线部分，材料只是近似地符合胡克定律，压缩过程中没有屈服现象。灰铸铁压缩破坏时，变形很小，而且是沿着与轴线大致成45°的斜截面断裂。值得注意的是，灰铸铁的抗压强度σ_{bc}比抗拉强度σ_b大约高4倍，其他脆性材料也有与灰铸铁类似的性质，故常用灰铸铁等脆性材料作承受压缩的构件。

工程上常用材料的力学性能见表5-2。

表5-2 几种常用材料的力学性能

材料名称或牌号	屈服强度 σ_s/MPa	抗拉强度 σ_b/MPa	断后伸长率 δ(%)	断面收缩率 ψ(%)
Q235钢	216~235	373~461	25~27	—
35号钢	216~314	432~530	15~20	28~45
45号钢	265~353	530~598	13~16	30~40
40Cr	343~785	588~981	8~9	30~45
QT600-3	412	600	3	—
HT150	—	150	—	—

六、应力集中

受轴向拉伸或压缩的等截面直杆，其横截面上的应力是均匀分布的，但实际工程中，这样外形均匀的等截面直杆是不多见的。由于结构和工艺等方面的要求，杆件上常常带有孔、退刀槽、螺纹、凸肩等，在这些地方，杆件的截面形状和尺寸有突然的改变。试验证明，在杆件截面发生突变的地方，即使是在最简单的轴向拉伸或压缩的情况下，截面上的应力也不再是均匀分布的了。图 5-19 是具有圆孔的受拉伸直杆，在孔附近的局部范围内，应力显著增大，而在较远处应力迅速减小并趋于均匀。这种由于截面突然改变而引起的应力局部增大的现象，称为应力集中。应力集中处的最大应力 σ_{max} 与较远处的平均应力 σ 之比，称为理论应力集中系数，用 α 表示，即

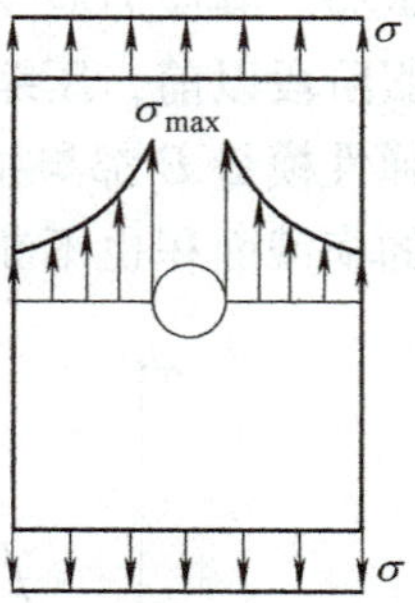

图 5-19

$$\alpha = \frac{\sigma_{max}}{\sigma}$$

在图 5-19 情况下，理论应力集中系数 $\alpha \approx 3$。

在静载荷作用下，应力集中对塑性材料和脆性材料强度的影响是不同的。塑性材料具有屈服阶段，当应力集中处的最大应力 σ_{max} 达到材料的屈服强度 σ_s 时（图 5-20a），只引起局部材料的塑性变形，应力值不再增加，一般不会影响整个杆件的承载能力。当载荷继续增大时，增加的载荷就由截面上尚未达到屈服阶段的那部分材料承担，该部分的应力继续增加到屈服强度 σ_s（图 5-20b）。当载荷增大到使整个截面上各点的应力都达到屈服强度时（图 5-20c），杆件丧失工作能力。由此可见，材料的局部屈服，对应力集中起了一定的松弛作用。所以，塑性材料在静载荷作用下，应力集中对强度的影响较小，强度计算时可以不予考虑。脆性材料没有屈服阶段，当应力集中处的 σ_{max} 达到材料的抗拉强度 σ_b 时，将引起局部断裂，削弱该处截面的有效承载面积，大大降低杆件的承载能力，导致整个杆件的断裂。因此应力集中对脆性材料的强度影响是很大的。

进一步的试验证明，截面的突变越剧烈，应力集中就越突出。图 5-21a、b 分别表示带有圆槽和切口的两个杆件，它们受力相同，但圆槽和切口两截面处应力集中程度是不同的。

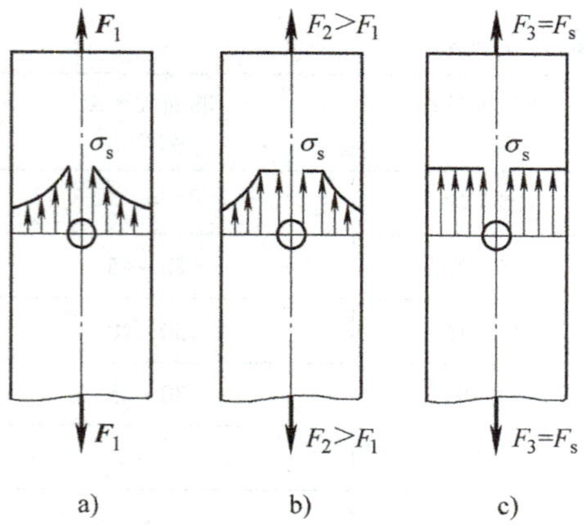

图 5-20

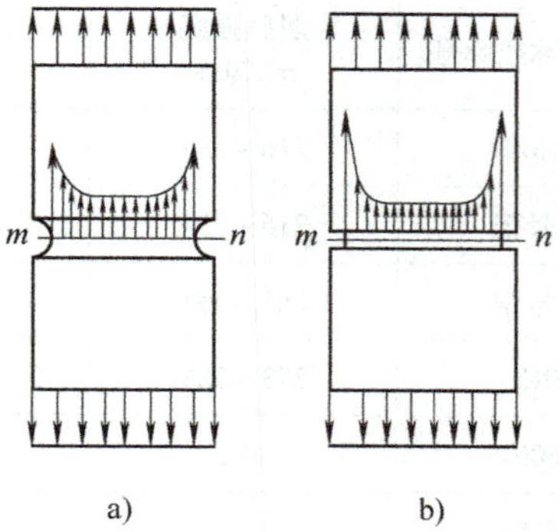

图 5-21

在工程实际中，为了减小应力集中的程度，在截面发生变化的地方，尽量采用一些圆弧或圆角过渡(图5-21)，以避免截面的骤然改变而引起的局部应力增大。

课题六　轴向拉伸和压缩时的强度计算

一、许用应力

通过对材料的力学性能的研究，我们知道对塑性材料的构件来说，工作应力达到屈服强度时，就会因产生较大的塑性变形而丧失工作能力；对脆性材料构件来说，工作应力达到其抗拉(压)强度时，就会因断裂而破坏。材料因过大的塑性变形或断裂而丧失工作能力时的应力，称为极限应力，用 σ_u 表示。因此屈服强度和抗拉(压)强度分别是塑性材料和脆性材料的极限应力。

从安全方面考虑，设计构件时，我们将材料的极限应力打一个折扣，即除以一个大于1的系数 n，作为构件允许达到的最大应力值，这个值称为许用应力。许用应力是构件工作时允许达到的最大工作应力，以符号$[\sigma]$表示。$[\sigma]=\dfrac{\sigma_u}{n}$，系数 n 叫安全因数，它表示材料安全储备程度。对于塑性材料，$\sigma_s(\sigma_{0.2})$是极限应力，因此，许用应力为

$$[\sigma]=\frac{\sigma_s}{n_s}$$

对于脆性材料，σ_b、σ_{bc}是极限应力，因此许用应力为

$$[\sigma]=\frac{\sigma_b(\sigma_{bc})}{n_b}$$

式中，n_s、n_b 是对应于塑性材料和脆性材料的安全因数。常用工程材料在常温和一般工作条件下一般取 $n_s=1.4\sim1.8$、$n_b=2.0\sim3.5$，对于特殊情况，可以查阅有关设计规范和材料手册。

安全因数的确定是个很复杂的问题，要考虑的因素很多，如载荷分析和计算的精确程度、力学模型与实际情况的近似程度、材料性质的不均匀程度以及构件的工作条件等。

选用较大的安全因数，许用应力$[\sigma]$就较小，设计出的构件的尺寸较大，安全性好，但材料用量多。选用较小的安全因数，许用应力$[\sigma]$就较大，设计出的构件的尺寸较小，节省材料用量，但安全储备小。因此，要不断总结经验，力争做到安全性与经济性的统一。

二、强度计算

为了保证受拉伸(或压缩)的杆件，在工作中具有足够的强度，必须使杆件横截面上的工作应力不超过材料的许用应力$[\sigma]$。即

$$\sigma=\frac{F_N}{A}\leqslant[\sigma] \tag{5-8}$$

式(5-8)称为杆件在轴向拉伸(或压缩)时的强度条件。其中 F_N 为危险截面上的轴力；A 为危险截面的面积。所谓危险截面，指的是产生最大工作应力的截面。在进行强度计算时，要准确找出危险截面，若危险截面满足了强度条件，则整个杆件就具备了足够的强度。

利用强度条件式(5-8)可解决以下三类问题：

① 强度校核。就是检验已知的杆件是否具有足够的强度。此时杆件的截面面积 A、杆件的许用应力 $[\sigma]$ 以及载荷均为已知，根据载荷和危险截面的面积，计算出危险截面上的工作应力 σ，比较是否满足 $\sigma \leqslant [\sigma]$。

② 设计截面尺寸，就是根据已知的载荷和许用应力，根据式(5-8)确定截面的面积，即 $A \geqslant \dfrac{F_N}{[\sigma]}$。然后根据其他工程要求确定截面形状，最后确定截面的具体几何尺寸。

③ 计算许可载荷。若杆件的截面面积 A 与材料的许用应力 $[\sigma]$ 是已知的，则按式(5-8)可算出杆件所能承受的最大轴力，即 $F_N \leqslant [\sigma]A$。根据 F_N 可计算出许可载荷。

对上述三类问题的计算，根据有关设计规范，最大应力不超过许用应力的5%也是允许的。

必须注意，当细长杆承受轴向压缩时，仅仅满足强度条件式(5-8)，还不能保证其安全，因为受压细长杆的失效形式主要是丧失稳定性。稳定性问题将在以后的章节中予以介绍。

例 5-5 如图5-1所示，根据例5-3所得结果，判定危险截面位置，若所用钢材许用应力 $[\sigma]=175\text{MPa}$，试校核该钢板。

解 由例5-3所得结果可知，截面1—1上应力最大，因此，截面1—1为危险截面。又因为 $\sigma_{1-1}=100\text{MPa}<[\sigma]=175\text{MPa}$

因此钢板结构安全。

例 5-6 气动夹具如图5-22所示。已知气缸内径 $d=140\text{mm}$，缸内气压 $p=0.6\text{MPa}$，活塞杆材料为45号钢，$[\sigma]=80\text{MPa}$。试设计活塞杆直径。

解 活塞杆左端承受活塞上气体压力，右端承受工件的阻力，所以活塞杆为轴向拉伸构件(图5-22b)。拉力 F 可由气体压强及活塞面积求得，设活塞杆横截面面积远小于活塞面积，在计算气体压力作用面的面积时，前者可略去不计，故有

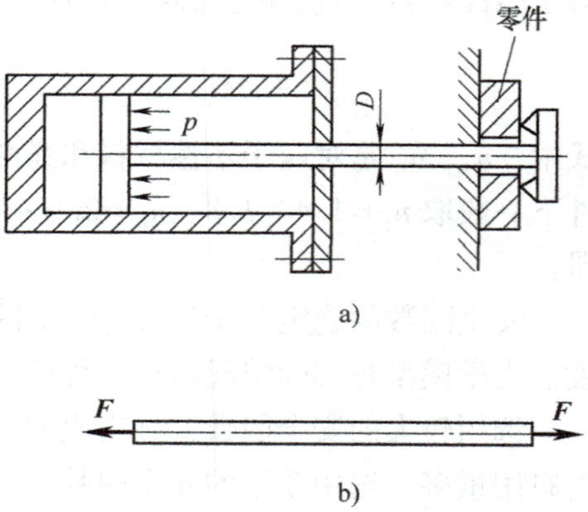

图 5-22

$$F=p\times\frac{\pi}{4}d^2=0.6\times10^6\times\frac{\pi}{4}\times140^2\times(10^{-3})^2\text{N}$$

$$=9230\text{N}=9.23\text{kN}$$

活塞杆的轴力为

$$F_N=F=9.23\text{kN}$$

由式 $A=\dfrac{\pi D^2}{4}\geqslant\dfrac{F_N}{[\sigma]}=\dfrac{9.23\times10^3}{80}\text{mm}^2=115\text{mm}^2$

由此求出 $D\geqslant12.1\text{mm}$。

可取活塞杆的直径为13mm。

例 5-7 一钢木结构如图5-23a所示，AB 为木杆，其横截面面积 $A_{AB}=10\times10^3\text{mm}^2$，许用应力 $[\sigma]_{AB}=7\text{MPa}$；$BC$ 为钢杆，其横截面面积 $A_{BC}=600\text{mm}^2$，许用应力 $[\sigma]_{BC}=160\text{MPa}$。试求 B 处可吊起的最大许可载荷 F。

解 (1) 受力分析。A、B、C 均为铰接，AB、BC 杆重不计，故 AB、BC 都为二力构件。

以 B 点(销钉)为研究对象画受力图(图5-23b)，由

$$\sum F_y = 0 \quad F_{BC}\sin30° - F = 0$$

$$F_{BC} = \frac{F}{\sin30°} = 2F$$

$$\sum F_x = 0 \quad F_{AB} - F_{BC}\cos30° = 0$$

$$F_{AB} = F_{BC}\cos30° = \sqrt{3}F$$

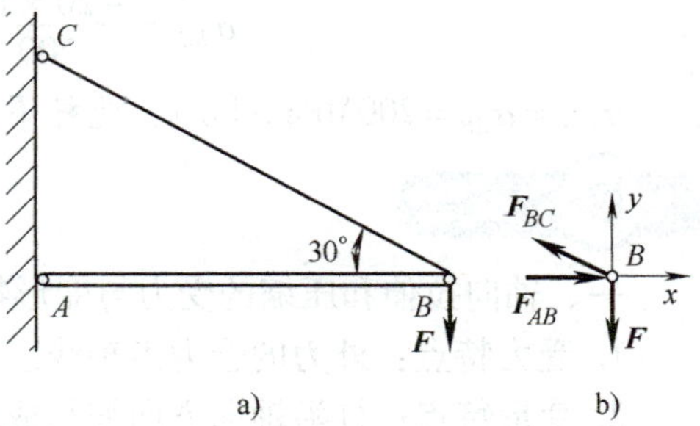

图 5-23

(2) 求最大许可载荷。显然，BC 杆内力等于 F_{BC}，AB 杆内力等于 F_{AB}，由公式 $F_N \leqslant [\sigma]A$ 可得木杆许可轴力为

$$F_{AB} \leqslant A_{AB}[\sigma]_{AB}$$

即
$$\sqrt{3}F \leqslant 10 \times 10^3 \times 7\text{N}$$

故保证木杆强度所得的许可载荷为

$$[F]_{木} \leqslant 40.4\text{kN}$$

钢杆的许可轴力为

$$F_{BC} \leqslant A_{BC}[\sigma]_{BC}$$

即
$$2F \leqslant 600 \times 160\text{N}$$

保证钢杆强度所得的许可载荷为

$$[F]_{钢} \leqslant 48\text{kN}$$

因此，保证整个结构的安全，B 点处可吊起的最大许可载荷为

$$[F] = 40.4\text{kN}$$

例 5-8 钢制阶梯形直杆(图 5-24)，各段截面面积分别为 $A_1 = A_3 = 300\text{mm}^2$，$A_2 = 200\text{mm}^2$，$E = 200\text{GPa}$，$[\sigma] = 160\text{MPa}$。试校核杆的强度。

解 (1) 求约束力(若以截面右侧外力计算轴力，则可省去此步)。

由
$$\sum F_x = 0$$

$$-F_A + 80\text{kN} + 30\text{kN} - 50\text{kN} = 0$$

$$F_A = 60\text{kN}$$

(2) 分段计算轴力，画轴力图。

(3) 确定危险截面，最大正应力可能位于 AB 或 BC 段各截面。

(4) 校核强度。分别计算 AB 与 BC 段的最大正应力，并与$[\sigma]$比较。

AB 段各截面

$$\sigma_{AB} = \frac{60 \times 10^3}{300}\text{MPa} = 200\text{MPa} \quad (拉)$$

BC 段各截面

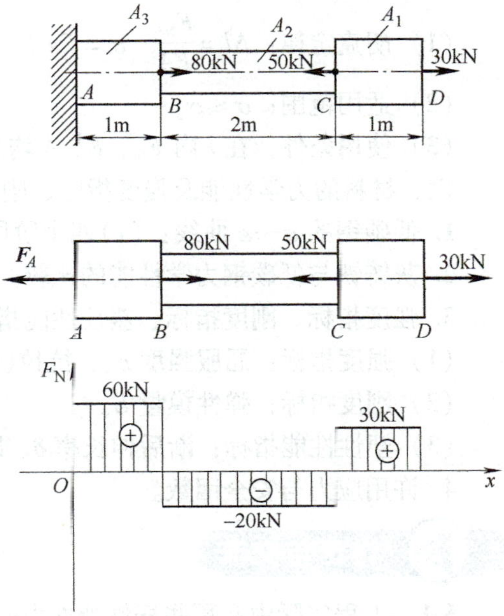

图 5-24

$$\sigma_{BC}=\frac{-20\times10^3}{200}\text{MPa}=-100\text{MPa}\quad(压)$$

$\sigma_{max}=\sigma_{AB}=200\text{MPa}>[\sigma]$，此杆不安全。

小结

一、轴向拉伸和压缩的受力与变形特点

1. 受力特点：外力的合力沿轴线。

2. 变形特点：杆沿轴向方向伸长或缩短。

二、轴向拉(压)时的内力

1. 轴力 F_N：过截面形心与轴线重合，大小等于截面一侧外力的代数和。规定拉为正、压为负。

2. 轴力图。

三、轴向拉伸、压缩时横截面上的应力

横截面上应力为正应力，在截面上均匀分布，其计算式为 $\sigma=\frac{F_N}{A}$。

四、拉(压)杆的强度条件

强度条件为 $\sigma=\frac{F_N}{A}\leqslant[\sigma]$。利用该条件可以解决强度校核、设计截面、确定许可载荷三类问题。

五、拉压杆的变形及胡克定律

1. 绝对变形：$\Delta l=l_1-l\quad\Delta d=d_1-d$

2. 相对变形(线应变)：$\varepsilon=\frac{\Delta l}{l}\quad\varepsilon_1=\frac{\Delta d}{d}$

3. 胡克定律及适用范围和使用条件

(1) 胡克定律：$\Delta l=\frac{F_N l}{EA}\quad\sigma=E\varepsilon$

(2) 适用范围：$\sigma\leqslant\sigma_p$

(3) 使用条件：在 l 内 F_N、E、A 均为常量。

六、材料的力学性能及强度指标、刚度指标、塑性性能指标

1. 低碳钢的 σ—ε 曲线：(1)四个阶段；(2)四个特性点；(3)冷作硬化。

2. 灰铸铁与低碳钢力学性能的比较。

3. 强度指标、刚度指标、塑性性能指标。

(1) 强度指标：屈服强度 σ_s、抗拉(压)强度 $\sigma_b(\sigma_{bc})$。

(2) 刚度指标：弹性模量 E。

(3) 塑性性能指标：断后伸长率 δ、断面收缩率 ψ。

4. 许用应力与安全因数。

讨论与交流

5-1 工程实际中有哪些杆件受外力的作用而产生轴向拉伸？

5-2 塑性材料与脆性材料的力学性能有哪些主要区别？

5-3 衡量材料强度、刚度、塑性的指标有哪些?

5-4 说明下列概念的区别与联系。

(1) 外力、内力、应力

(2) 纵向变形、线应变

(3) 弹性变形、塑性变形

(4) 比例极限、弹性极限

(5) 屈服强度、名义屈服强度

(6) 抗拉强度、抗压强度

(7) 工作应力、许用应力

习题

5-1 用截面法求图 5-25 所示杆中指定截面上的轴力。

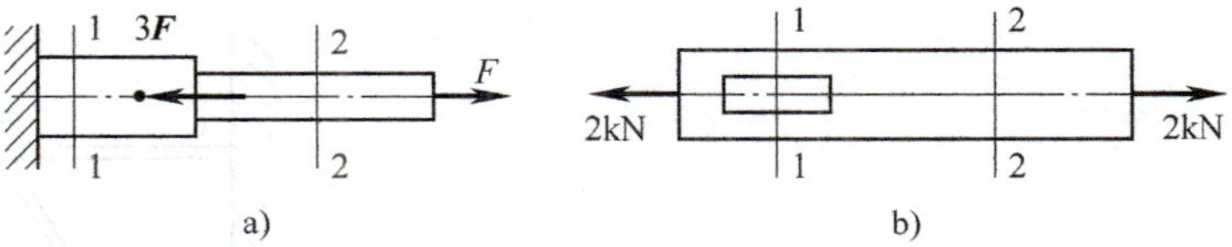

图 5-25

5-2 求图 5-26 所示各杆 1—1、2—2 和 3—3 横截面上的轴力,并绘轴力图。

5-3 求图 5-27 所示阶梯形直杆横截面 1—1、2—2 和 3—3 上的轴力,并绘轴力图。

5-4 若上题中杆的横截面面积 $A_1=200\text{mm}^2$,$A_2=300\text{mm}^2$,$A_3=400\text{mm}^2$。求各横截面上的应力。

5-5 直杆受力如图 5-28 所示,它们的横截面面积为 A、A_1,$A_1=\frac{1}{2}A$,长度为 l,弹性模量为 E,载荷为 F。试绘制它们的轴力图,并求出(1)各段横截面上的应力;(2)绝对变形 Δl;*(3)各段与横截面成 α 角斜面上的轴力、应力、正应力及切于截面的应力。

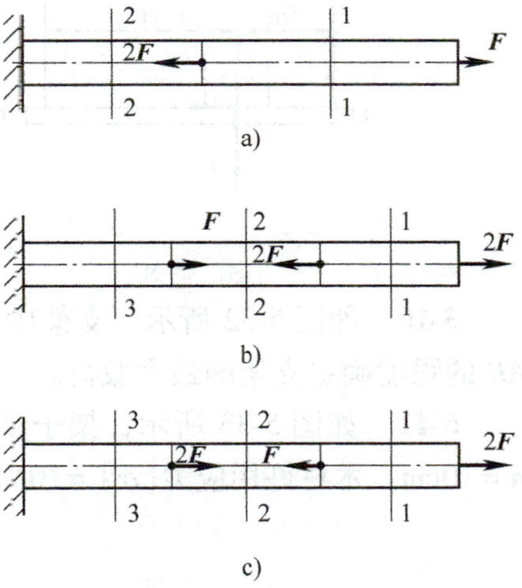

图 5-26

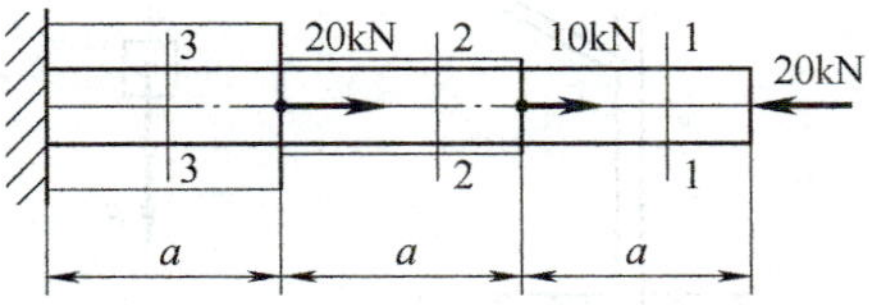

图 5-27

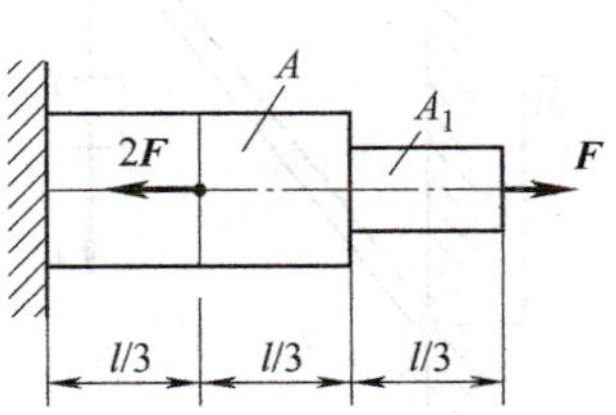

图 5-28

5-6 如图 5-29 所示的厂房柱子，受到屋顶作用的载荷 $F_1 = 120\text{kN}$，起重机作用的载荷 $F_2 = 100\text{kN}$，其弹性模量 $E = 0.18 \times 10^5\text{MPa}$，$l_1 = 3\text{m}$，$l_2 = 7\text{m}$，横截面面积 $A_1 = 400\text{cm}^2$，$A_2 = 600\text{cm}^2$。绘制其轴力图，并求(1)各段横截面上应力；(2) 绝对变形 Δl。

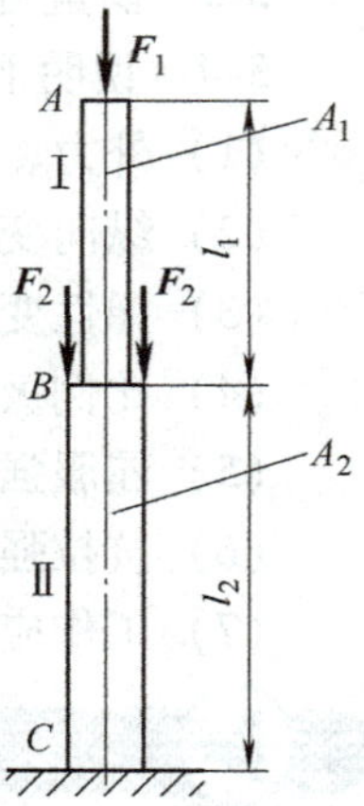

图 5-29

5-7 设备支脚受压力 $F = 40\text{kN}$，支脚为 14 号槽钢，其横截面面积 $A = 18.5\text{cm}^2$，许用应力$[\sigma] = 100\text{MPa}$。校核支脚强度是否足够？

5-8 如图 5-30 所示，重量不计的水平梁 AB 由两根链吊起，梁上有载荷 $F = 6\text{kN}$，两根链截面积相同，它们许用应力$[\sigma] = 100\text{MPa}$。求链的截面积 A。

5-9 如图 5-31 所示，铸铁支架的 B 点受载荷 $F = 50\text{kN}$，铸铁的许用拉应力$[\sigma] = 30\text{MPa}$，许用压应力$[\sigma_{bc}] = 90\text{MPa}$。求杆 AB 和 BC 应有的截面积。

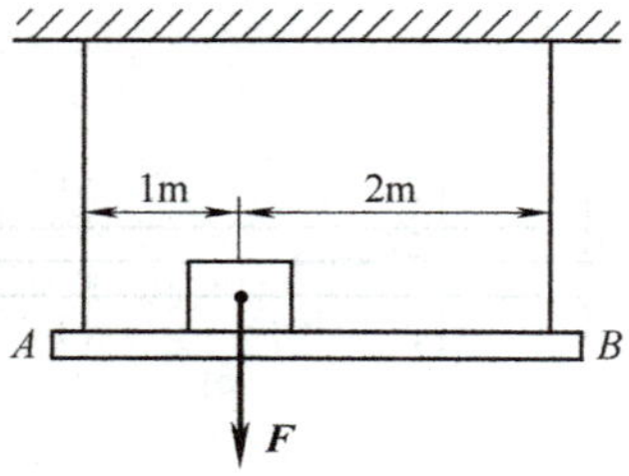

图 5-30

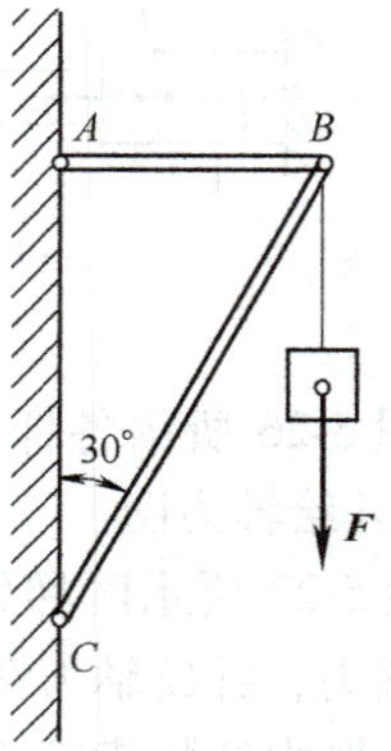

图 5-31

5-10 如图 5-32 所示，支架中杆 AB 直径 $D = 16\text{mm}$，许用应力$[\sigma] = 150\text{MPa}$。试按杆 AB 的强度确定支架的最大载荷。

5-11 如图 5-33 所示，架子受载荷 $F = 15\text{kN}$，木质支柱 AB 的截面为正方形，每边长 $a = 10\text{cm}$，木材许用应力$[\sigma] = 10\text{MPa}$。问支柱 AB 的强度是否足够？

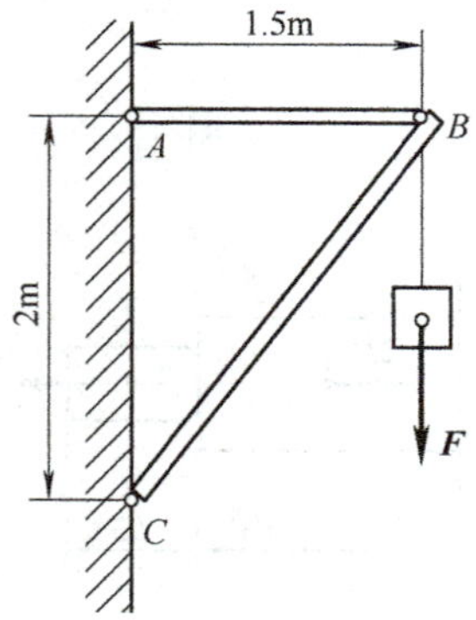

图 5-32

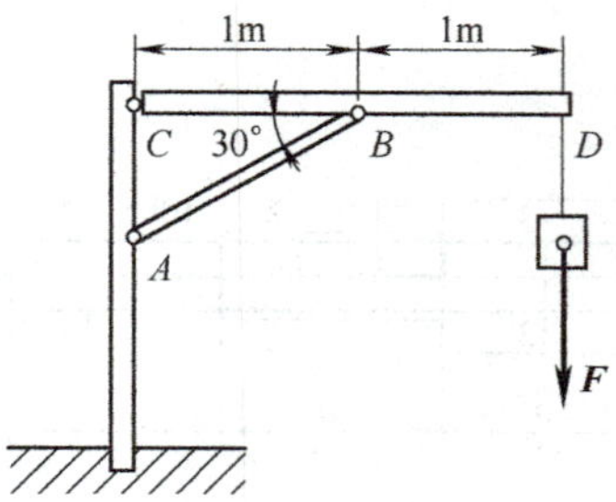

图 5-33

5-12 如图 5-34 所示，支架中杆 AB 的横截面积 $A_1=2\text{cm}^2$，许用应力 $[\sigma_1]=150\text{MPa}$；杆 BC 的横截面积 $A_2=3\text{cm}^2$，许用应力 $[\sigma_2]=90\text{MPa}$。求支撑所能承受的最大载荷。

5-13 如图 5-35 所示起重机吊钩的上端用螺母固定，吊钩螺栓部分的内径 $d=55\text{mm}$，材料的许用应力 $[\sigma]=80\text{MPa}$，载荷 $F=170\text{kN}$。试校核螺栓部分的强度。

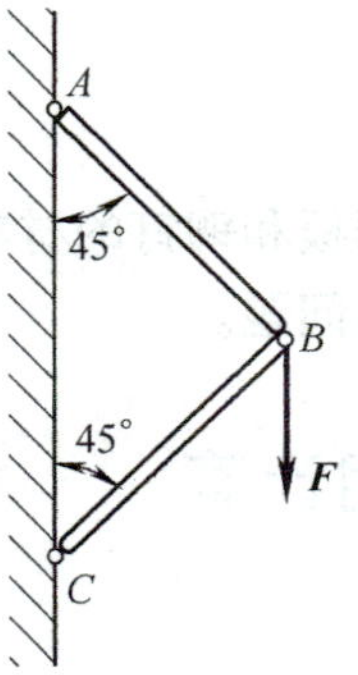

图 5-34

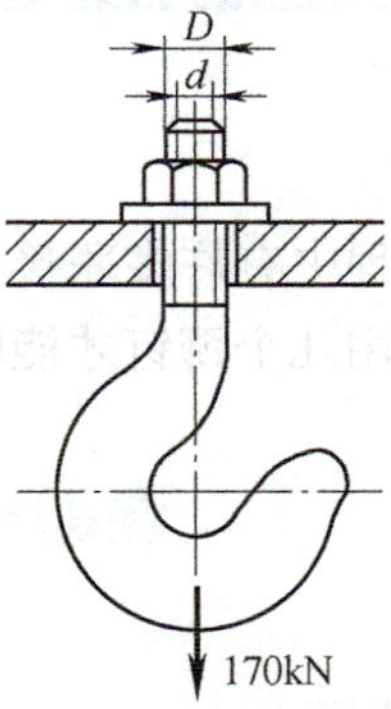

图 5-35

5-14 如图 5-36 所示，阶梯形钢杆受轴向载荷 $F_1=30\text{kN}$，$F_2=15\text{kN}$。杆长 $l=300\text{mm}$，且 $l_1=l_2=l_3$。杆各段横截面面积 $A_1=500\text{mm}^2$，$A_2=200\text{mm}^2$。弹性模量 $E=200\text{GPa}$，许用应力 $[\sigma]=100\text{MPa}$。试校核杆的强度，并求杆的绝对变形。

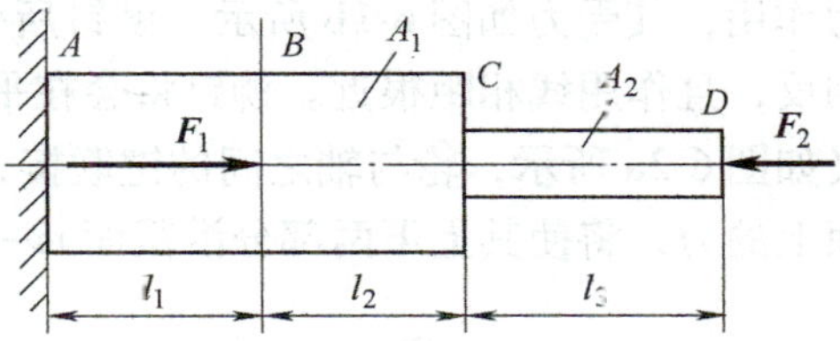

图 5-36

5-15 一气缸如图 5-37 所示，其内径 $D=560\text{mm}$，气缸内气体压强 $p=2.5\text{MPa}$，活塞杆直径 $D_1=100\text{mm}$，所用材料屈服强度为 300MPa，求：(1) 活塞杆截面上的正应力和工作安全因数；(2) 若连接气缸与气缸盖的螺栓直径 $D_1=30\text{mm}$，螺栓所用材料许用应力 $[\sigma]=60\text{MPa}$，试求所需螺栓数。

5-16 两块钢板由四个螺钉联接，如图 5-38 所示，试从钢板拉伸强度的角度进行分析，哪种铆钉布置方式比较合理，为什么？

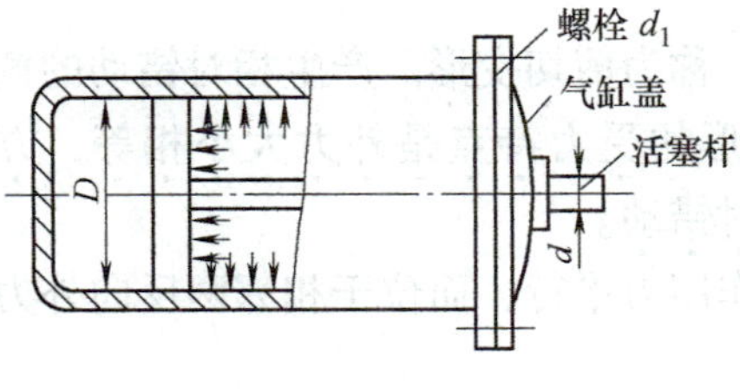

图 5-37

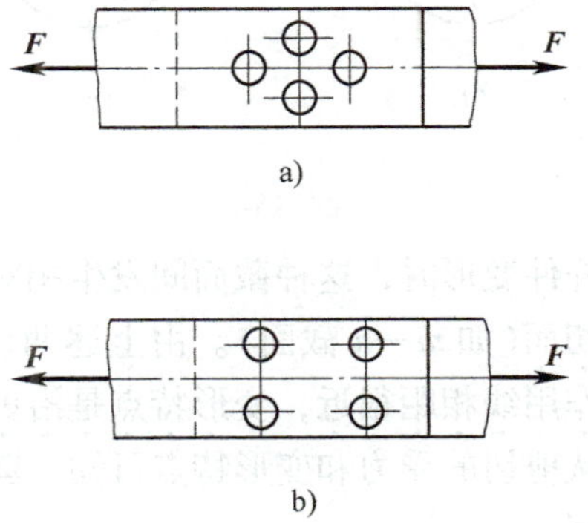

图 5-38

单元六　剪切

在实际工程中有许多联接问题，如两钢板用铆钉联接，钢板和铆钉的材料已知，在已知受力状态下，用几个铆钉才能联接牢固？本单元主要研究此类问题。

课题一　剪切的概念及其实用计算

一、剪切概念

如图 6-1a 所示，用铆钉联接两块钢板，钢板受到拉力 $\boldsymbol{F}$ 作用时，铆钉也受到相应的 $\boldsymbol{F}$ 力作用，其受力如图 6-1b 所示。铆钉所受的力分布在两个侧面上，其合力大小相等、方向相反，且作用线相距很近。铆钉将会在平行于外力的截面 m—n 处发生相对错动(图 6-1c)。又如图 6-2a 所示，轮与轴之间的键联接，其中键的受力如图 6-2b 所示。作用于键左右两侧面上的力，将使其上下两部分沿截面 m—n 发生相对错动的变形。

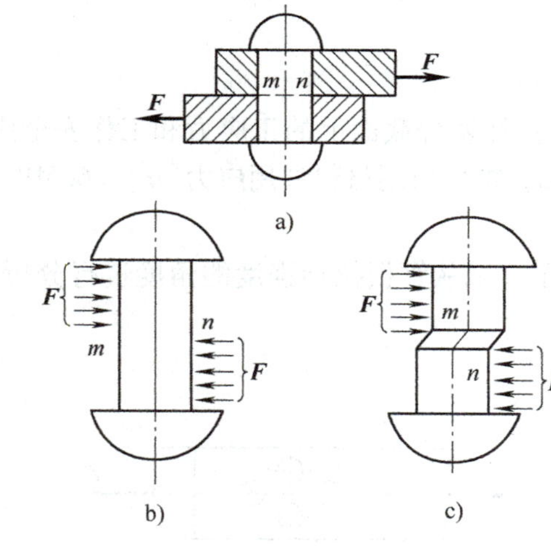

图　6-1

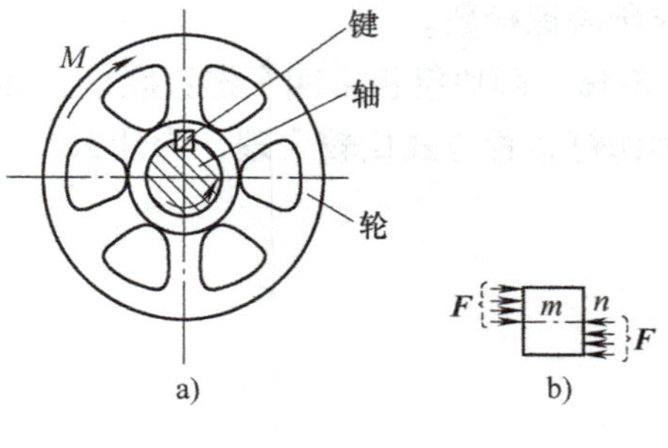

图　6-2

杆件变形时，这种截面间发生相对错动的变形，称为剪切变形。产生相对错动的截面称为剪切面(如 m—n 截面)。由上述两例可知剪切变形的受力特点是外力大小相等，方向相反，作用线相距很近，变形特点是沿剪切面发生相对错动。

从剪切的受力和变形特点可知，剪切面总是与作用力平行，而位于相邻两反向外力作用线之间。

在工程机械中有许多受剪切的实例，如联接件螺栓、销钉、铆钉、键等，还有冲裁、剪切钢板也属于剪切问题(图6-3)。

二、剪切实用计算

1. 剪力

以螺栓为例，运用截面法分析剪切面上的内力。假想沿剪切面 $m—n$ 将螺栓分为两段，如图6-4a所示，任取一段为研究对象，由平衡条件可知，剪切面上内力的作用线应与外力平行，沿截面作用。由于内力作用线切于截面，故称为剪力，用符号 $\boldsymbol{F}_Q$ 表示。

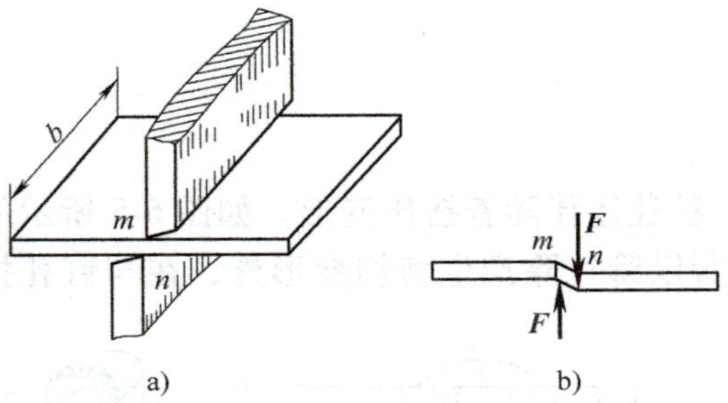

图 6-3

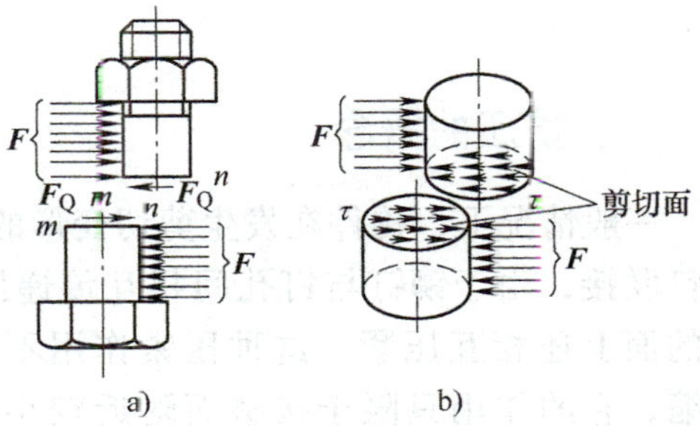

图 6-4

剪力 $\boldsymbol{F}_Q$ 的大小，由平衡条件得

$$\boldsymbol{F}_Q = \boldsymbol{F}$$

2. 切应力

构件受剪切时，剪切面上的应力是切应力，用符号 τ 表示，如图6-4b所示。切应力在剪切面上的分布是很复杂的，但在实际计算中，假设切应力 τ 均匀分布于剪切面上。其计算公式为

$$\tau = \frac{\boldsymbol{F}_Q}{A} \tag{6-1}$$

式中 A——剪切面面积(mm^2)；

τ——切应力(MPa)。

这种简化方法称为“实用计算法”，即以平均切应力代替实际切应力。此法切合实际，不但计算简便，并且安全可靠，能满足工程上的要求。

3. 剪切强度条件

为了保证构件工作时有足够的剪切强度，则剪切实用计算的强度条件为

$$\tau = \frac{\boldsymbol{F}_Q}{A} \leqslant [\tau] \tag{6-2}$$

式中 $[\tau]$——材料的许用切应力(MPa)，其大小由试验测得。

试验时试件的受力情况需与实际剪切构件的受力情况相似，测得试件破坏时剪切面上的剪力 $\boldsymbol{F}_Q$，并按式(6-1)计算得到剪切面上的应力 $\tau_b = \frac{\boldsymbol{F}_Q}{A}$。$\tau_b$ 称为剪切强度，τ_b 除以适当的安全因数 n 即得材料的许用切应力 $[\tau]$。安全因数是根据实际经验并针对具体情况确定的，因此，根据“实用计算法”建立的式(6-2)是直接由同类构件的试验确立的，计算结果比较符

合实际情况。

通常，

对塑性材料 $[\tau]=(0.6\sim0.8)[\sigma]$

对脆性材料 $[\tau]=(0.8\sim1.0)[\sigma]$

式中 $[\sigma]$——材料的许用拉应力。

与轴向拉伸或压缩一样，应用剪切强度条件也可解决工程上剪切变形的三类强度计算问题。

课题二　挤压的概念及其实用计算

一、挤压的概念

一般情况下，构件在发生剪切变形的同时，往往还伴随着挤压变形。如图 6-5 所示的铆钉联接，由于铆钉与钉孔间相互传递压力，所以铆钉除产生剪切变形外，在与钉孔接触的面上还相互压紧。这种压紧作用不同于压缩，它的作用只限于接触面附近较小的区域内，该现象称为挤压。如果挤压力过大，就会使构件在接触面的局部区域产生塑性变形或起皱、压陷现象（图 6-5b），而造成挤压破坏。

可见挤压的受力特点是构件在相互接触的局部表面上，受有与接触面垂直方向的压力作用，变形特点是在局部接触处产生塑性变形。

构件上发生挤压变形的表面称为挤压面。挤压面就是两构件的接触面，一般垂直于外力方向。

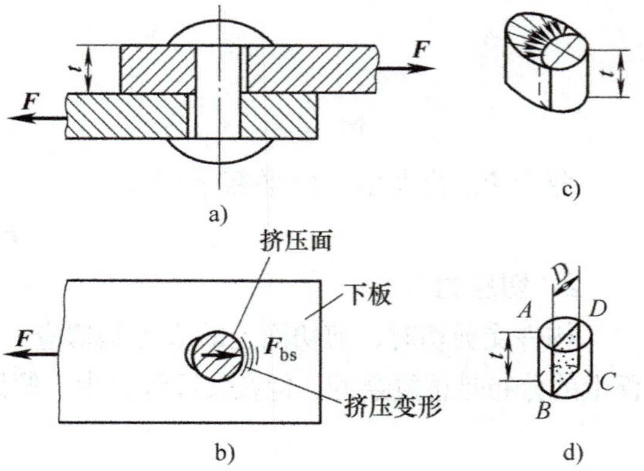

图　6-5

二、挤压的实用计算

1. 挤压应力

作用于挤压面上的压力，称为挤压力，用符号 F_{bs} 表示。单位挤压面积上的挤压力称为挤压应力，用符号 σ_{bs} 表示。挤压应力的分布情况也比较复杂（图6-5c）。采用“实用计算法”，假设挤压应力是均匀分布的，则计算公式为

$$\sigma_{bs}=\frac{F_{bs}}{A_{bs}} \tag{6-3}$$

式中 F_{bs}——挤压力（N）；

A_{bs}——挤压面面积（m^2）。

必须指出，挤压应力与压缩应力不同：挤压应力是分布在两构件接触面上的压强；而压缩应力是分布在整个构件内部单位截面积上的内力。

6 UNIT

2. 挤压强度条件

为了保证受剪切构件有足够的挤压强度，则挤压实用计算的强度条件为

$$\sigma_{bs}=\frac{F_{bs}}{A_{bs}}\leqslant[\sigma_{bs}] \tag{6-4}$$

式中$[\sigma_{bs}]$为材料的许用挤压应力，其大小可从有关资料中查到或采用下列关系式求得：

对塑性材料　　$[\sigma_{bs}]=(1.5\sim2.5)[\sigma]$

对脆性材料　　$[\sigma_{bs}]=(0.9\sim1.5)[\sigma]$

应该注意，如果相互挤压的材料不同，只对许用挤压应力$[\sigma_{bs}]$值较小的材料进行挤压强度核算。

3. 挤压面积的计算

（1）平面接触的挤压面积

如常见的键、键槽、平面与平面接触的构件等，它们的挤压面积就是其接触面面积。以键联接为例，如图6-6所示，那么$A_{bs}=lh/2$。

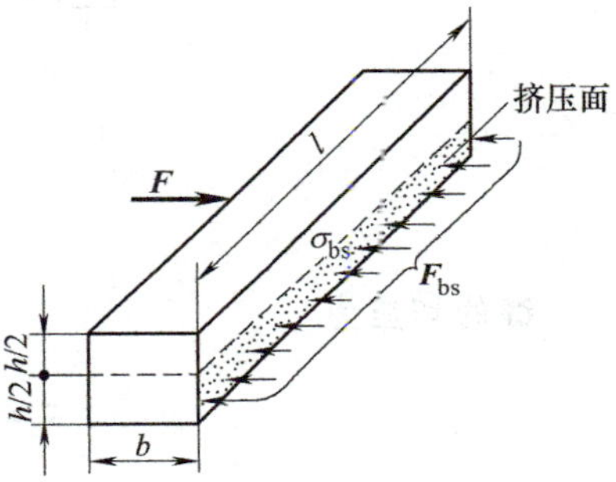

图　6-6

（2）半圆柱面接触的挤压面面积

如销钉、铆钉和螺栓等侧面受挤压的构件，其接触面近似为半圆柱面。按照挤压应力均布于半圆柱面上的假设，那么以垂直于挤压力的圆柱直径投影平面作为挤压面的计算面积，所得应力与接触面上实际最大应力大致相等并偏于安全。以铆钉联接为例，如图6-5d所示，挤压面积为图中矩形*ABCD*面积，即$A_{bs}=Dt$，D为铆钉或销等的直径，t为铆钉或销等与孔的接触长度。这种以投影面面积代替挤压面积的方法常用于实用计算中，而且所得结果与实际相近似。

下面将以工程实际为例，分析、说明剪切和挤压的强度计算。应当指出的是，对于联接件，一般都是首先进行剪切强度计算，然后再进行挤压强度校核。

例6-1　如图6-7a所示为某电动机轴与带轮间的键联接。已知轴的直径$D=50$mm，键的尺寸为$b\times h\times l=20\text{mm}\times12\text{mm}\times100\text{mm}$，传递的力矩$M=1000\text{N}\cdot\text{m}$，键和轴的材料均为45号钢，其$[\tau]=60\text{MPa}$，$[\sigma_{bs}]=100\text{MPa}$。带轮材料为铸铁，其$[\sigma_{bs}]=53\text{MPa}$。试校核键联接的强度。

解　（1）剪切强度计算

① 外力计算。先计算作用于键上的力F，取轴与键组成的物系为研究对象，其受力如图6-7c所示。由$\sum M_O(\boldsymbol{F})=0$，得

$$F=\frac{M}{\frac{D}{2}}=\frac{1000\times10^3}{\frac{50}{2}}\text{N}=40000\text{N}$$

② 内力计算。键的受力如图6-7d所示，由截面法（图6-7e）可得剪切面上的剪力$F_Q=F=40000$N。

③ 校核键的剪切强度。键的剪切面积

$$A=bl=20\times100\text{mm}^2$$
$$=2000\text{mm}^2$$

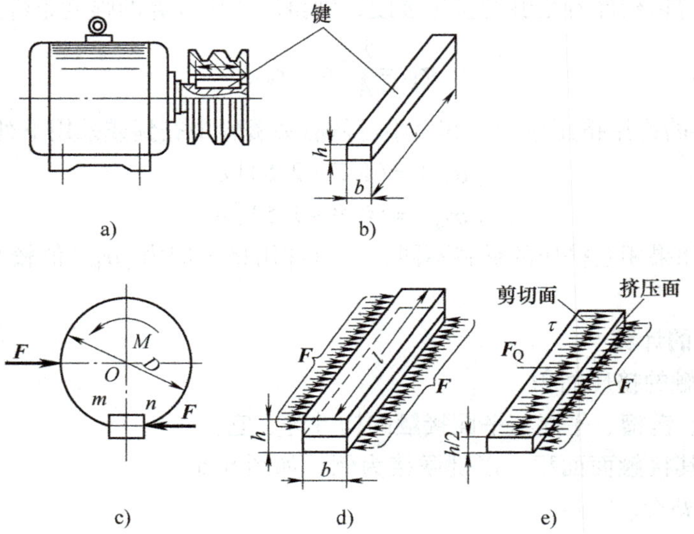

图 6-7

键的切应力

$$\tau=\frac{F_Q}{A}=\frac{40000}{2000}\text{MPa}=20\text{MPa}<[\tau]$$

故剪切强度足够。

(2) 挤压强度计算

由于带轮材料的许用挤压应力较低，因此对轮毂进行挤压强度校核。

① 挤压力计算

$$F_{bs}=F=40000\text{N}$$

② 挤压强度计算

$$\sigma_{bs}=\frac{F_{bs}}{A_{bs}}=\frac{F}{\frac{h}{2}\cdot l}=\frac{40000}{\frac{12}{2}\times 100}\text{MPa}$$

$$=66.7\text{MPa}>[\sigma_{bs}]_{轮}$$

故挤压强度不够。

例 6-2 两钢板用四只螺钉联接，如图 6-8a 所示。设钢板与螺钉的材料相同，许用拉应力$[\sigma]=175\text{MPa}$，许用切应力$[\tau]=140\text{MPa}$，许拥挤压应力$[\sigma_{bs}]=320\text{MPa}$，钢板厚度 $t=10\text{mm}$，宽度 $b=85\text{mm}$，螺钉直径 $D=16\text{mm}$，拉力 $F=110\text{kN}$，试校核铆接部分强度(假设各铆钉受力相等)。如果把中间的两个铆钉改为一个，强度还够吗？

解：(1) 分析铆接部分钢板与铆钉的破坏形式，画受力图，如图 6-8b、c 所示，由图可见，接头有三种可能的破坏形式。

① 铆钉沿其横截面被剪断。

② 铆钉与铆钉孔的接触面上发生挤压破坏。

③ 钢板在最弱的截面处被拉断。

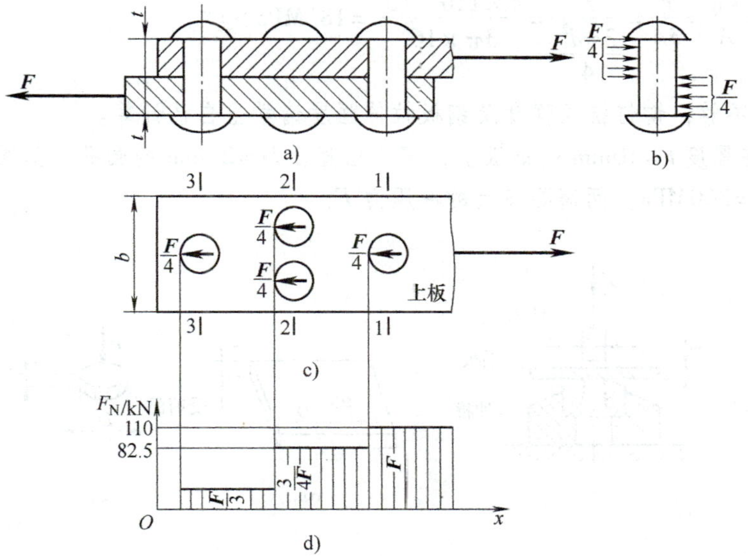

图 6-8

(2) 校核铆钉的剪切强度。由于假设每个铆钉受力相同，因此，每个铆钉的受力均为 $F/4$(图 6-8b)。

由截面法知剪力为
$$F_Q = \frac{F}{4}$$

切应力
$$\tau = \frac{F_Q}{A} = \frac{F/4}{\pi D^2/4} = \frac{110\times10^3}{\pi\times16^2}\text{MPa} = 137\text{MPa} < [\tau]$$

剪切强度足够。

(3) 校核挤压强度。每个铆钉上所受的挤压力为
$$F_{bs} = \frac{F}{4}$$

挤压应力
$$\sigma_{bs} = \frac{F_{bs}}{A_{bs}} = \frac{F/4}{dt} = \frac{110\times10^3}{4\times16\times10}\text{MPa} = 172\text{MPa} < [\sigma_{bs}]$$

挤压强度够。

(4) 校核钢板的抗拉强度两块钢板受力情况一致，故校核其中一块即可。

画轴力图，如图 6-8d 所示。

分析危险截面，1—1 截面和 3—3 截面面积相同，但后者受轴力较小，故 1—1 截面比 3—3 截面危险，2—2 截面的轴力较 1—1 截面小，但其面积也小，也可能是危险截面，因此也要进行校核，有
$$\sigma_{1-1} = \frac{F_{N1}}{(b-D)t} = \frac{110\times10^3}{(85-16)\times10}\text{MPa} = 159\text{MPa} < [\sigma]$$
$$\sigma_{2-2} = \frac{F_{N2}}{(b-2D)t} = \frac{82.5\times10^3}{(85-2\times16)\times10}\text{MPa} = 156\text{MPa} < [\sigma]$$

故钢板强度足够。

三个铆钉时，铆钉所受剪力 $F_Q = \frac{F}{3}$

切应力$\tau=\dfrac{F_Q}{A}=\dfrac{F}{3A}=\dfrac{F}{\dfrac{3\pi d^2}{4}}=\dfrac{4\times110\times10^3}{3\pi\times16^2}=182\text{MPa}>[\tau]$

剪切强度不够，铆钉挤压强度及钢板拉伸强度请学生自己计算。

例 6-3 在厚度 $t=10\text{mm}$ 的钢板上，需冲出直径 $D=25\text{mm}$ 的圆孔，如图 6-9 所示，钢板的剪切强度$\tau_b=300\text{MPa}$。问需要多大的冲压力 F？

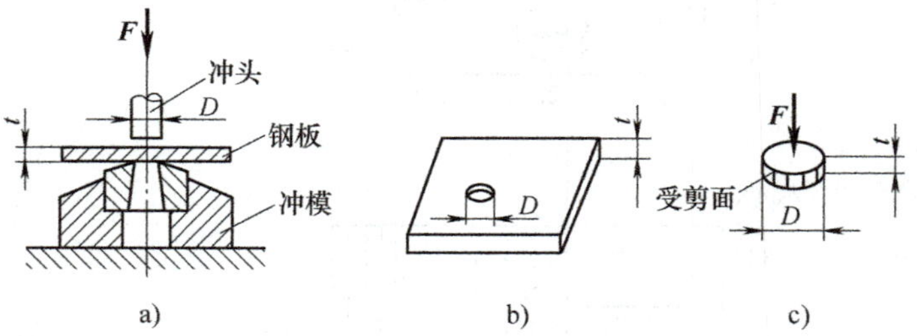

图 6-9

解 (1) 求剪力 F_Q。由题意可知剪切面上的剪力 F_Q 应等于冲压力 F，即$F_Q=F$。

(2) 计算剪切面积A。冲孔时，钢板的剪切面是直径为 D 的圆柱面(图6-9c)，其剪切面积为 $A=\pi Dt$。

(3) 确定冲压力 F。要实现冲压过程，则剪切面上的切应力应该大于或等于材料的剪切强度τ_b，即冲剪条件为

$$\tau=\frac{F_Q}{A}=\frac{F}{\pi Dt}\geqslant\tau_b$$

故

$$F\geqslant\tau_b\pi Dt=300\pi\times25\times10\text{N}=235500\text{N}=236\text{kN}$$

因此，冲孔所需的冲压力不得小于236kN。

在工程结构上常见的铆接，是由钢板和铆钉组成的。当钢板受拉时，铆钉受到剪切作用，铆钉表面与钢板的钉孔侧表面将产生挤压作用。此外，还应考虑由于钉孔存在而使钢板截面削减，从而钢板强度有所降低。因此，要计算铆钉的剪切强度、铆钉(或钢板)的挤压强度和钢板的拉伸强度。

例 6-4 如图 6-10 所示两块焊在一起的钢板，厚度均为$\delta=8\text{mm}$，已知 $F=150\text{kN}$，焊缝的许用切应力$[\tau]=108\text{MPa}$，试求焊缝长度。

解 如图 6-10 所示受力情况下，焊缝主要受剪切作用，假定沿焊缝的最小剪切面发生剪切破坏，且假定切应力在剪切面上均匀分布，则一条焊缝受的剪力为 $F_Q=F/2$，剪切面积 $A_{min}=\delta l\cos45°$，由剪切强度计算公式

$$\tau=\frac{F_Q}{A}=\frac{F_Q}{2\delta l\cos45°}\leqslant[\tau]$$

由上式可以得出

$$l\geqslant\frac{F_Q}{2\delta\cos45°[\tau]}=\frac{150\times10^3}{2\times8\times10^{-3}\times0.707\times108\times10^6}\text{m}=0.123\text{m}=123\text{mm}$$

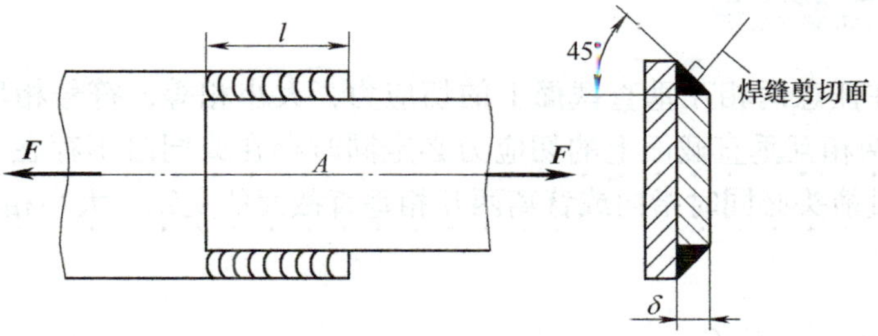

图 6-10

在实际工程中考虑到开始焊接和焊接终了时两端焊缝可能未焊透，实际焊缝的长度应稍大于计算长度，一般应在焊缝两端各加上钢板的厚度，因此实际焊缝长度应为

$$l_s = l + 2\delta = (123 + 2 \times 8)\text{mm} = 139\text{mm}$$

取整后 $l_s = 140\text{mm}$

对于主要承受剪切的焊接焊缝，假定沿焊缝的最小断面即焊缝的最小剪切面发生破坏，并假定切应力在剪切面上是均匀分布的，则焊缝的强度校核方法如例 6-4 所示。

课题三　切应变　剪切胡克定律及切应力互等定理

一、切应变

构件在发生剪切变形时，在两个外力作用线之间的小矩形会变歪斜，形成平行四边形。若将变形部分放大，如图 6-11 所示，图中的原矩形 $ABCD$ 变为歪斜的平行四边形 $ABC'D'$。歪斜的角度 γ 称为切应变，或相对剪切变形，由于切应变 γ 是直角的改变量，故又称为角应变，用弧度(rad)来度量。

二、剪切胡克定律

试验证明：当切应力不超过材料的剪切比例极限 τ_p 时(或在材料的弹性变形范围内)，切应力 τ 与切应变 γ 成正比。即

$$\gamma = \frac{\tau}{G} \quad \text{或} \quad \tau = G\gamma \tag{6-5}$$

式(6-5)称为剪切胡克定律。常数 G 为材料的切变模量，表示材料抵剪切切变形能力的量，是材料的刚度指标，其单位为 GPa。各种材料的 G 值由试验测定，一般钢材的 G 值为 80GPa。

可以证明，对于各向同性的材料(如钢材)，E、G、μ 三者之间存在以下关系

$$G = \frac{E}{2(1+\mu)} \tag{6-6}$$

可见它们三者是互为相关的弹性常数，若已知其中任意两个，则可由式(6-6)求得第三个。

三、切应力互等定理

杆件上某点在任意两相互垂直截面上的切应力，大小相等，符号相反，即$\tau_{\alpha+90^\circ}=-\tau_\alpha$（图6-12）。说明两相互垂直截面上的切应力必定同时存在或同时不存在，即所谓的成对出现，且它们的矢量箭头必同时指向或背离两互相垂直截面的交线，大小相等，这就是切应力互等定理。

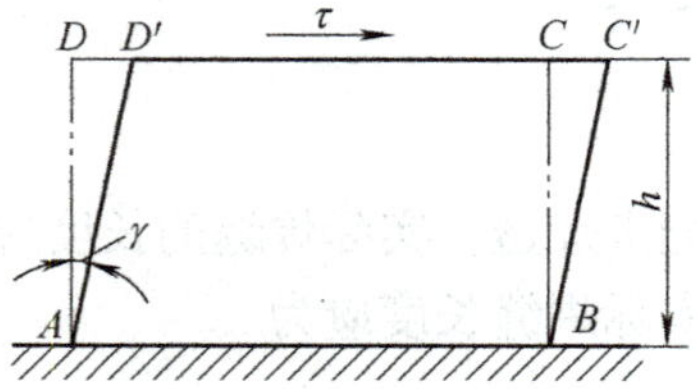

图 6-11

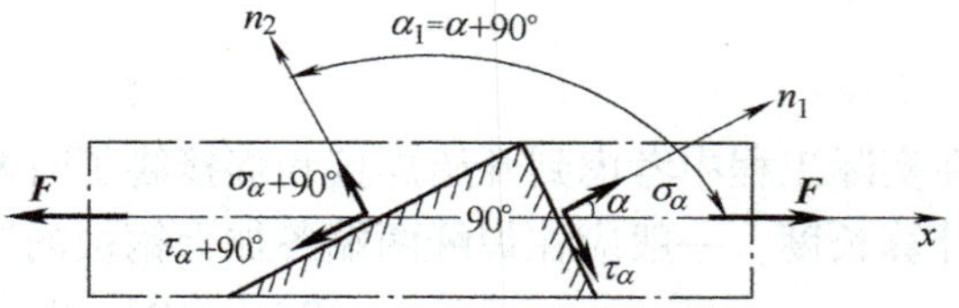

图 6-12

小结

一、剪切变形的受力特点

外力作用线互相平行、反向、相距很近。剪切面上的内力即为剪力 $\boldsymbol{F}_Q$，$\boldsymbol{F}_Q$ 与剪切面相切且平行于外力。

二、剪切的变形特点

剪切面沿外力方向产生相对错动。直角发生微小的改变量，称为切应变 γ。

三、切应力的计算与方位

大小$\tau=\dfrac{F_Q}{A}$，单位为 MPa，与 $\boldsymbol{F}_Q$ 方向相同，且与剪切面相切。

四、挤压

挤压是伴随构件剪切时的物理现象，挤压时构件接触面局部产生明显塑性变形。挤压面垂直于挤压力。挤压应力大小 $\sigma_{bs}=\dfrac{F_{bs}}{A_{bs}}$。

五、剪切和挤压的强度计算

实用计算假设应力均匀分布，强度条件分别为

$$\tau=\frac{F_Q}{A}\leqslant[\tau]$$

$$\sigma_{bs}=\frac{F_{bs}}{A_{bs}}\leqslant[\sigma_{bs}]$$

强度计算的关键在于正确判断剪切面和挤压面并计算出它们的面积。剪切面平行于外力，且位于方向相反的外力之间。挤压面就是两构件传力的接触面，要注意挤压面积的计算。

利用强度条件可解决强度校核、构件截面尺寸设计和求许可载荷三类问题。

六、剪切胡克定律和切应力互等定理

这是剪切变形的基本理论。

1. 剪切胡克定律：当$\tau \leqslant \tau_p$时(或材料在弹性变形范围内)，有$\tau = G\gamma$。

2. 切应力互等定律：相互垂直的两截面上的切应力必定大小相等，其方向同时指向或背离两截面的交线。

讨论与交流

6-1 列举几种受剪切或挤压的构件。

6-2 如图6-13所示，拉杆的材料为钢，在拉杆和木材之间放一金属垫圈，其作用是什么？

6-3 写出图6-14所示构件Ⅰ与Ⅱ的剪切面面积，挤压面面积。

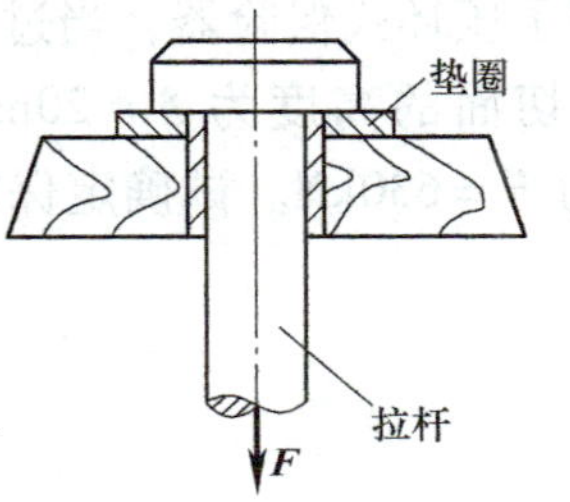

图 6-13

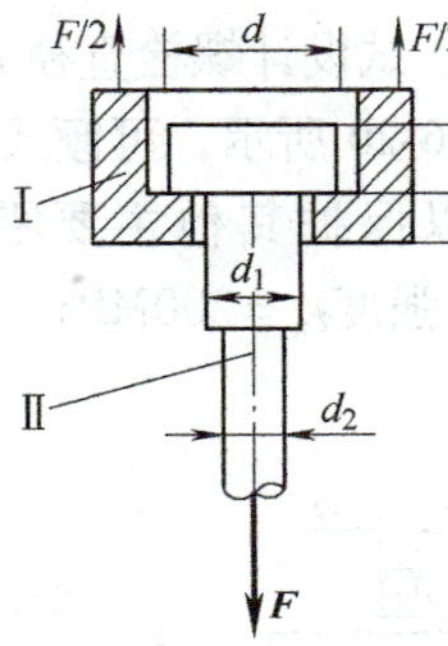

图 6-14

习题

6-1 木榫接头如图6-15所示，$a = b = 12\text{cm}$，$h = 35\text{cm}$，$c = 4.5\text{cm}$，$F = 40\text{kN}$。试求剪切和挤压应力。

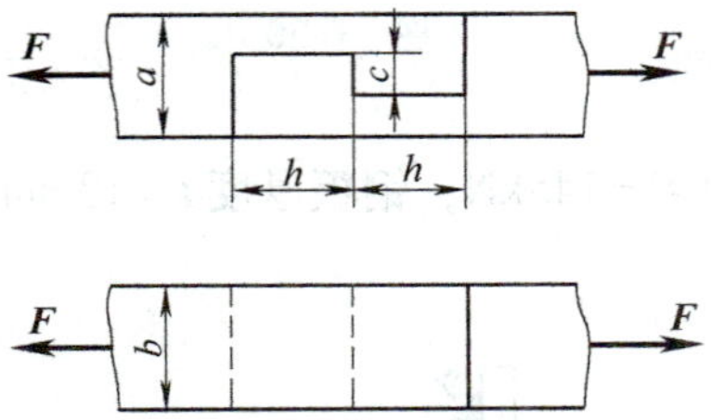

图 6-15

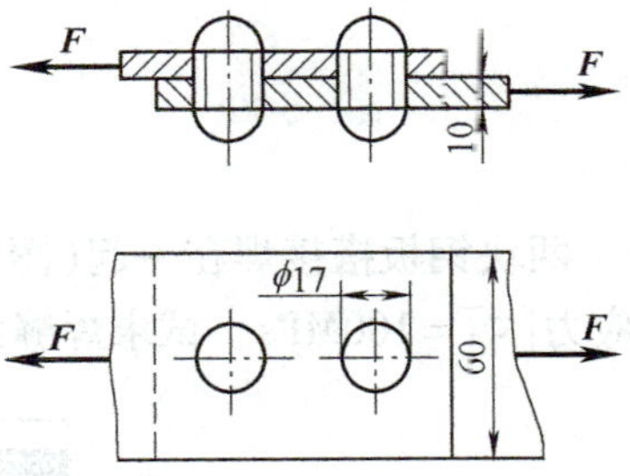

图 6-16

6-2 如图6-16所示，两块厚度为10mm的钢板，用两个直径为17mm的铆钉搭接在一起，钢板受拉力$F = 60\text{kN}$，设两个铆钉的受力相同。已知：$[\tau] = 140\text{MPa}$，$[\sigma_{bs}] = 280\text{MPa}$，$[\sigma] = 160\text{MPa}$。试校核铆接件的强度。

6-3 如图6-17所示键联接，轴的直径$D = 80\text{mm}$，键的尺寸$b = 24\text{mm}$，$h = 14\text{mm}$，键的许用应力$[\tau] = 40\text{MPa}$，$[\sigma_{bs}] = 90\text{MPa}$，若轴通过键所专递的力矩为$M = 3.2\text{kN} \cdot \text{m}$。求键的长度$L$。

6-4 在厚度$t = 5\text{mm}$的钢板上，冲出一个形状如图6-18所示的孔，钢板剪断时的剪切强度$\tau_b = 300\text{MPa}$。求冲床所需的冲力F。

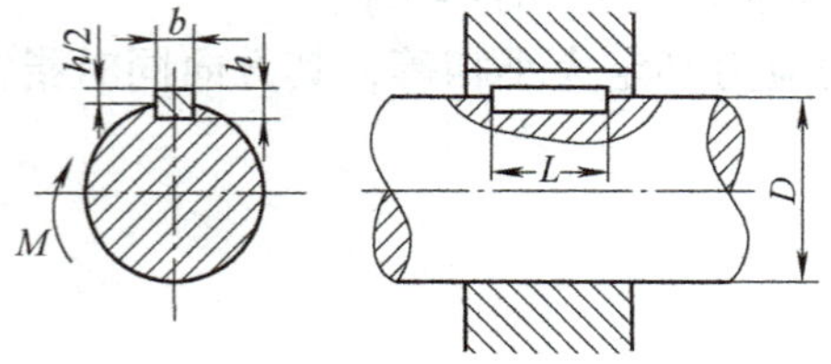

图 6-17

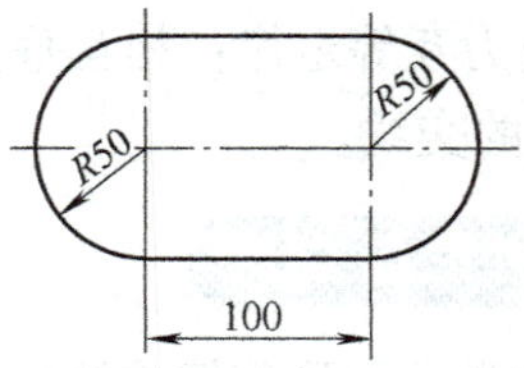

图 6-18

6-5 如图 6-19 所示，一螺栓将拉杆与厚度为 8mm 的两块盖板相连接，各零件材料相同，其许用应力均为$[\sigma]=80\text{MPa}$，$[\tau]=60\text{MPa}$，$[\sigma_{bs}]=160\text{MPa}$。若拉杆厚度 $t=15\text{mm}$，拉力$F=120\text{kN}$。试设计螺栓直径 D 及拉杆宽度 b。

6-6 如图 6-20 所示，可倾式压力机为防止过载采用了压环式保险器，当过载时，保险器先被剪断，以保护其他主要零件。设环式保险器剪切面的高度为 $\delta=20\text{mm}$，材料为 HT200，其剪切强度$\tau_b=200\text{MPa}$，压力机的最大许可压力 $F=630\text{kN}$。试确定保险器剪切部分的直径 D。

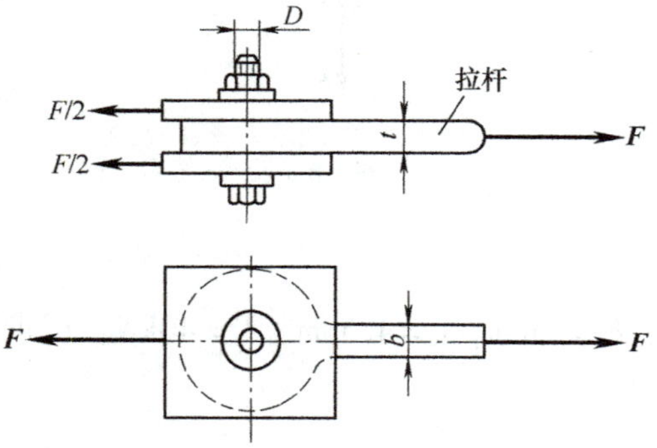

图 6-19

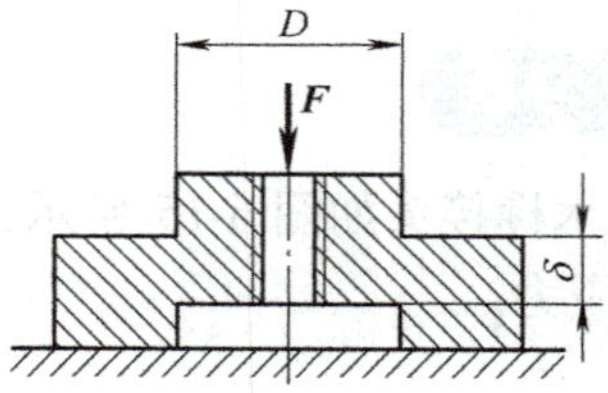

图 6-20

6-7 两块钢板搭接焊在一起(图 6-21)。已知拉力 $F=145\text{kN}$，钢板厚度 $t=12\text{mm}$，焊缝许用切应力$[\tau]=100\text{MPa}$。试求焊缝的长度 l。

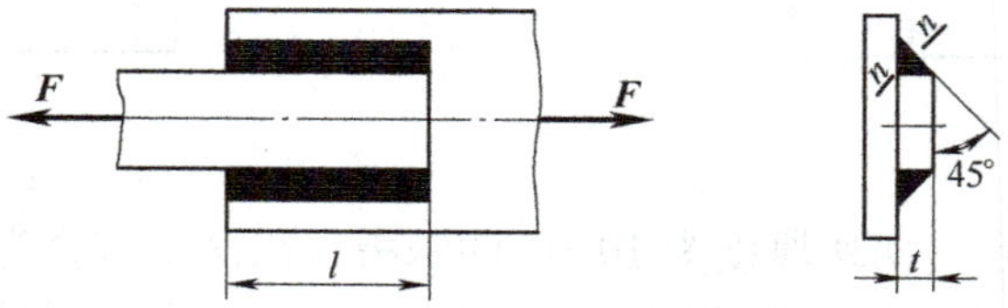

图 6-21

单元七　圆轴扭转

如图 7－1 所示，传动轴产生什么变形？若输入功率及轴的转速已知，将主动轮放在一侧（图 7-1a）还是放在中间（图 7-1b）轴的工作更安全可靠？为什么？本单元主要介绍此类问题。

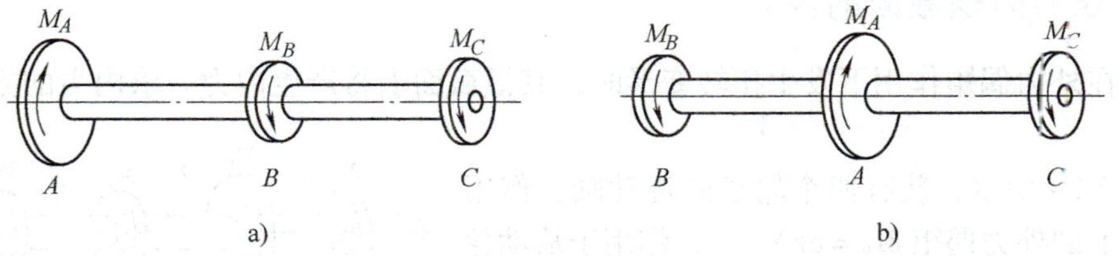

图　7-1

课题一　扭转的概念

在工程实际中，有很多发生扭转变形的杆件。例如，汽车驾驶员通过转向盘把力偶作用于汽车转向轴的上端，其下端受到来自转向器的阻力偶作用（图7-2a），使转向盘操纵杆产生扭转变形，其受力如图 7-2b 所示。

从上面实例可以看出，杆件产生扭转变形的受力特点是：在垂直于杆件轴线的平面内，受到大小相等、转向相反的力偶作用；其变形特点是：各横截面绕杆件轴线发生相对转动。杆件任意两横截面相对转过的角度称为扭角，常用 φ 表示，如图 7-2b 中的 φ 就是截面 $n—n$ 相对于截面 $q—q$ 的扭角。

通常将只发生扭转（或以扭转变形为主）的构件，称为轴。工程中的轴，大多数是具有圆形或圆环形截面的圆轴。本章主要研究等截面圆轴扭转时的外力、内力、应力、变形及轴的强度计算和刚度计算问题。

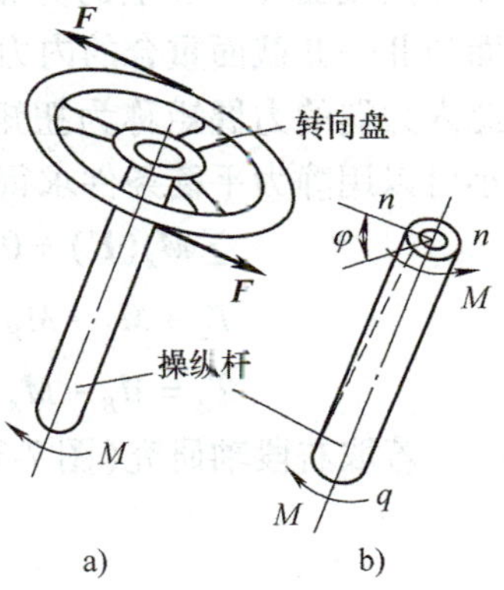

图　7-2

课题二　圆轴扭转时横截面上的内力

一、外力偶矩的计算

作用于轴上的外力偶矩，通常不是直接给出数值，而是根据所给定的轴的转速和传递的

功率，通过如下公式计算

$$M=\frac{9550P}{n} \tag{7-1}$$

式中 M——外力偶矩(N·m)。

P——轴传递的功率(kW)。

n——轴的转速(r/min)。

应当注意：在确定外力偶矩 M 的转向时，凡输入功率的齿轮、带轮等作用的转矩为主动力矩，M 的转向与轴的转向一致；凡输出功率的齿轮、带轮等作用的转矩为阻力矩，M 的转向与轴的转向相反。

二、扭转时横截面的内力

圆轴在外力偶矩作用下发生扭转变形时，其横截面上将产生内力。求内力的方法仍采用截面法。

如图7-3a所示，装有四个轮子的传动轴，作用于主动轮上的外力偶矩 $M_B=6\text{kN}\cdot\text{m}$，作用于从动轮上的外力偶矩 $M_A=3\text{kN}\cdot\text{m}$，$M_C=2\text{kN}\cdot\text{m}$，$M_D=1\text{kN}\cdot\text{m}$。求Ⅱ—Ⅱ截面的内力。

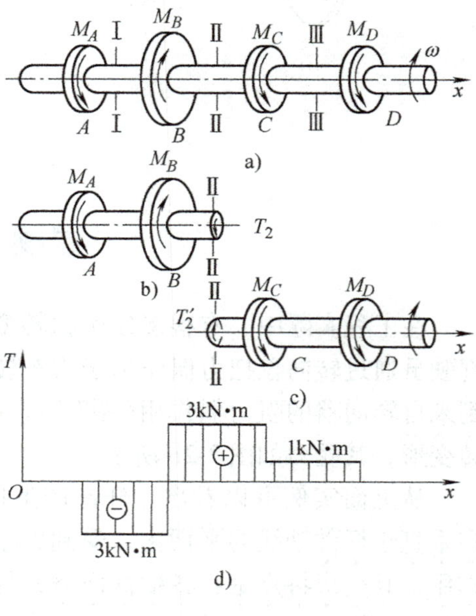

图 7-3

用一假想截面将轴沿Ⅱ—Ⅱ切为两段，取左段轴研究(图7-3b)。由于整个轴是平衡的，所以左段轴也必然平衡。又由于力偶只能用力偶来平衡，所以显然截面Ⅱ—Ⅱ上的分布内力，必构成一个作用面与Ⅱ—Ⅱ截面重合的内力偶，而与外力偶相平衡。此内力偶的力偶矩称为扭矩，以 T 表示。扭矩的大小可以用静力平衡条件求得

$$\sum M_x(\boldsymbol{F})=0$$

$$T_2+M_A-M_B=0$$

$$T_2=M_B-M_A=3\text{kN}\cdot\text{m}$$

若取右段轴研究(图7-3c)，同样可得

$$\sum M_x(\boldsymbol{F})=0$$

$$-T_2'+M_C+M_D=0$$

$$T_2'=M_C+M_D=3\text{kN}\cdot\text{m}$$

T_2 与 T_2' 同为Ⅱ—Ⅱ截面的扭矩，它们互为作用与反作用关系，大小相等，转向相反。为了使同一截面上的扭矩数值和符号相同，对扭矩的正负符号按右手螺旋法则规定：用右手四指弯向表示扭矩的转向，大拇指的指向离开截面时，扭矩规定为正，反之为负，如图7-4所示。

据上面式计算可知：某一截面上的扭矩，等于该截面一侧所有外力偶矩的代数和。外力偶矩的正负号规定与扭矩相反。按此规定，外力偶矩为正，则产生的扭矩也为正；外力偶矩为负，产生的扭矩也为负。

例如，求图 7-3a 中Ⅰ—Ⅰ、Ⅲ—Ⅲ截面的扭矩，得

$$T_1 = -M_A = -3\text{kN}\cdot\text{m}\quad\text{（取左侧）}$$

或 $$T_1 = -M_B + M_C + M_D = -3\text{kN}\cdot\text{m}\quad\text{（取右侧）}$$

$$T_3 = -M_A + M_B - M_C = 1\text{kN}\cdot\text{m}\quad\text{（取左侧）}$$

或 $$T_3 = M_D = 1\text{kN}\cdot\text{m}\quad\text{（取右侧）}$$

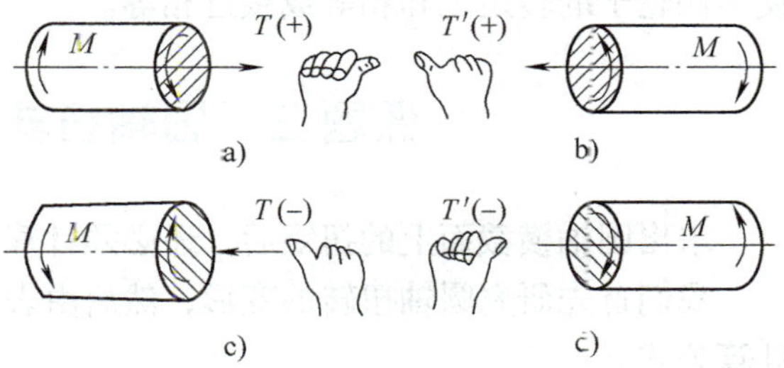

图 7-4

三、扭矩图

为了形象地表示各截面扭矩的大小和正负，以便分析危险截面，通常把扭矩随截面位置变化的规律绘成图像，这个图像称为扭矩图。其画法与轴力图画法类似，取平行于轴线的坐标表示各横截面位置，垂直于轴线的坐标表示相应截面上的扭矩值，正值画在横坐标轴上方，负值画在下方，按适当的比例绘成。图 7-3a 所示传动轴的扭矩图如图 7-3d 所示。

例 7-1 传动轴如图 7-5a 所示，主动轮 A 输入功率 $P_A = 40\text{kW}$，从动轮 B、C、D 输出功率分别为 $P_B = 20\text{kW}$，$P_C = P_D = 10\text{kW}$，轴的转速 $n = 200\text{r/min}$。试绘制该轴的扭矩图。

解 （1）计算外力偶矩

$$M_A = \frac{9550P_A}{n} = 9550\times\frac{40}{200}\text{N}\cdot\text{m} = 1910\text{N}\cdot\text{m}$$

$$M_B = \frac{9550P_B}{n} = 9550\times\frac{20}{200}\text{N}\cdot\text{m} = 955\text{N}\cdot\text{m}$$

$$M_C = M_D = \frac{9550P_C}{n} = 9550\times\frac{10}{200}\text{N}\cdot\text{m} = 478\text{N}\cdot\text{m}$$

（2）计算各段截面的扭矩

$$T_{AB} = -M_A = -1910\text{N}\cdot\text{m}$$

$$T_{BC} = -M_A + M_B = -955\text{N}\cdot\text{m}$$

$$T_{CD} = -M_D = -478\text{N}\cdot\text{m}$$

（3）画扭矩图，如图 7-5b 所示。由图可知，最大扭矩（绝对值）发生在 AB 段，其值为

$$|T|_{\max} = 1910\text{N}\cdot\text{m}$$

（4）讨论。若将轮 A 放在中间（图 7-5c），再作出扭矩图（图 7-5d），则最大扭矩发生在 BA、AC 两段，且

$$|T|_{\max} = 955\text{N}\cdot\text{m}$$

由此可见，主动轮与从动轮的安装位置不同，轴所承受的最大扭矩也不同，两者相比，图 7-5c 所示轮子布局比较合理。一般应将主动轮布置在几个从动轮中间，

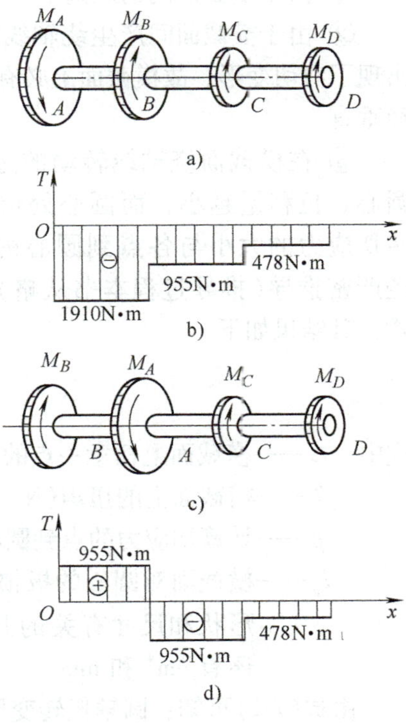

图 7-5

使两侧轮子的转矩之和相等或接近相等。

课题三　圆轴扭转时横截面上的应力

求出圆轴横截面上的扭矩后，还必须计算横截面上的应力，才能进行强度计算。

我们首先研究圆轴扭转的变形，然后由表及里，找出应力的分布规律，最后确定应力的计算公式。

一、圆轴扭转时的变形现象及假设

为了分析圆轴扭转时横截面的应力，现取一等径圆轴，在其圆柱表面上分别任意画两条圆周线和平行于轴线的纵向线，然后在其两端分别作用一力偶矩 M，使圆轴产生扭转变形，如图 7-6 所示。观察其变形现象可以发现：

① 圆周线的形状、大小以及两圆周线间的距离均保持不变，但绕轴线旋转了不同的角度。

② 纵向线近似地为直线，只是倾斜了同一角度 γ，原来的小矩形变成了平行四边形。

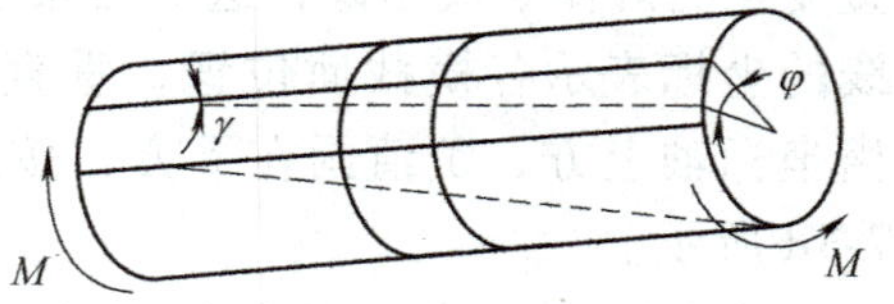

图　7-6

二、圆轴扭转时横截面上的应力

根据试验现象及平面假设可得出三点结论：

① 由于横截面间的距离不变，线应变 $\varepsilon=0$，所以横截面上没有正应力。

② 由于横截面间产生绕轴线的相对转动，使小矩形沿圆周方向的两侧发生相对错动，出现了剪切变形，故横截面上必有切应力存在；又因圆截面半径不变，故切应力方向必与半径垂直。

③ 在横截面绕轴线转动的过程中，横截面边缘上各点位移量最大且相等，越接近圆心，位移量越小，而圆心处位移为零。由此推知：圆轴扭转时，横截面上各点的扭转切应力的大小与各点到圆心的距离成正比，即扭转切应力在横截面上成线性分布。经严密推导（推导过程本书从略），可得圆轴扭转时横截面上任一点的切应力的计算公式，其结果如下

$$\tau_\rho=\frac{T\rho}{I_\text{p}} \tag{7-2}$$

式中　τ_ρ——横截面上任意一点的切应力（MPa）。

T——横截面上的扭矩（N·m）。

ρ——计算切应力的点到圆心的距离（m）。

I_p——横截面对圆心的极惯性矩（m^4）。它表示截面的几何性质，是一个仅与截面形状和尺寸有关的几何量，反映了截面的抗扭能力，常用单位除 m^4 外，还有 cm^4 和 mm^4。

由式（7-2）可知：圆轴扭转变形时，横截面上某点的切应力 τ_ρ 与该点到圆心的距离 ρ 成正比，圆心处（$\rho=0$）切应力为零，轴表面处（$\rho=R$）切应力最大，与圆心等距的点的切应力均

相等。扭转切应力在横截面上的分布规律如图 7-7 所示。

当 $\rho=\rho_{\max}=R$ 时，$\tau=\tau_{\max}$，故可得圆轴扭转时横截面上最大切应力公式为

$$\tau_{\max}=\frac{TR}{I_p}$$

式中，R 与 I_p 都是与截面尺寸有关的几何量，令

$$W_n=\frac{I_p}{R}$$

则有

$$\tau_{\max}=\frac{T}{W_n} \tag{7-3}$$

式中，W_n 是仅与截面形状和尺寸有关的几何量，它反映截面尺寸对扭转强度的影响，称为抗扭截面系数，常用单位为 m^3、cm^3 和 mm^3。

注意：式(7-2)、式(7-3)只适用于圆轴的弹性扭转变形。

三、截面的极惯性矩和抗扭截面系数

工程中，轴的横截面通常采用实心圆和空心圆两种形状。对于圆形截面和圆环形截面（图 7-8），它们的极惯性矩 I_p 和抗扭截面系数 W_n 分别为：

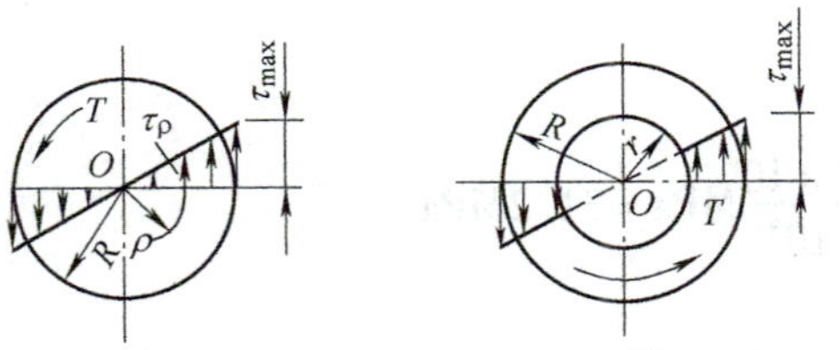

a）　　b）

图 7-7

a）圆形截面　b）圆环形截面

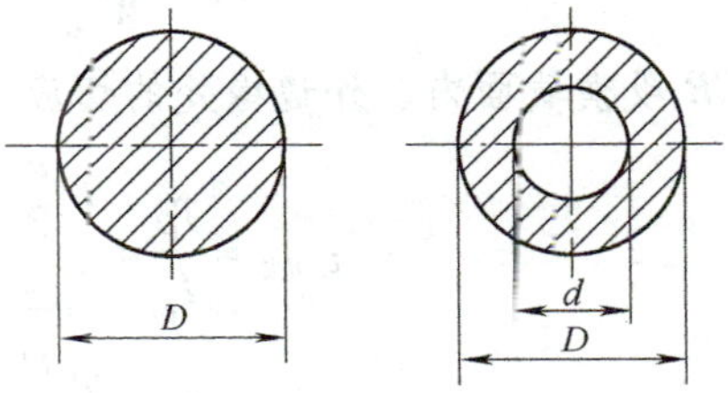

图 7-8

① 圆形截面（设其直径为 D）

$$I_p=\frac{\pi D^4}{32} \tag{7-4}$$

$$W_n=\frac{I_p}{\frac{D}{2}}=\frac{\pi D^3}{16}\approx 0.2D^3 \tag{7-5}$$

② 圆环形截面（设其外径为 D，内径为 d）

$$I_p=\frac{\pi}{32}(D^4-d^4)=\frac{\pi D^4}{32}(1-\alpha^4) \tag{7-6}$$

$$W_n=\frac{I_p}{\frac{D}{2}}=\frac{\pi D^3}{16}(1-\alpha^4)\approx 0.2D^3(1-\alpha^4) \tag{7-7}$$

式中，$\alpha=\dfrac{d}{D}$，为空心圆轴内、外径的比值。

例 7-2　一传动轴 AB，如图 7-9 所示，传递的功率 $P=7.5\text{kW}$，转速 $n=360\text{r/min}$，轴的

AC 段为圆形截面，*CB* 段为圆环形截面。已知 $D=30\text{mm}$，$d=20\text{mm}$。试计算 *AC* 段横截面上的最大切应力，以及 *CB* 段横截面上内、外边缘处的切应力。

解 （1）计算外力偶矩

$$M=9550\frac{P}{n}=9550\times\frac{7.5}{360}\text{N}\cdot\text{m}=199\text{N}\cdot\text{m}$$

（2）计算各段截面扭矩：*AC* 段和 *CB* 段各截面的扭矩均为

$$T=M=199\text{N}\cdot\text{m}$$

（3）计算切应力。*AC* 段截面的抗扭截面系数

$$W_{nAC}=\frac{\pi D^3}{16}=\frac{\pi\times30^3}{16}=5.30\times10^3\text{mm}^3$$

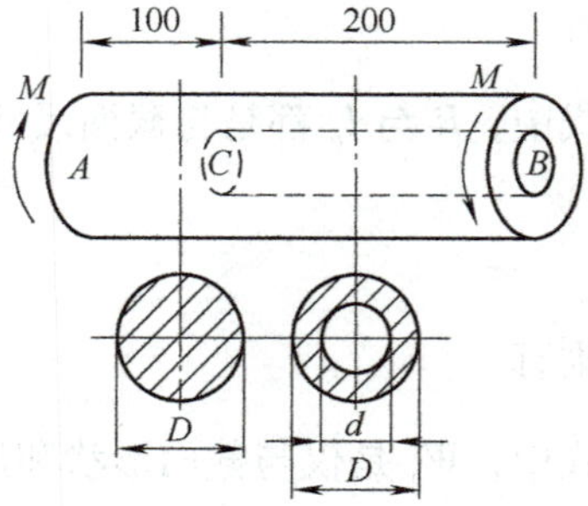

图 7-9

CB 段横截面的极惯性矩

$$I_{pCB}=\frac{\pi D^4}{32}(1-\alpha^4)=\frac{\pi\times30^4}{32}\times\left[1-\left(\frac{20}{30}\right)^4\right]\text{mm}^4$$
$$=6.38\times10^4\text{mm}^4$$

AC 段轴横截面上的最大切应力为

$$\tau_{AC}=\frac{T}{W_{nAC}}=\frac{199\times10^3}{5.301\times10^3}\text{MPa}=37.5\text{MPa}$$

CB 段横截面内、外边缘处的切应力分别为

$$\tau_{CB内}=\frac{T\rho}{I_p}=\frac{T\dfrac{d}{2}}{I_{pCB}}=\frac{199\times10^3\times10}{6.381\times10^4}\text{MPa}=31.2\text{MPa}$$

$$\tau_{CB外}=\frac{T\rho}{I_p}=\frac{T\dfrac{D}{2}}{I_{pCB}}=\frac{199\times10^3\times15}{6.381\times10^4}\text{MPa}=46.8\text{MPa}$$

课题四　圆轴扭转时的变形

圆轴扭转时，各横截面绕轴线发生相对转动，任意两横截面间相对转过的角度称为扭角，常用 φ 表示，单位为弧度(rad)。

理论分析证明：扭角 φ 与扭矩 T 及轴长 L 成正比，而与材料的切变模量 G 及轴的横截面的极惯性矩 I_p 成反比。即

$$\varphi=\frac{TL}{GI_p} \qquad (7\text{-}8)$$

式中，GI_p 反映了圆轴的材料和横截面的尺寸对圆轴扭转变形的抵抗能力，称为圆轴的抗扭刚度。其值越大，圆轴抗扭转变形能力越强。

如果两截面间的扭矩有变化或轴的直径不同，则应分别计算各段的扭角，然后求代数和。

为了消除轴长 L 的影响，工程中常用单位长度扭角 φ' 来度量扭转变形的程度，即

$$\varphi'=\frac{\varphi}{L}=\frac{T}{GI_p}$$

7 UNIT

式中，单位长度扭角 φ' 的单位是弧度/米(rad/m)，而工程中常用度/米(°/m)作为 φ' 的单位，则

$$\varphi' = \frac{T}{GI_p} \times \frac{180°}{\pi} \tag{7-9}$$

例 7-3 在例 7-2 中，若已知 AC 段长 $L_{AC}=100\text{mm}$，CB 段长 $L_{CB}=200\text{mm}$，材料的切变模量 $G=80\text{GPa}$。试求截面 B 相对于截面 A 的扭角 φ_{BA}。

解 由题意得：

$$\begin{aligned}\varphi_{BA} &= \varphi_{CA} + \varphi_{BC} = \frac{TL_{CA}}{GI_{pCA}} + \frac{TL_{BC}}{GI_{pCB}} \\ &= \frac{199\times10^3\times100}{80\times10^3\times7.952\times10^4}\text{rad} + \frac{199\times10^3\times200}{80\times10^3\times6.381\times10^4}\text{rad} \\ &= 3.13\times10^{-3}\text{rad} + 7.8\times10^{-3}\text{rad} = 1.09\times10^{-2}\text{rad}\end{aligned}$$

课题五　圆轴扭转时的强度和刚度计算

一、强度条件

为了保证轴能安全正常地工作，必须要求轴的危险截面(即产生最大切应力的横截面)上的最大切应力 τ_{max} 不超过材料的许用切应力[τ]，即

$$\tau_{max} = \frac{T}{W_n} \leqslant [\tau] \tag{7-10}$$

式中　T——危险截面上的扭矩(绝对值)；

W_n——危险截面的抗扭截面系数。

式(7-10)称为圆轴扭转时的强度条件。许用切应力[τ]由扭转试验测定，设计计算时可查有关手册选择。在静载荷作用下，它与许用拉应力[σ]有如下关系：

塑性材料　　$[\tau]=(0.5\sim0.6)[\sigma]$

脆性材料　　$[\tau]=(0.8\sim1.0)[\sigma]$

二、刚度条件

圆轴扭转时，不仅要满足强度条件，还应有足够的刚度，否则将会影响机械的传动性能和加工工件所要求的精度。因此，工程上要求轴的最大单位长度扭角 φ'_{max} 不超过许用单位长度扭角[φ']，即

$$\varphi'_{max} = \frac{T}{GI_p} \times \frac{180°}{\pi} \leqslant [\varphi'] \tag{7-11}$$

式(7-11)即为圆轴扭转时的刚度条件。同样，T 也应是危险截面上的扭矩。许用单位长度扭角[φ']根据轴的工作条件和机器的精度要求等因素确定，具体值可从有关手册中查得，一般规定：

精密机器的轴　　$[\varphi']=0.25°\sim0.5°/\text{m}$

一般传动轴　　$[\varphi']=0.5°\sim1.0°/\text{m}$

精度要求不高的轴　　$[\varphi']=1.0°\sim2.5°/\text{m}$

应用圆轴扭转的强度和刚度条件可以解决三类问题，即强度、刚度校核，设计截面尺寸，求许可载荷或许可传递功率。

例 7-4 传动轴转速 $n=500\text{r/min}$，主动轮Ⅰ输入功率 $P_{\text{I}}=3\text{kW}$，从动轮Ⅱ、Ⅲ的输出功率分别为 $P_{\text{II}}=2\text{kW}$，$P_{\text{III}}=1\text{kW}$，如图 7-10 所示。已知轴材料的 $[\tau]=30\text{MPa}$，$G=80\text{GPa}$，$[\varphi']=1°/\text{m}$。若设计成等截面圆轴，则轴的直径应为多大？如果把轮Ⅰ和轮Ⅱ的位置互换，该轴的强度够吗？

解 （1）计算轴上的外力偶矩

$$M_{\text{I}}=\frac{9550P_{\text{I}}}{n}=9550\times\frac{3}{500}\text{N}\cdot\text{m}=57.3\text{N}\cdot\text{m}$$

$$M_{\text{II}}=\frac{9550P_{\text{II}}}{n}=9550\times\frac{2}{500}\text{N}\cdot\text{m}=38.2\text{N}\cdot\text{m}$$

$$M_{\text{III}}=\frac{9550P_{\text{III}}}{n}=9550\times\frac{1}{500}\text{N}\cdot\text{m}=19.1\text{N}\cdot\text{m}$$

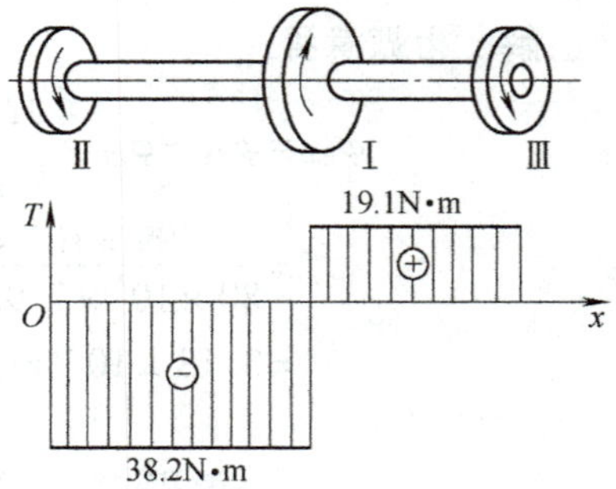

图 7-10

（2）计算各段截面扭矩，画扭矩图。

Ⅱ—Ⅰ段截面扭矩

$$T_{\text{II-I}}=-M_{\text{II}}=-38.2\text{N}\cdot\text{m}$$

Ⅰ—Ⅲ段截面扭矩

$$T_{\text{I-III}}=M_{\text{III}}=19.1\text{N}\cdot\text{m}$$

画扭矩图，如图 7-10 所示。

危险截面在Ⅱ—Ⅰ段，$|T|_{\max}=38.2\text{N}\cdot\text{m}$。

（3）根据强度条件设计轴的直径

$$\tau_{\max}=\frac{T}{W_n}\leqslant[\tau]$$

式中

$$W_n=\frac{\pi D^3}{16}$$

$$\tau_{\max}=\frac{38.2\times10^3}{\frac{\pi D^3}{16}}\leqslant30$$

则

$$D\geqslant\sqrt[3]{\frac{38.2\times10^3\times16}{\pi\times30}}\text{mm}=18.7\text{mm}$$

（4）根据刚度条件设计轴的直径

$$\varphi'_{\max}=\frac{T}{GI_p}\times\frac{180°}{\pi}\leqslant[\varphi']$$

式中

$$I_p=\frac{\pi D^4}{32}$$

$$\varphi'_{\max}=\frac{38.2\times10^3}{80\times10^3\times\frac{\pi D^4}{32}}\times\frac{180°}{\pi}\leqslant1°/\text{m}$$

则

$$D\geqslant\sqrt[4]{\frac{38.2\times10^6\times180\times32}{80\times10^3\times\pi\times\pi}}\text{mm}=23.0\text{mm}$$

为了使轴同时满足强度和刚度要求，选取轴的直径 $D=23\text{mm}$。

轮Ⅰ和Ⅱ互换后，最大扭矩在Ⅰ—Ⅱ段，各截面 $T_{max}=M_Ⅰ=57.3\text{N}\cdot\text{m}$，其切应力

$$\tau_{max}=\frac{T_{max}}{\frac{\pi D^3}{16}}=\frac{16\times57.3\times10^3}{\pi\times23^3}\text{MPa}<[\tau]$$

扭转强度满足要求，请学生自己校核扭转刚度。

例 7-5 汽车传动轴 AB（图 7-11），由 45 号无缝钢管制成，外径 $D=90\text{mm}$，壁厚 $t=2.5\text{mm}$，传递的最大力偶矩 $M=1.7\text{kN}\cdot\text{m}$，轴的材料的许用切应力 $[\tau]=60\text{MPa}$，切变模量 $G=80\text{GPa}$，许用单位长度扭角 $[\varphi']=1°/\text{m}$。要求：①校核该轴的强度和刚度；②若改用相同材料的实心轴，并要求它和原来的传动轴的强度相同，试确定其直径；③比较空心轴与实心轴的材料消耗。

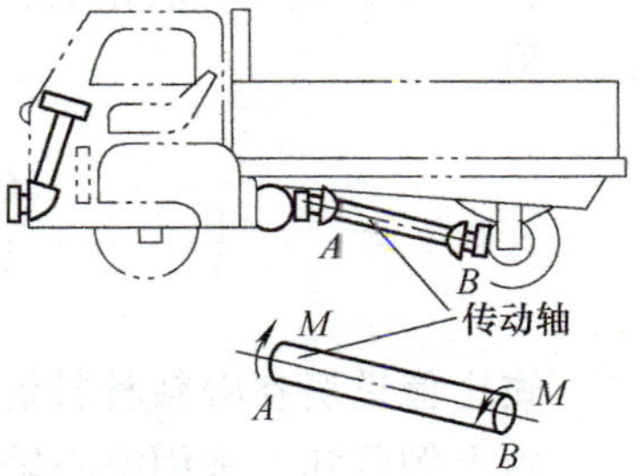

图 7-11

解 (1) 校核轴的强度与刚度

轴各截面的扭矩 $T=M=1.7\text{kN}\cdot\text{m}$

轴的内径 $d=85\text{mm}$

截面极惯性矩

$$I_p=\frac{\pi D^4}{32}(1-\alpha^4)=\frac{\pi\times90^4}{32}\times\left[1-\left(\frac{85}{90}\right)^4\right]\text{mm}^4$$
$$=1.32\times10^6\text{mm}^4$$

抗扭截面系数

$$W_n=\frac{\pi D^3}{16}(1-\alpha^4)=\frac{\pi\times90^3}{16}\times\left[1-\left(\frac{85}{90}\right)^4\right]\text{mm}^3$$
$$=2.93\times10^4\text{mm}^3$$

校核轴的强度

$$\tau_{max}=\frac{T}{W_n}=\frac{1.7\times10^6}{2.93\times10^4}\text{MPa}=58.1\text{MPa}<[\tau]$$

所以，该轴满足强度要求。

校核轴的刚度

$$\varphi'_{max}=\frac{T}{GI_p}\times\frac{180°}{\pi}=\frac{1.7\times10^6\times10^3}{80\times10^3\times1.32\times10^6\text{m}}\times\frac{180°}{\pi}$$
$$=0.925°/\text{m}<[\varphi']$$

所以，该轴满足刚度要求。

(2) 计算实心轴的直径 D_s

由于实心轴与原空心轴的材料和扭矩相同，当要求两者扭转强度相等时，实心轴最大切应力 $\tau_{s\,max}$ 为

$$\tau_{s\,max}=\frac{T}{W_n}=58.1\text{MPa}$$

式中 $T=1.7\text{kN}\cdot\text{m}$。

$$W_n = \frac{\pi D_s^3}{16}$$

$$\tau_{smax} = \frac{1.7 \times 10^6}{\frac{\pi D_s^3}{16}} = 58.1\text{MPa}$$

$$D_s = 53\text{mm}$$

(3) 比较两者材料消耗。当两者材料、长度相同时，材料消耗比就是两轴截面面积之比，即

$$\frac{A_k}{A_s} = \frac{\frac{\pi}{4}(D^2 - d^2)}{\frac{\pi}{4}d_s^2} = \frac{90^2 - 85^2}{53^2} = 0.311$$

该比值说明空心轴材料消耗量仅为实心轴的31.1%。

由上例可知，采用空心轴可节省材料，减轻自重，提高轴的强度、刚度。这是由于实心轴中心附近的切应力远小于材料的许用切应力，材料未得到充分利用，而空心轴材料分布离圆心较远，材料得到充分利用，截面的 I_p 和 W_n 随之增大，从而提高了轴的强度和刚度。但空心轴制造工艺复杂，所以多是在飞机、轮船等要求减轻重量时才使用。还应注意，空心轴的壁厚不能太薄，以免产生局部皱折，更不可用棒料切削加工成空心轴；当采用焊接钢管作抗扭构件时，必须保证焊缝质量，以防焊缝开裂而降低承载能力。

在轴的扭转强度、刚度计算中，必须符合节省材料，提高强度、刚度，既安全可靠又经济合理的原则。为此，应深入认识影响扭转强度、刚度的因素，找出提高扭转强度、刚度的有效措施：合理选择轴的材料，合理配置载荷，合理选择截面形状等。

小结

一、圆轴扭转时的受力及变形特点是：在垂直于杆件轴线的平面内，受到大小相等、转向相反的力偶作用；各横截面绕杆件轴线发生相对的转动。

二、圆轴扭转时横截面上的内力计算及扭矩图的绘制。

三、圆轴扭转时横截面上的应力及分布：

1. 截面上任一点的切应力 $\tau_\rho = \frac{T\rho}{I_p}$

2. 截面上最大切应力 $\tau_{max} = \frac{T}{W_n}$

四、截面的极惯性矩 I_p 和抗扭截面系数 W_n 的计算：

1. 对于直径为 D 的圆形截面

$$I_p = \frac{\pi D^4}{32},\quad W_n = \frac{I_p}{\frac{D}{2}} = \frac{\pi D^3}{16}$$

2. 对于内外径比 $\alpha = \frac{d}{D}$ 的圆环形截面

$$I_p = \frac{\pi D^4}{32}(1 - \alpha^4)$$

$$W_n = \frac{I_p}{\frac{D}{2}} = \frac{\pi D^3}{16}(1-\alpha^4)$$

五、圆轴扭转的变形：扭角和单位长度扭角。

1. 扭角 $$\varphi = \frac{TL}{GI_p}$$

2. 单位长度扭角 $$\varphi' = \frac{T}{GI_p} \times \frac{180°}{\pi}$$

六、圆轴扭转时的强度和刚度条件。

1. 强度条件：$\tau_{max} = \dfrac{T}{W_n} \leqslant [\tau]$

2. 刚度条件：$\varphi'_{max} = \dfrac{T}{GI_p} \times \dfrac{180°}{\pi} \leqslant [\varphi']$

应用强度、刚度条件可以解决扭转变形的强度、刚度校核、设计截面三类计算问题。

3. 分析问题的一般步骤为：

（1）求出轴上的外力偶矩。

（2）求扭矩，画扭矩图。

（3）分析危险截面。

（4）列出强度、刚度条件，并进行计算。

讨论与交流

7-1 在条件相同的情况下，采用空心轴有什么优点？

7-2 下列说法对不对？为什么？

（1）因等直圆轴扭转变形时，横截面上没有正应力，只有切应力存在，所以扭转变形与剪切变形是相同的。

（2）当杆件受到一对大小相等、转向相反的力偶作用时，杆件将产生扭转变形。

（3）空心轴的外径为 D，内径为 d，它的极惯性矩和抗扭截面系数计算公式为

$$I_p = \frac{\pi D^4}{32} - \frac{\pi d^4}{32}$$

$$W_n = \frac{\pi D^3}{16} - \frac{\pi d^3}{16}$$

（4）扭转切应力计算公式 $\tau_\rho = \dfrac{T\rho}{I_p}$，适用于一切受扭的构件。

（5）直径 D、长度 L 相同而材料不同的两根轴，在相同扭矩的作用下，它们的最大切应力不相同。

7-3 如图 7-12 所示，产生纯扭转变形的是哪个图？

7-4 如图 7-13 所示两种轮子的布局，对轴强度有利的布局是哪个图？

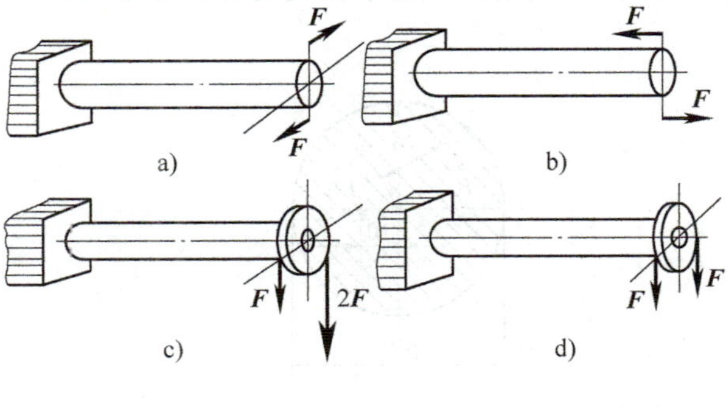

图 7-12

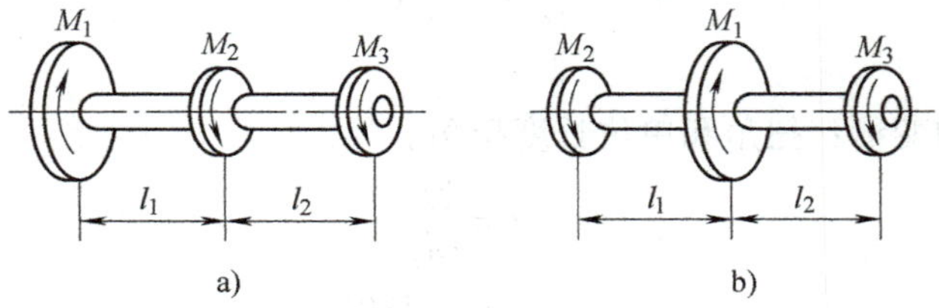

图 7-13

7-5 如图 7-14 所示，其中正确的扭转切应力分布图是哪个图？（其中 T 为该截面的扭矩）。

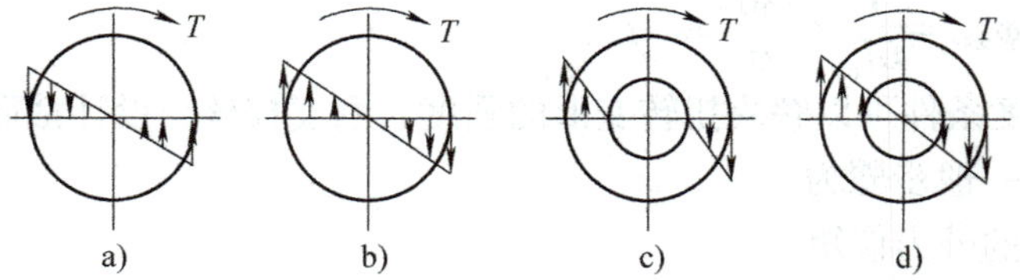

图 7-14

习题

7-1 求图 7-15 所示轴的截面 Ⅰ—Ⅰ、Ⅱ—Ⅱ、Ⅲ—Ⅲ上的扭矩，并画扭矩图。

7-2 如图 7-16 所示，直径 $D=50\text{mm}$ 的钢圆轴，两端受到大小相等、转向相反的外力偶矩 $M=1.5\text{kN}\cdot\text{m}$的作用。试求横截面上的最大切应力及该截面上 A、B 两点的切应力。图上尺寸单位为 mm。

7-3 传动轴如图 7-17 所示，已知轴的直径 $D=40\text{mm}$。试计算：

（1）轴的最大切应力。

（2）截面Ⅰ－Ⅰ的最大切应力及半径为 15mm 圆周处的切应力。

（3）画出危险截面半径线的应力分布图。

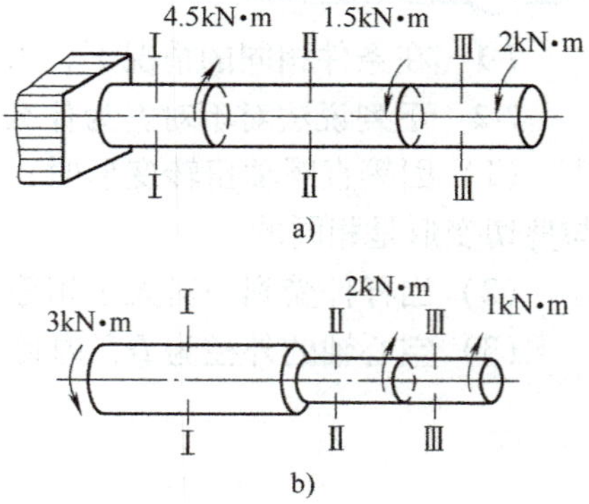

图 7-15

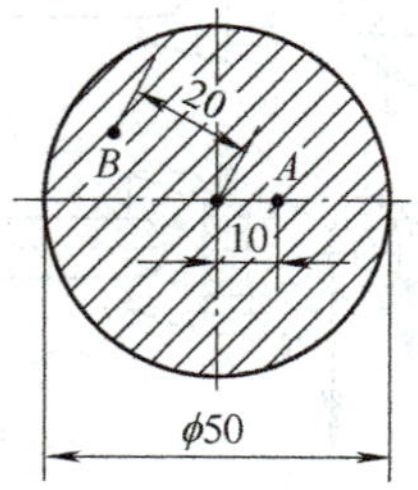

图 7-16

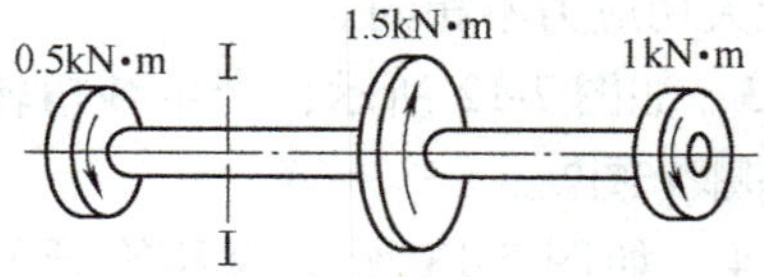

图 7-17

7-4　如图 7-18 所示，传动轴转速 $n=250\text{r/min}$，主动轮 B 输入功率 $P_B=10\text{kW}$，从动轮 A、C、D 输出功率分别为 $P_A=2\text{kW}$，$P_C=3\text{kW}$，$P_D=5\text{kW}$。要求：(1)试画该轴的扭矩图，并指出 $|T|_{max}$ 的值；(2)试计算轴两端的扭角；(3)分析图示载荷分布是否合理。(轴材料的 $G=80\text{GPa}$)

7-5　如图 7-19 所示为某一机器上的输入轴，由电动机带动带轮，其输入功率 $P=4\text{kW}$，该轴转速 $n=900\text{r/min}$，已知轴材料的许用切应力 $[\tau]=30\text{MPa}$，轴的直径 $D=30\text{mm}$，切变模量 $G=80\text{GPa}$，许用的单位长度扭角 $[\varphi']=0.5°/\text{m}$。试校核轴的强度与刚度。

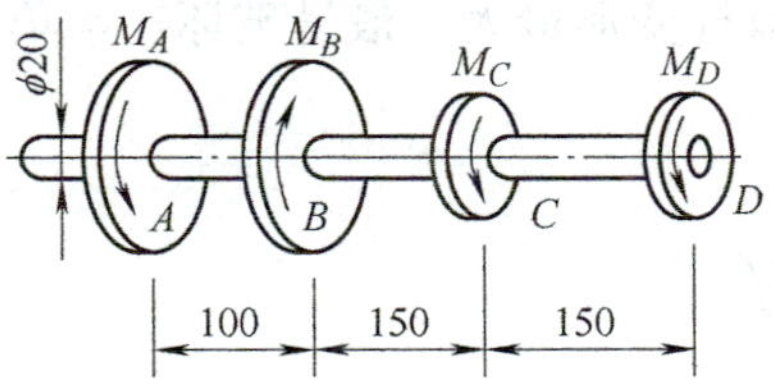

图　7-18

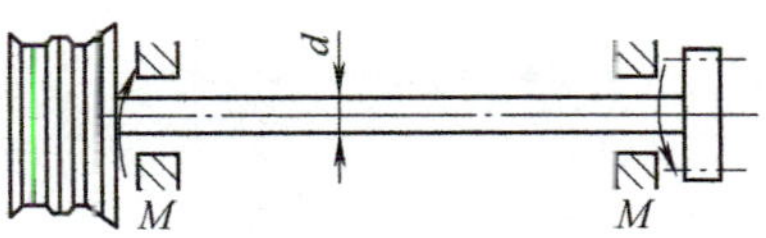

图　7-19

7-6　如图 7-20 所示，传动轴的直径 $d=40\text{mm}$，许用应力 $[\tau]=60\text{MPa}$，许用单位长度扭角 $[\varphi']=0.5°/\text{m}$，轴材料的切变模量 $G=80\text{GPa}$，功率 P 由 B 轮输入，A 轮输出 $\frac{2}{3}P$，C 轮输出 $\frac{1}{3}P$，传动轴转速 $n=500\text{r/min}$。试计算 B 轮输入的许可功率 P。

7-7　如图 7-21 所示，截面积相等、材料相同的两轴，用牙嵌式离合器连接。左端为空心轴，外径 $D=50\text{mm}$，内径 $d=30\text{mm}$，轴材料的 $[\tau]=65\text{MPa}$，工作时所受力偶矩 $M=1000\text{N}\cdot\text{m}$。试校核左、右两端轴的强度。

7-8　上题中，若右端的实心轴的强度不够，试计算实心轴的直径应为多大。

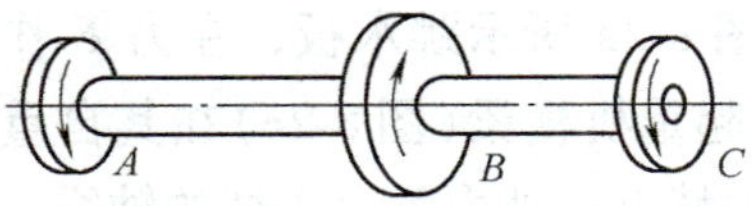

图　7-20

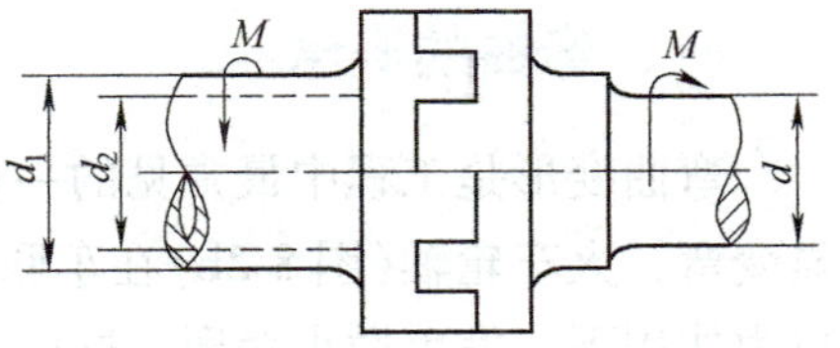

图　7-21

7-9　如图 7-22 所示，传动轴转速 $n=500\text{r/min}$，主动轮Ⅰ输入功率 $P_{Ⅰ}=300\text{kW}$，从动轮Ⅱ、Ⅲ的输出功率分别为 $P_{Ⅱ}=200\text{kW}$，$P_{Ⅲ}=100\text{kW}$。已知轴材料的许用切应力 $[\tau]=70\text{MPa}$，$G=80\text{GPa}$，许用的单位长度扭角 $[\varphi']=1°/\text{m}$。若设计成等截面轴，这时轴的直径应为多大？

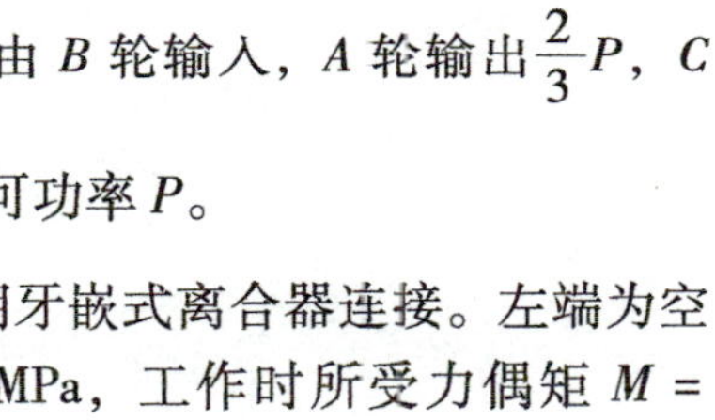

图　7-22

7-10　实心轴直径 $D=50\text{mm}$，轴材料的许用切应力 $[\tau]=55\text{MPa}$，轴的转速 $n=300\text{r/min}$。试按扭转强度确定此轴所能传递的最大功率，并分析当转速升高为 $n=600\text{r/min}$ 时，能传递的功率如何变化？

单元八　弯曲

如图 8-1 所示，运动员位于双杠的哪个位置时，双杠变形最大，最易破坏？本单元主要研究此类问题。

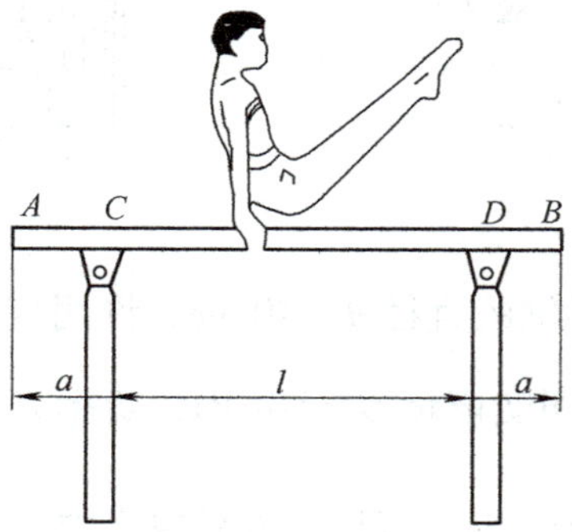

图　8-1

课题一　平面弯曲梁的计算简图

一、弯曲的概念

弯曲变形是工程中最常见的一种基本变形。例如图 8-2a 所示跳水板，在力 $\boldsymbol{F}$ 作用下明显变弯，火车轮轴(图 8-2b)在车厢重力作用下，桥式起重机横梁(图 8-2c)在其自重及吊物重力作用下，发生微小变形。这些实例具有相同的受力特点：外力垂直于杆的轴线，相同的变形特点：轴线由直线变成了曲线，这种变形称为弯曲。通常将只发生弯曲(或以弯曲为主)变形的构件，称为梁。

二、平面弯曲的概念

工程结构与机械中的梁，其横截面往往具有对称轴，如图 8-3a 所示。对称轴 y 与梁的轴线 x 构成纵向对称平面，如图 8-3b 所示。若作用在梁上的外力(包括力偶)都位于纵向对称平面内，且力的作用线垂直于梁的轴线，则变形后梁的轴线将是该平面内的曲线，这种弯曲称为平面弯曲。本单元将仅研究平面弯曲的问题，将平面弯曲不作介绍。

三、梁的类型

工程实际中，按照梁的支座情况，将梁分为三种基本形式：

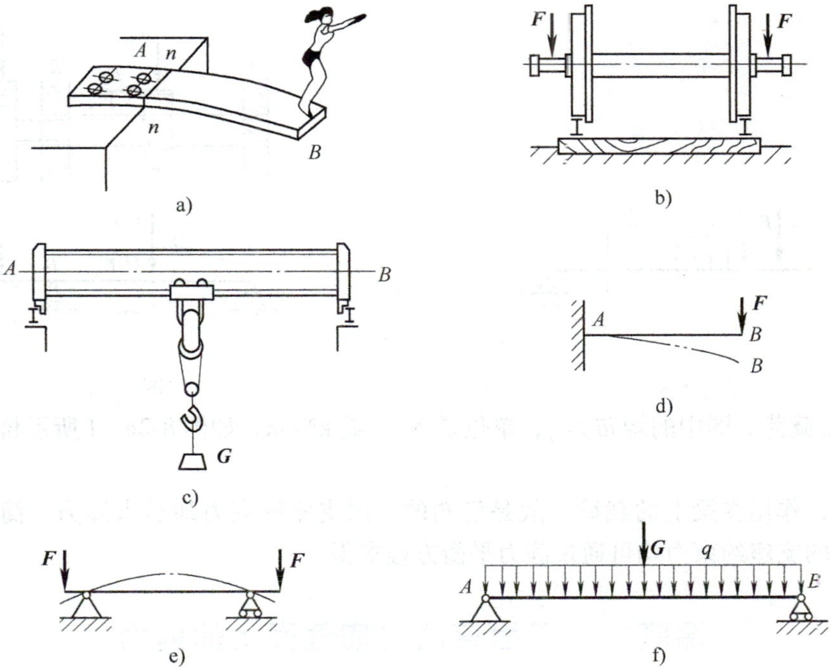

图 8-2

① 简支梁。梁的两端均有约束，其中一端可简化为固定铰支座，另一端可简化为可动铰支座。如图 8-2c 所示桥式起重机横梁，即可简化为图 8-2f 所示的简支梁。

② 悬臂梁。梁的一端有约束，一端自由，且该约束可简化为固定端。如图 8-2a 所示跳水板即可简化为图 8-2d 所示的悬臂梁。

③ 外伸梁。约束简化情况与简支梁相同，但梁的一端或两端伸出支座之外。如图 8-2b 所示的火车轮轴可简化为如图 8-2e 所示的外伸梁。

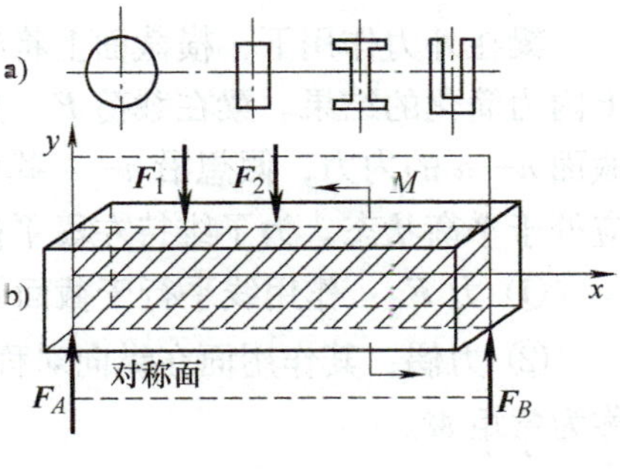

图 8-3

在进行计算时，为方便起见，用梁的轴线来表示原梁，再加上支座和载荷所得到的图形，叫做梁的计算简图，如图 8-2d、e、f 所示。支座之间的距离叫做梁的跨度。

四、载荷简化

作用在梁上的外力包括载荷和支座约束力两部分。梁上的载荷，可简化为如图 8-4 所示的三种：

① 集中载荷。图中的力 $\boldsymbol{F}$，单位是 N 或 kN。例如图 8-5 中齿轮轴上齿轮所受的径向力 $\boldsymbol{F}_{1r}$、$\boldsymbol{F}_{2r}$。

② 集中力偶。图中的 M，单位是 N · m 或 kN · m。例如图 8-5 中齿轮轴上齿轮所受的轴向力 $\boldsymbol{F}_a$ 向轴线简化时产生的附加力偶 M_e。

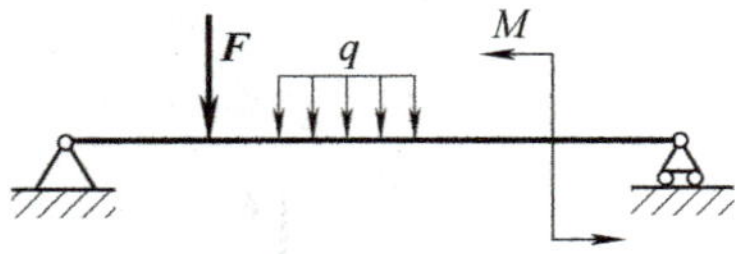

图 8-4

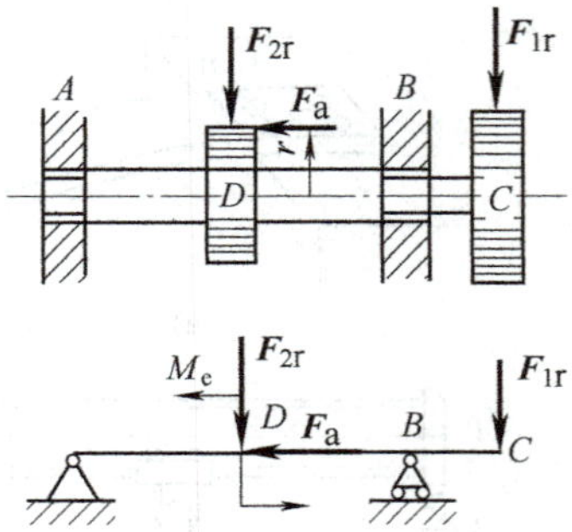

图 8-5

③ 均布载荷。图中的均布力 q，单位是 N/m 或 kN/m。如图 8-2c、f 所示桥式起重机横梁的自重。

工程上，作用在梁上的载荷一般是已知的，而支座约束力却是未知力。简支梁、悬臂梁、外伸梁的支座约束力均可通过静力平衡方程求得。

课题二　平面弯曲时横截面上的内力

一、剪力和弯矩的概念

梁在外力作用下，横截面上将有内力产生。下面以简支梁(图 8-6)为例，分析梁横截面上内力简化的结果。梁在载荷 $\boldsymbol{F}$、支座约束力 $\boldsymbol{F}_A$、$\boldsymbol{F}_B$ 的作用下保持平衡。用截面法求任意截面 n—n 的内力，假想沿 n—n 截面将梁分为两段，由于整个梁是平衡的，它的任一部分也应处于平衡状态。为了维持左段平衡，n—n 截面上必然存在两种内力分量：

① 力 $\boldsymbol{F}_Q$：作用线平行于截面并通过截面形心，称为剪力 $\boldsymbol{F}_Q$。

② 力偶：其作用面在纵向对称平面内，其力偶矩称为弯矩 M。

二、剪力和弯矩的计算法则

先利用梁的平衡方程求其支座约束力为

$$F_A = \frac{Fb}{l} \qquad F_B = \frac{Fa}{l}$$

取左段为研究对象，如图 8-6b 所示。以截面形心 C 为矩心，由平衡方程

$$\sum F_y = 0 \qquad F_A - F_Q = 0$$

得

$$F_Q = F_A = \frac{Fb}{l}$$

$$\sum M_C(\boldsymbol{F}) = 0 \qquad -F_A x + M = 0$$

得

$$M = F_A x = \frac{Fb}{l}x$$

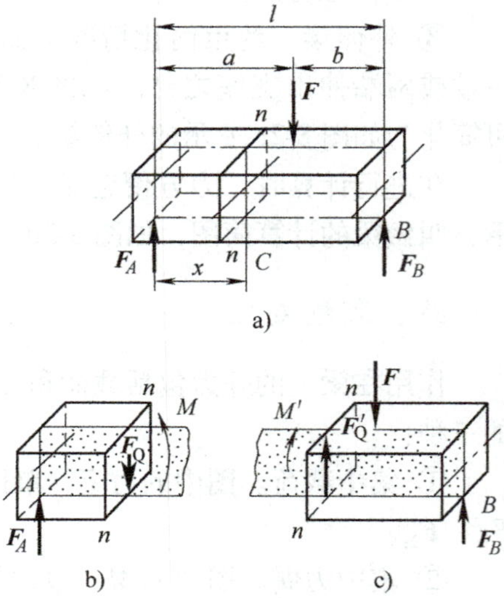

图 8-6

若取右段为研究对象，如图8-6c所示。则由平衡方程，有

$$\sum F_y = 0 \qquad F'_Q - F + F_B = 0$$

$$F'_Q = F - F_B = F - \frac{Fa}{l} = \frac{Fb}{l}$$

得

$$\sum M_C(\boldsymbol{F}) = 0 \qquad -M' - F(a-x) + F_B(l-x) = 0$$

得

$$M' = F_B(l-x) - F(a-x)$$

$$= \frac{Fa}{l}(l-x) - F(a-x)$$

$$= \frac{Fb}{l}x$$

用截面法计算横截面上的剪力和弯矩，是求弯曲内力的基本方法，在这一方法的基础上，可直接由梁上的外力求截面上的剪力与弯矩。由上面的计算可以得到剪力、弯矩的计算法则如下：某截面上剪力等于此截面一侧所有外力的代数和，即剪力 $\boldsymbol{F}_Q = \sum F_{左}$ 或 $\boldsymbol{F}_Q = \sum \boldsymbol{F}_{右}$；某截面上弯矩等于此截面一侧所有外力对该截面形心力矩的代数和，即弯矩 $M = \sum M_C(\boldsymbol{F}_{左})$ 或 $M = \sum M_C(\boldsymbol{F}_{右})$。

由上面的计算还可看出：取左段（或右段）梁为研究对象，分别求出的同一截面上的剪力及弯矩，其数值分别相等，方向或转向相反。

三、F_Q 与 M 的正负规定

为了使从左右两段梁上求得的内力符号一致，根据梁的变形情况，对剪力与弯矩的符号作如下规定：以某一截面为界，左右两段梁发生左上右下的相对错动时，该截面上剪力为正，反之为负，如图8-7a、b所示，简称左上右下为正；若某截面附近梁弯曲呈上凹下凸状时，该横截面上的弯矩为正，反之为负，如图8-7c、d所示，简称上凹下凸为正。

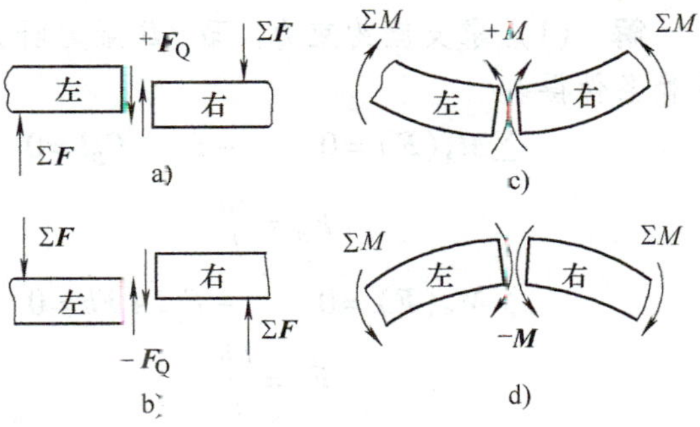

图 8-7

由图8-7a、b可看出，截面左侧向上，右侧向下的外力产生正剪力；截面左侧向下，右侧向上的外力产生负剪力。因此，由外力计算剪力时，截面左侧向上的外力为正，向下的外力为负。外力代数和为正时，剪力为正，反之为负。

由图8-7c、d可看出，截面左侧外力（包括力偶）对截面形心之矩为顺时针转向时产生正弯矩，逆时针转向时产生负弯矩；截面右侧情况与此相反。因此，由外力计算弯矩时，截面左侧对截面形心顺时针的外力矩为正，反之为负；截面右侧情况与此相反，即左顺右逆为正。

例8-1 悬臂梁受均布载荷作用，如图8-8a所示。试求距A端为 x 的截面上的剪力和弯矩。

解 (1) 求支座约束力。取 AB 梁为研究对象，由平衡条件得

$$\sum F_y = 0 \qquad F_B - ql = 0 \qquad F_B = ql$$

$$\sum M_B(\boldsymbol{F}) = 0 \qquad -M_B + ql \times \frac{l}{2} = 0 \qquad M_B = \frac{1}{2}ql^2$$

(2) 求剪力和弯矩。取距 A 端为 x 的截面左侧为研究对象，如图 8-8b 所示，得

$$F_Q(x) = -qx$$

$$M(x) = -qx \times \frac{x}{2} = -\frac{1}{2}qx^2$$

(3) 若取 x 截面右侧为研究对象，如图 8-8c 所示，得

$$F_Q(x) = q(l-x) - F_B = ql - qx - ql = -qx$$

$$M(x) = F_B(l-x) - M_B - q(l-x) \times \frac{l-x}{2} = ql(l-x) - \frac{1}{2}ql^2 - \frac{1}{2}q(l-x)^2 = -\frac{1}{2}qx^2$$

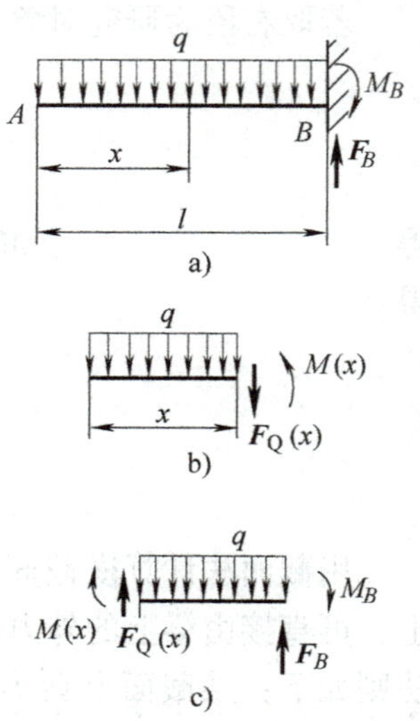

图 8-8

比较上述两种计算结果，F_Q、M 的大小与符号完全一致。显然，选取受力简单的一边为研究对象比较简便。

例 8-2 简支梁受集中力作用，如图 8-9a 所示，已知 F、a、b、l。试求指定截面上的剪力和弯矩(距离 $\Delta \to 0$)。

解 (1) 求支座约束力。取 AB 梁为研究对象，由平衡条件得

$$\sum M_A(\boldsymbol{F}) = 0 \qquad -Fa + F_B l = 0$$

$$F_B = \frac{Fa}{l}$$

$$\sum M_B(\boldsymbol{F}) = 0 \qquad -F_A l + Fb = 0$$

$$F_A = \frac{Fb}{l}$$

(2) 计算指定截面的剪力和弯矩。

C_- 截面(图 8-9b)：

$$F_{QC_-} = F_A = \frac{Fb}{l}$$

$$M_{C-} = F_A(a-\Delta) \approx F_A a = \frac{Fab}{l}$$

C_+ 截面(图 8-9c)：

$$F_{QC+} = F_A - F = \frac{Fb}{l} - F = -\frac{Fa}{l}$$

$$M_{C+} = F_A(a+\Delta) - F\Delta \approx F_A a = \frac{Fab}{l}$$

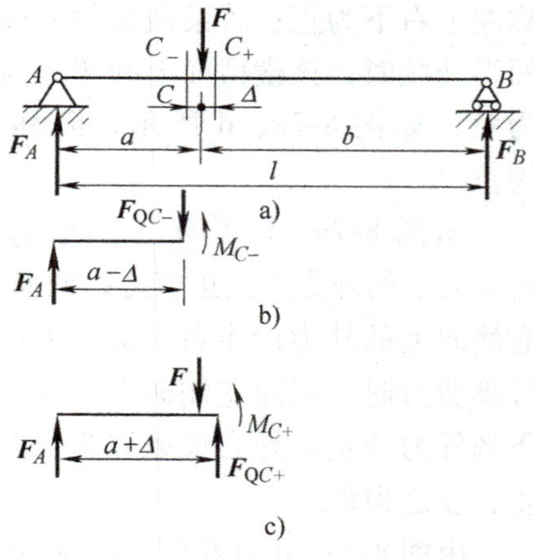

图 8-9

8 UNIT

以上两式表明：集中力左右两侧无限接近的截面上，弯矩相同($M_{C-}=M_{C+}$)；剪力值发生突变，突变值等于集中力大小。

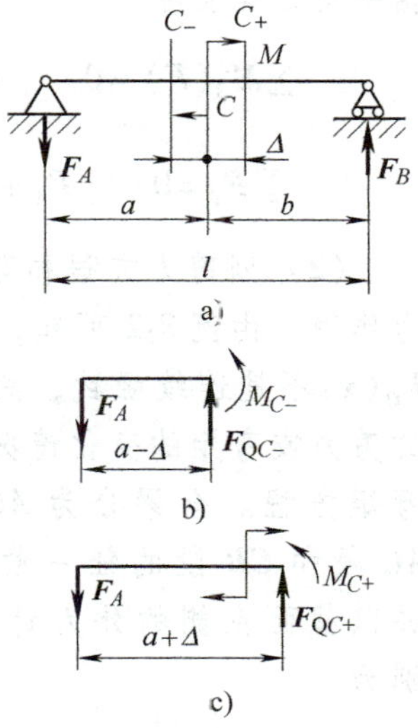

图 8-10

例 8-3 简支梁受集中力偶作用，如图 8-10a 所示，已知 M、a、b、l。试求指定截面上的剪力和弯矩(距离 $\Delta\to0$)。

解 (1) 求支座约束力。取 AB 梁为研究对象，由平衡条件得

$$F_A=F_B=\frac{M}{l}$$

(2) 计算指定截面的剪力和弯矩。

C_- 截面(图 8-10b)：

$$F_{QC-}=-F_A=-\frac{M}{l}$$

$$M_{C-}=-F_A(a-\Delta)=-F_Aa=-\frac{Ma}{l}$$

C_+ 截面(图 8-10c)：

$$F_{QC+}=-F_A=-\frac{M}{l}$$

$$M_{C+}=+F_A(a+\Delta)+M=-F_Aa+M=-\frac{Ma}{l}+M=\frac{Mb}{l}$$

以上两式表明：集中力偶左右两侧无限接近的横截面上，剪力相等($F_{QC-}=F_{QC+}$)；弯矩值发生突变，突变值等于集中力偶矩。

课题三　剪力图　弯矩图

一、由剪力、弯矩方程作图

从课题二例题可以看出，梁横截面上的剪力和弯矩随截面位置不同而变化。若以坐标 x 表示横截面在梁轴线上的位置，则各横截面上的剪力和弯矩皆可表示为 x 的函数。即

$$\begin{cases}F_Q=F_Q(x)\\M=M(x)\end{cases}$$

上面的函数表达式，即为梁的剪力方程和弯矩方程。

与绘制轴力图和扭矩图一样，我们也可用图线表示梁各横截面上剪力 F_Q 和弯矩 M 沿轴线变化的情况，这种图线分别称为剪力图和弯矩图。作图的基本方法是，平行于梁轴线的坐标 x 表示梁横截面的位置，纵坐标表示相应截面上的剪力和弯矩。下面用例题说明如何列出剪力和弯矩方程及根据这些方程绘制剪力图和弯矩图。

例 8-4 图 8-11a 所示简支梁是齿轮传动轴的计算简图。试列出它的剪力方程和弯矩方程，并作出剪力图和弯矩图。

解 (1) 求支座约束力。取整个梁为研究对象，由平衡方程求得

$$\sum M_B(\boldsymbol{F})=0 \qquad Fb-F_Al=0 \qquad F_A=\frac{Fb}{l}$$

$$\sum F_y=0 \qquad F_A+F_B-F=0 \qquad F_B=\frac{Fa}{l}$$

(2) 列剪力方程和弯矩方程。此梁在 C 点有集中力作用，由例 8-2 可知，集中力 F 两侧剪力 F_Q 突变，$F_Q(x)$不是连续函数，故用一个方程已不能描述全梁的剪力或弯矩的变化情况，必须分段列出剪力方程和弯矩方程。全梁分为 AC 和 CB 两段，设 A 为原点，AC 段和 CB 段的任一截面位置分别以 x_1、x_2 表示，并以截面左侧的外力计算 F_Q、M，则它们的方程分别为

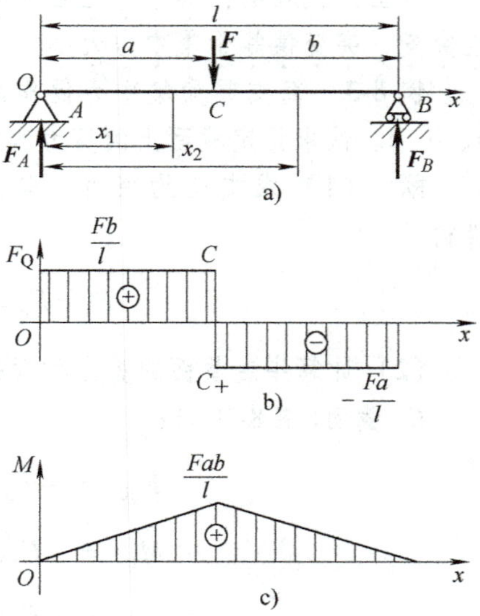

图 8-11

AC 段 $\quad F_Q(x_1)=F_A=\dfrac{Fb}{l} \quad (0<x_1<a) \qquad$ (a)

$$M(x_1)=F_Ax_1=\frac{Fb}{l}x_1 \quad (0\leqslant x_1\leqslant a) \qquad \text{(b)}$$

CB 段

$$F_Q(x_2)=F_A-F=\frac{Fb}{l}-F=-\frac{Fa}{l} \quad (a<x_2<l) \qquad \text{(c)}$$

$$M(x_2)=F_Ax_2-F(x_2-a)$$

$$=\frac{Fb}{l}(l-x_2) \quad (a\leqslant x_2\leqslant l) \qquad \text{(d)}$$

(3) 画剪力图和弯矩图。首先作两直角坐标系 xOF_Q 及 xOM 图，横轴与梁轴线平行，原点 O 与梁左端对齐，坐标 x 代表横截面位置，纵坐标分别代表对应截面的剪力和弯矩，然后按方程作图。由式(a)、(c)可知，在 AC 和 CB 两段的剪力均为常数，故此两段剪力图是与 x 轴平行的水平线，如图 8-11b 所示。由式(b)、(d)可知，在 AC 和 CB 两段弯矩均是坐标 x 的一次函数，故此两段的弯矩图为斜直线。各段两端点对应截面的弯矩，分别由式(b)、(d)确定。

AC 段 $\qquad x_1=0,\ M=0;\ x_1=a \quad M=\dfrac{Fba}{l}$

CB 段 $\qquad x_2=0,\ M=\dfrac{Fba}{l};\ x_2=l \quad M=0$

按比例描出上述各点后，以直线相连，便得弯矩图，如图 8-11c 所示。

(4) 确定 $|F_Q|_{max}$和 $|M|_{max}$。当 $a>b$ 时有

$$|F_Q|_{max}=\frac{Fa}{l}$$

$$|M|_{max}=\frac{Fab}{l}$$

当 $a=b=\dfrac{l}{2}$时，即集中力作用于梁的中点时有

$$F_{Q\max}=\frac{F}{2}\quad M_{\max}=\frac{Fl}{4}$$

由 F_Q、M 图可见：集中力 $\boldsymbol{F}$ 作用处，M 图发生转折；F_Q 图从 C_- 点突变至 C_+ 点，即当截面从左向右无限趋近截面 C 时，其上的剪力为 $\frac{Fb}{l}$，一旦越过截面 C，变为 $-\frac{Fa}{l}$，剪力发生突变。突变的数值等于

$$F_{QC_+}-F_{QC_-}=\left(-\frac{Fa}{l}\right)-\frac{Fb}{l}=-F$$

与例 8-2 的结论相符。

例 8-5 设均布载荷集度为 q，梁长 l，如图 8-12a 所示。试作剪力图和弯矩图。

解 (1) 求支座约束力。由对称性知：

$$F_A=F_B=\frac{1}{2}ql$$

(2) 列剪力方程和弯矩方程。以梁左端 A 为坐标原点，以截面左侧的外力计算距原点为 x 的任意截面上的剪力和弯矩，则它们的方程分别为

$$F_Q(x)=F_A-qx=\frac{1}{2}ql-qx\quad(0<x<l)\tag{a}$$

$$M(x)=F_Ax-qx\times\frac{x}{2}=\frac{1}{2}qlx-\frac{1}{2}qx^2\quad(0\leqslant x\leqslant l)\tag{b}$$

(3) 画剪力图和弯矩图。式(a)表明剪力是 x 的一次函数，因而剪力图是斜直线，只要确定其两点，就可画出这条斜直线。由 $x\to0$，$F_Q(x)=F_A=\frac{1}{2}ql$；$x\to l$，$F_Q(x)=F_A-ql=-\frac{1}{2}ql$ 画出剪力图，如图 8-12b 所示。式(b)表明弯矩是 x 的二次函数，因而弯矩图是抛物线，至少要根据式(b)确定三点的坐标才能画出，由

$$x=0,\ M(0)=0;\ x=\frac{l}{4},\ M\left(\frac{l}{4}\right)=\frac{3ql^2}{32}$$

$$x=\frac{1}{2},\ M\left(\frac{l}{2}\right)=\frac{1}{8}ql^2;\ x=l,\ M(l)=0$$

画出弯矩图，如图 8-12c 所示。

(4) 确定 $|F_Q|_{\max}$ 和 $|M|_{\max}$。由 F_Q、M 图可知，梁的两端截面上剪力最大；中点截面上弯矩最大。它们大小分别为

$$|F_Q|_{\max}=\frac{1}{2}ql,\quad |M|_{\max}=\frac{1}{8}ql^2$$

例 8-6 齿轮轴受集中力偶作用，如图 8-13a 所示，已知 M、a、b、l。试作剪力图和弯矩图。

解 (1) 求支座约束力。根据平衡条件 F_A 应垂直向上，F_B 垂直向下，且

$$F_A=F_B=\frac{M}{l}$$

(2) 列剪力和弯矩方程。由剪力计算法则可知，剪力的大小与集中力偶无关，因而 AC 段、CB 段各截面剪力均等于 F_A(或 F_B)。所以全梁仅有一个剪力方程

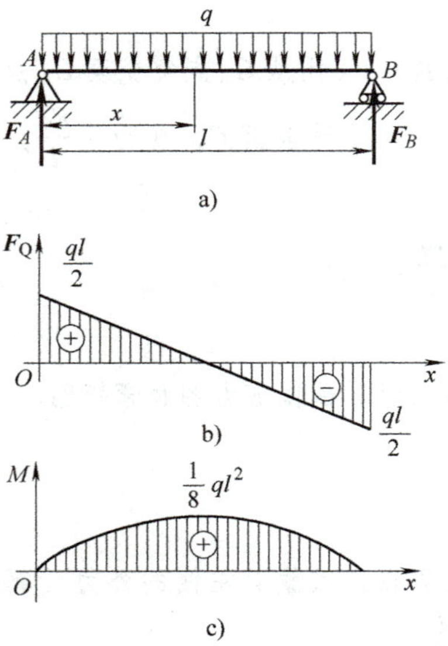

图 8-12

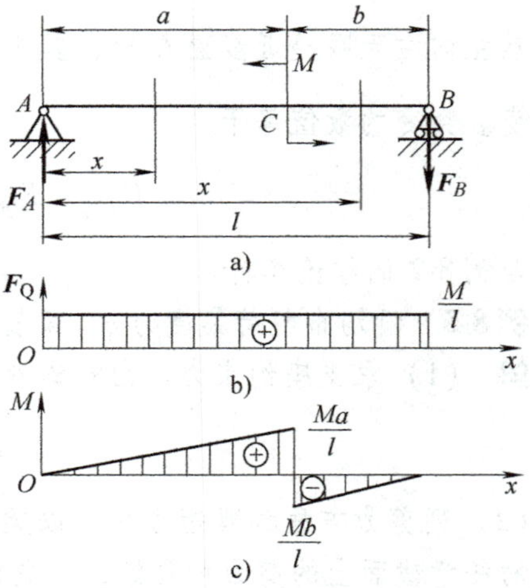

图 8-13

$$F_Q(x)=F_A=\frac{M}{l}\quad(0<x<l)\tag{a}$$

梁截面 C 处有集中力偶作用，由例 8-3 知，C 截面左右两侧弯矩值突变，故分 AC 和 CB 两段建立弯矩方程

$$M(x)=F_Ax=\frac{M}{l}x\quad(0\leqslant x<a)\tag{b}$$

$$M(x)=F_Ax-M=\frac{M}{l}x-M\quad(a<x\leqslant l)\tag{c}$$

(3) 画剪力图和弯矩图。由式(a)知，剪力图为一水平直线，纵坐标为 $\frac{M}{l}$，如图 8-13b 所示。由式(b)、(c)知弯矩图为斜直线。

由式(b)　　$x=0,\ M=0$

$$x=a-\Delta(\Delta\to0),\ M_{C-}\to\frac{Ma}{l}$$

得两点，作 AC 段弯矩图。

由式(c)　　$x=a+\Delta,\ M_{C+}\to\frac{Ma}{l}-M=-\frac{Mb}{l}$

$$x=l,\ M=0$$

得两点，作 CB 段弯矩图，如图 8-13c 所示。

(4) 确定 $|F_Q|_{max}$ 和 $|M|_{max}$。若 $a>b$，则

$$|F_Q|_{max}=\frac{M}{l},\quad |M|_{max}=\frac{Ma}{l}$$

由 F_Q、M 图可见：集中力偶 M 作用处，剪力图无变化；弯矩图从 C_- 点突变至 C_+ 点，左侧截面 C_- 的弯矩为 $\frac{Ma}{l}$，右侧截面 C_+ 的弯矩变为 $-\frac{Mb}{l}$，弯矩发生突变，突变的大

小等于

$$M_{C+}-M_{C-}=-\frac{Mb}{l}-\frac{Ma}{l}=-M$$

与例 8-3 的结论相符。

由以上例题可以得出剪力图和弯矩图的下列规律：

① 分界线之间，梁上无分布载荷作用，即 $q=0$。剪力图是平行于 x 轴的直线，弯矩图是斜直线。

② 梁在某一段内有均布载荷，即 $q=C$(常数)。剪力图是斜直线，弯矩图是抛物线。若均布载荷向下，剪力图向右下斜(＼)，弯矩图为向上凸(⌒)的抛物线；均布载荷向上，剪力图向右上斜(／)，弯矩图为向下凸的(◡)抛物线。若某截面的 $F_Q=0$，则此截面处弯矩有极值。

③ 在集中力作用处，剪力图有一突变，突变的大小与方向等于集中力(自左向右作图)，M 图发生转折。

在集中力偶作用处，弯矩图将产生突变，突变的大小等于外力偶矩的数值。自左向右作图时，若力偶为顺时针转向，弯矩图向上突变；若力偶为逆时针转向，弯矩图向下突变。

二、F_Q、M 图的简捷作法

由上述可知，根据 F_Q、M 图的特点，便可判断 F_Q、M 图的大致形状。因而作图时，无须建立 F_Q、M 方程，而直接根据 F_Q、M 图的特点绘制，既简便又迅速。下面举例说明。

例 8-7 试用简捷作法作图 8-14a 所示简支梁的剪力图和弯矩图。

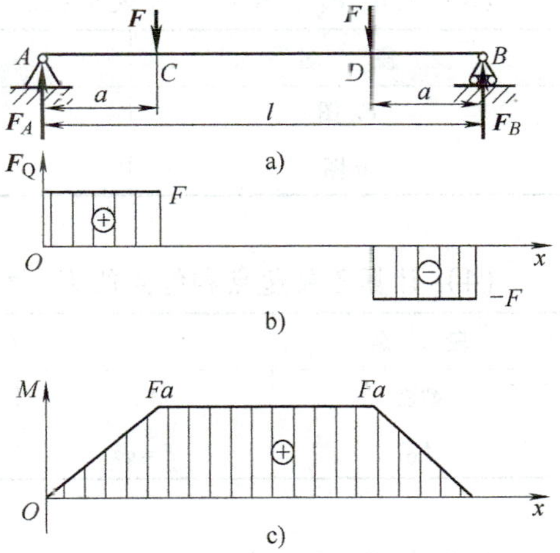

图 8-14

解 (1) 求支座约束力。由对称性知：

$$F_A=F_B=F$$

(2) 分段。梁应分 AC、CD、DB 三段。

(3) 判断 F_Q、M 图的大致形状。各段上 $q(x)=0$，F_Q 图为水平线，M 图为斜直线。

(4) 分段画 F_Q 图。因 F_Q 图为水平线，所以只需确定每段 F_Q 图上任一点的纵坐标，即每段任一截面的 F_Q 值，列表如下：

段　名	AC	CD	DB
F_Q	$F_A=F$	$F_A-F=0$	$F_A-F-F=-F$

根据以上数据，按比例作水平线，即得 F_Q 图，如图 8-14b 所示。

(5) 分段作 M 图。M 图为斜直线，需确定直线上两点的坐标。将各段起点和终点的 M 值列表如下：

段　名	AC		CD		DB	
截面	A_+	C_-	C_+	D_-	D_+	B_-
M	0	$F_A \cdot a = Fa$	$F_A \cdot a = Fa$	$F_A \cdot a = Fa$	$F_A \cdot a = Fa$	0

由此得四点$(0,0)$、(a,Fa)、$(l-a,Fa)$、$(l,0)$。然后按比例描点、连线，便得弯矩图，如图 8-14c 所示。

例 8-8 试用简捷作法作图 8-15a 所示梁的剪力图和弯矩图，并确定$|F_Q|_{max}$和$|M|_{max}$。

解 (1) 求支座约束力(单纯作图可不求，但求出后有利于检验)。

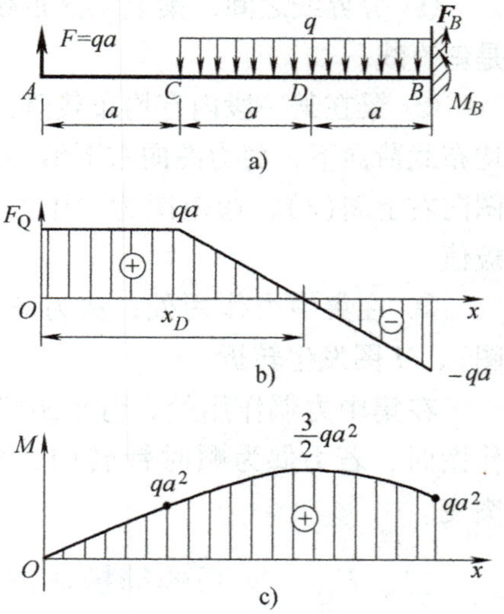

图 8-15

$$\sum M_B(\boldsymbol{F})=0$$

$$-F\times 3a+2q^a\times a+M_B=0$$

得
$$M_B=qa^2$$

$$\sum M_A(\boldsymbol{F})=0 \qquad -q\times 2a\times 2a+F_B\times 3a+M_B=0$$

得
$$F_B=qa$$

(2) 分段。分 AC 和 CB 两段。

(3) 判断 F_Q、M 图的大致形状。

段　名	$AC(q=0)$	$CB(q<0)$
F_Q 图	—	＼
M 图	／	⌒

(4) 计算各段起点和终点的 F_Q 值。

段　名	AC		CB	
截面	A_+	C_-	C_+	B_-
F_Q	$F=qa$	$F=qa$	$F=qa$	$F-2qa=-qa$

(5) 作 F_Q 图。描点$(0,qa)$、(a,qa)、$(3a,-qa)$，连线得 F_Q 图，如图8-15b所示。

(6) 计算 M 值，并作 M 图。CB 段的 M 图为曲线，由 F_Q 图可见，CB 段的 D 截面

$$F_Q=0 \qquad \frac{dM}{dx}=F_Q=0$$

M 有极值。因此，除了计算起点和终点的 M 值外，还需计算 D 截面的 M 值，由三点描 M 图。因 $F_{QD}=F-q(x_D-a)=qa-qx_D+qa=0$

得
$$x_D=2a$$

段名	AC		CB		
截面	A_+	C	C_-	D	B_-
M	0	$Fa=qa^2$	$Fa=qa^2$	$F\times 2a-qa\times\dfrac{a}{2}$ $=\dfrac{3}{2}qa^2$	$F\times 3a-2qa\times a$ $=M_B=qa^2$

描点(0,0)、(a,qa^2)、$\left(2a,\dfrac{3}{2}qa^2\right)$、$(3a,qa^2)$连线，得弯矩 M 图，如图 8-15c 所示。

课题四　纯弯曲时横截面上的应力

一、纯弯曲的概念

在图 8-16a 中，简支梁上的两个外力 F 对称地作用于梁的纵向对称平面内，其计算简图、剪力图和弯矩图分别如图 8-16b、c、d 所示。从图中看出，在 AC 和 DB 段内，梁的各个横截面上既有剪力又有弯矩，梁发生弯曲变形的同时，还伴有剪切变形，这种平面弯曲称为**横力弯曲**；在 CD 段内，梁的各个横截面上剪力等于零，而弯矩为常量，这种平面弯曲为**纯弯曲**。

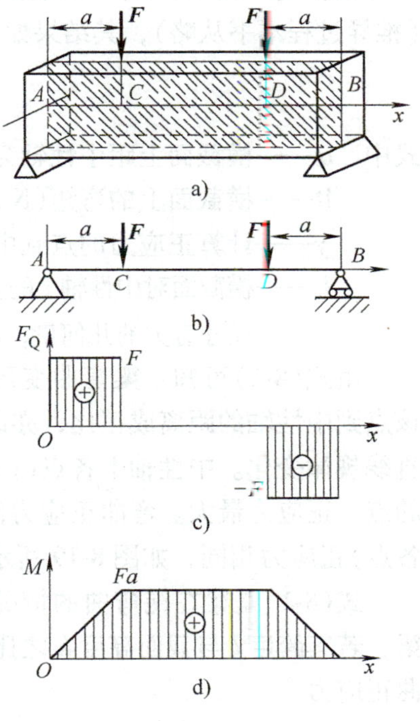

图　8-16

二、纯弯曲时梁横截面上的正应力

研究纯弯曲时梁横截面上的应力分布规律，我们仿照分析扭转切应力分布规律的方法，以试验为基础，提出假设，从变形的几何、物理、静力等方面综合考虑来解决。

1. 变形现象和假设

取一矩形截面梁，在梁的表面上作出与梁轴线平行的纵向线 aa、bb 和与纵向线垂直的横向线 nn、qq，分别代表平行轴线的纵向纤维和横截面的边框线。然后，在梁的纵向对称平面内施加两个等值、反向的力偶 M，使此梁发生纯弯曲，如图 8-17 所示。

观察其变形现象可以发现：

① 横向线在变形后仍为直线且仍与纵向线垂直，但发生了相对转动。

② 纵向线变成了曲线，靠近凹边的线段缩短，如 $a'a'$；凸边的线段伸长，如 $b'b'$。

由于变形的连续性，中间必有一层纤维的长度不变，这一层纤维称为**中性层**，如图 8-18 所示，中性层是梁上拉伸区与压缩区的分界面。中性层与横截面的交线，称为**中性轴**(z)。可以证明，中性轴必然通过横截面的形心，变形时，横截面绕中性轴发生相对转动。因中性层以上各纵向纤维缩短，对应横截面上各点为压应力；中性层以下各纵向纤维伸长，对应横截面上各点为拉应力，而在中性轴处应力为零。所以，中性轴是横截面上压应力和拉应力的分界线。

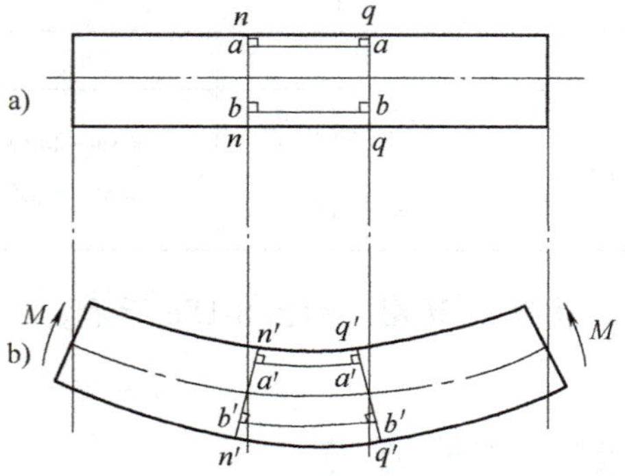

图 8-17

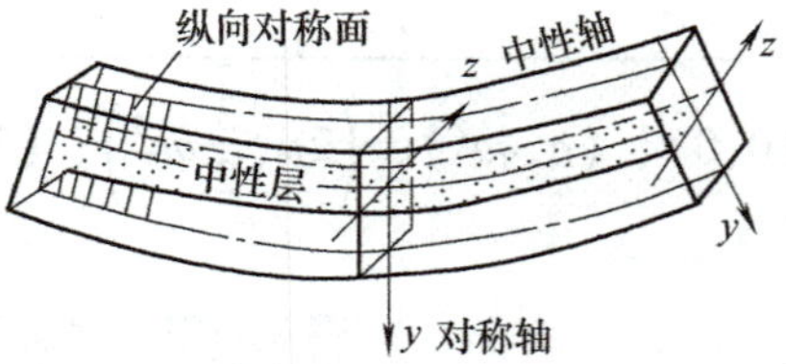

图 8-18

2. 纯弯曲时梁横截面上的应力

根据变形现象，经严密的数学推导可以得出纯弯曲时横截面上任一点的正应力计算公式（推导过程本书从略），其结果如下

$$\sigma = \frac{My}{I_z} \tag{8-1}$$

式中 σ——横截面上距中性轴为 y 的各点正应力(MPa)；

M——横截面上的弯矩(N·m)；

y——计算正应力的点到中性轴的距离(m)；

I_z——横截面对中性轴 z 的惯性矩(m^4)，它表示截面的几何性质，是一个仅与截面形状和尺寸有关的几何量，反映了截面的抗弯能力，常用单位除 m^4 外，还有 cm^4 和 mm^4。

由式(8-1)可知：梁弯曲变形时，横截面上任意点的正应力与该点到中性轴的距离成正比，亦即横截面上的正应力沿截面高度按直线规律变化。中性轴上各点($y=0$)，正应力为零；离中性轴最远的点，正应力最大。弯曲正应力沿截面宽度方向(距中性轴等矩的各点)正应力相同，如图 8-19 所示。

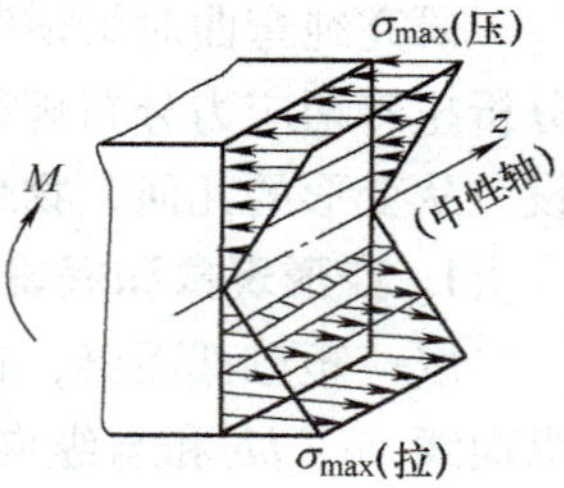

图 8-19

式(8-1)是梁在纯弯曲的情况下建立起来的，对于横力弯曲的梁，若其跨度 l 与截面高度 h 之比 l/h 大于5，仍可使用该式计算弯曲正应力。

课题五 梁的正应力强度计算

一、最大弯曲正应力

强度计算需要确定最大应力值，产生最大应力的截面和点，分别称为危险截面和危险点。弯曲时，横截面上离中性轴最远的点($y=y_{max}$)，正应力值最大。

$$\sigma_{max} = \frac{M}{I_z}y_{max} = \frac{M}{I_z/y_{max}}$$

令

$$I_z/y_{max} = W_z \tag{8-2}$$

则
$$\sigma_{\max}=\frac{M}{W_z} \tag{8-3}$$

二、抗弯截面系数

式(8-2)中，W_z 称为抗弯截面系数，它是仅与截面形状和尺寸有关的几何量，其常用单位是 m^3、cm^3 和 mm^3。从式(8-3)可以看出，当弯矩不变时，W_z 越大，$\sigma_{\max}$就越小，所以 W_z 是反映直梁横截面抵抗弯曲破坏能力的几何量。

当横截面形状关于中性轴对称时，如矩形、圆形、工字形等截面，其受拉和受压边缘到中性轴距离相等，因而，最大拉应力 σ_{bmax}等于最大压应力 σ_{cmax}，如图 8-20 所示。矩形和圆形的抗弯截面系数分别为

矩形
$$y_{\mathrm{b}}=y_{\mathrm{c}}=\frac{1}{2}h$$

$$W_z=\frac{I_z}{\frac{1}{2}h}=\frac{\frac{1}{12}bh^3}{\frac{1}{2}h}=\frac{1}{6}bh^2$$

圆形
$$y_{\mathrm{b}}=y_{\mathrm{c}}=\frac{1}{2}D$$

$$W_z=\frac{I_z}{\frac{1}{2}D}=\frac{\frac{1}{64}\pi D^4}{\frac{1}{2}D}=\frac{1}{32}\pi D^3\approx 0.1D^3$$

当横截面不对称于中性轴时，例如图 8-21 中的 T 形截面，其最大拉应力和

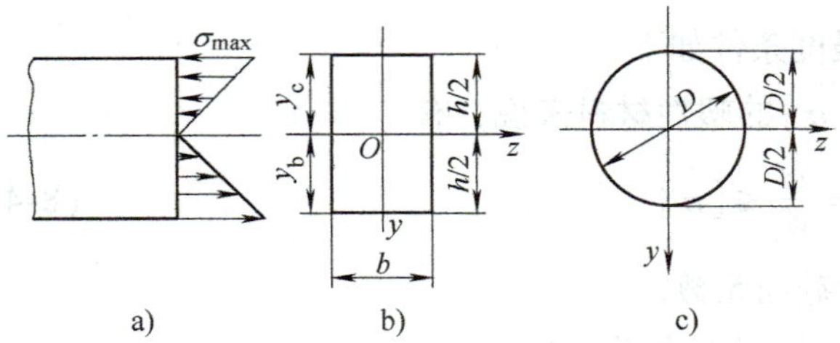

图 8-20

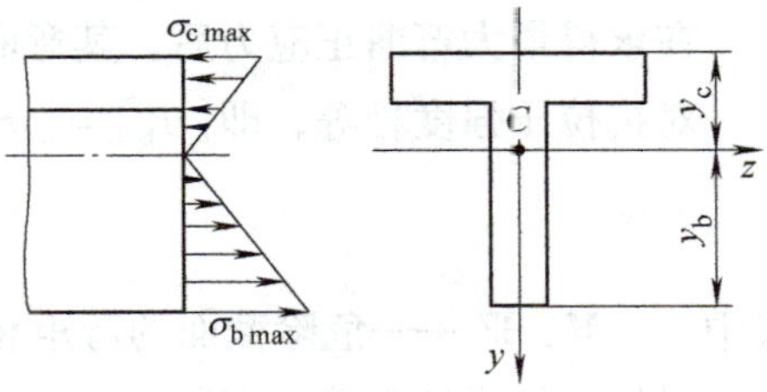

图 8-21

最大压应力并不相等。这时应分别把 y_{b} 和 y_{c} 代入式(8-1)，计算最大拉应力和最大压应力，其中

$$\sigma_{\mathrm{b\,max}}=\frac{M}{I_z}y_{\mathrm{b}} \qquad \sigma_{\mathrm{c\,max}}=\frac{M}{I_z}y_{\mathrm{c}}$$

其他截面形状的抗弯截面系数可查表 8-1，各种型钢的抗弯截面系数，可在型钢表中查到。

表 8-1 常用截面的几何性质计算公式

截面图形	轴惯性矩	抗弯截面系数
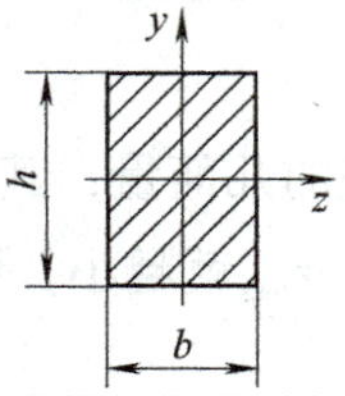	$I_z = \dfrac{bh^3}{12}$ $I_y = \dfrac{hb^3}{12}$	$W_z = \dfrac{bh^2}{6}$ $W_y = \dfrac{hb^2}{6}$
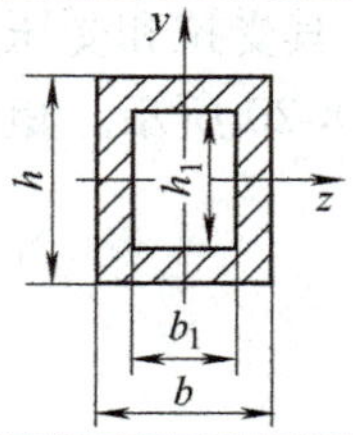	$I_z = \dfrac{bh^3 - b_1 h_1^3}{12}$ $I_y = \dfrac{b^3 h - b_1^3 h_1}{12}$	$W_z = \dfrac{bh^3 - b_1 h_1^3}{6h}$ $W_y = \dfrac{b^3 h - b_1^3 h_1}{6b}$
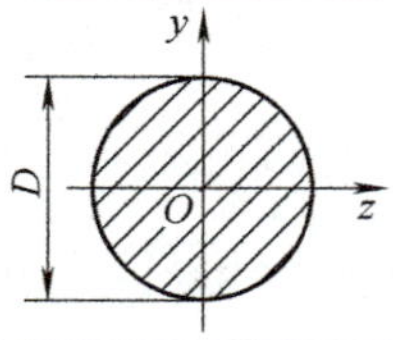	$I_z = I_y = \dfrac{\pi D^4}{64} \approx 0.05D^4$	$W_z = W_y = \dfrac{\pi D^3}{32} \approx 0.1D^3$
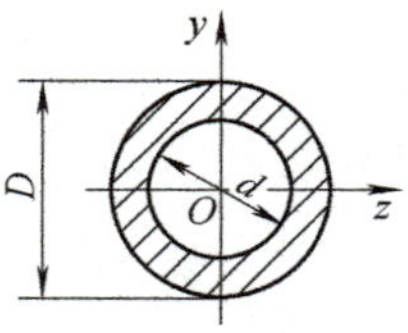	$I_z = I_y = \dfrac{\pi}{64}(D^4 - d^4) =$ $\dfrac{\pi}{64}D^4(1-\alpha^4) \approx 0.05D^4(1-\alpha^4)$ 式中 $\alpha = \dfrac{d}{D}$	$W_z = W_y = \dfrac{\pi D^3}{32}(1-\alpha^4)$ $\approx 0.1D^3(1-\alpha^4)$ 式中 $\alpha = \dfrac{d}{D}$

三、弯曲正应力强度条件及其应用

在求得最大弯曲正应力后，其弯曲的强度条件如下。

对抗拉压强度相等，即$[\sigma_b]=[\sigma_c]=[\sigma]$的塑性材料来说，有

$$\sigma_{\max} = \frac{M}{W_z} \leqslant [\sigma] \tag{8-4}$$

式中 M、W_z——危险截面的弯矩和抗弯截面系数。

对抗拉压强度不等，即$[\sigma_b] \neq [\sigma_c]$的脆性材料来说，有

$$\sigma_{b\max} = \frac{M}{I_z} y_b \leqslant [\sigma_b]$$

$$\sigma_{c\max} = \frac{M}{I_z} y_c \leqslant [\sigma_c] \tag{8-5}$$

根据上述强度条件，可以用来解决强度校核、设计截面和确定许可载荷这三类问题。

例 8-9 图 8-22a 所示为一螺旋压板夹紧装置，已知工件受压紧力 $F=2\text{kN}$，板长 $3a=300\text{mm}$，压板材料的弯曲许用应力$[\sigma]=160\text{MPa}$。试校核压板的强度。

解 压板可简化为图 8-22b 所示的外伸梁。

(1) 作弯矩图，判断危险截面。弯矩图如图 8-22c 所示，C 截面弯矩最大，且有螺栓

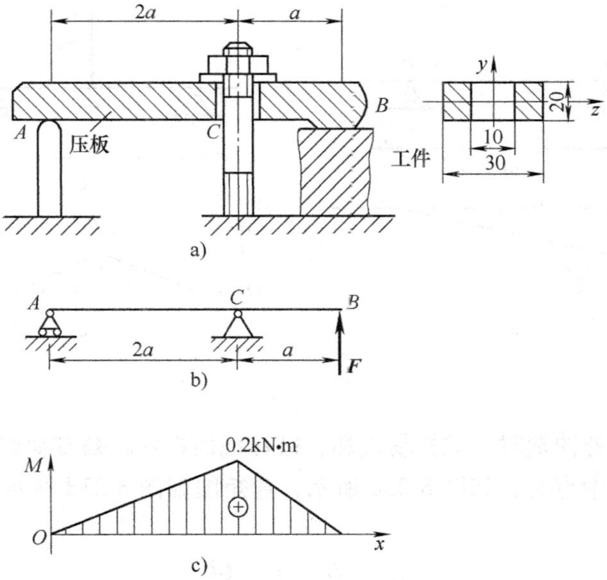

图 8-22

孔，抗弯截面系数 W_z 最小，为危险截面。其上弯矩

$$M_{\max}=Fa=2\times0.1\text{kN}\cdot\text{m}=0.2\text{kN}\cdot\text{m}$$

（2）计算危险截面的抗弯截面系数 W_z。截面对中性轴的惯性矩

$$I_z=\frac{30\times20^3}{12}\text{mm}^4-\frac{10\times20^3}{12}\text{mm}^4=1.33\times10^4\text{mm}^4$$

而
$$y_{\max}=\frac{20}{2}\text{mm}=10\text{mm}$$

故
$$W_z=\frac{I_z}{y_{\max}}=\frac{1.33\times10^4}{10}\text{mm}^3=1.33\times10^3\text{mm}^3$$

（3）校核压板的强度。

$$\sigma_{\max}=\frac{M_{\max}}{W_z}=\frac{0.2\times10^6}{1.33\times10^3}\text{MPa}$$
$$=150\text{MPa}<[\sigma]$$
$$=160\text{MPa}$$

故压板的强度足够。

例 8-10 如图 8-1 所示，双杠的长度均为 $l=4a$，为什么做成这样？运动员在哪个位置时双杠最易破坏，破坏截面在哪里？

解 （1）受力分析。运动员在双杠上受重力 $\boldsymbol{G}$ 和双杠支持力而平衡，取双杠中的一根为研究对象。

（2）画弯矩图，判定危险截面。

①当运动员在外伸端时，如图 8-23a 所示，弯矩图如图 8-23b 所示，A 截面弯矩最大，且

$$|M_A|\frac{Ga}{2}$$

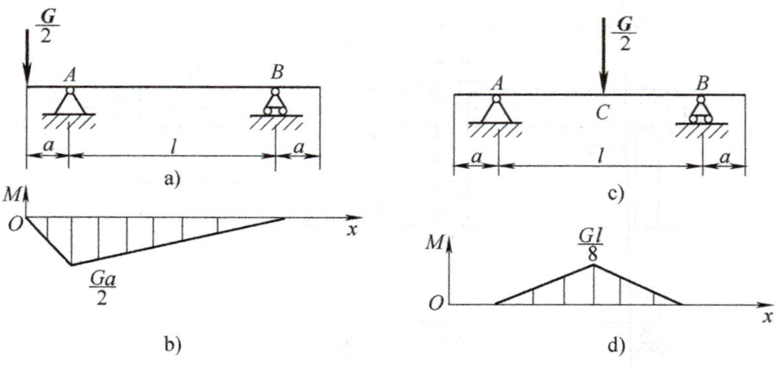

图 8-23

故当运动员位于外伸端时，双杠易破坏，破坏截面在双杠被支撑的截面。

②当运动员在梁中点时，如图 8-23c 所示，弯矩图如图 8-23d 所示，梁中点截面 C 弯矩最大，且

$$M_C=\frac{G}{4}\times\frac{l}{2}=\frac{Gl}{8}。$$

故当运动员位于双杠中点时双杠易破坏，破坏截面为双杠的中点截面。

（3）确定 a 值。

$$\sigma_A=\frac{M_A}{W_z}=\frac{\frac{Ga}{2}}{W_z}\leqslant[\sigma]$$

$$\sigma_C=\frac{M_C}{W_z}=\frac{\frac{Gl}{8}}{W_z}\leqslant[\sigma]$$

从强度角度考虑，因为 $|\sigma_A|=|\sigma_C|$ 时双杠安全性最好，即

$$\frac{\frac{Ga}{2}}{W_z}=\frac{\frac{Gl}{8}}{W_z}$$

由此可得 $$l=4a$$

例 8-11 T 形截面梁的受力及约束情况如图 8-24a 所示，材料的许用拉应力 $[\sigma_b]=32\text{MPa}$；许用压应力 $[\sigma_c]=70\text{MPa}$，T 形截面对形心轴 z 的惯性矩 $I_z=4.03\times10^7\text{mm}^4$，且 $y_1=61\text{mm}$。试校核梁的弯曲强度。

解 （1）作弯矩图，判断危险截面。弯矩图如图 8-24b 所示，由于梁材料的抗拉压强度不同，梁截面又不对称于中性轴，所以图示最大正弯矩截面和最大负弯矩截面均可能是危险截面。

（2）校核强度

① 最大负弯矩截面：B 截面

上边缘处有最大拉应力

$$\sigma_{b\max}=\frac{M_By_1}{I_z}=\frac{20\times10^6\times61}{4.03\times10^7}\text{MPa}=30.3\text{MPa}<[\sigma_b]$$

下边缘处有最大压应力

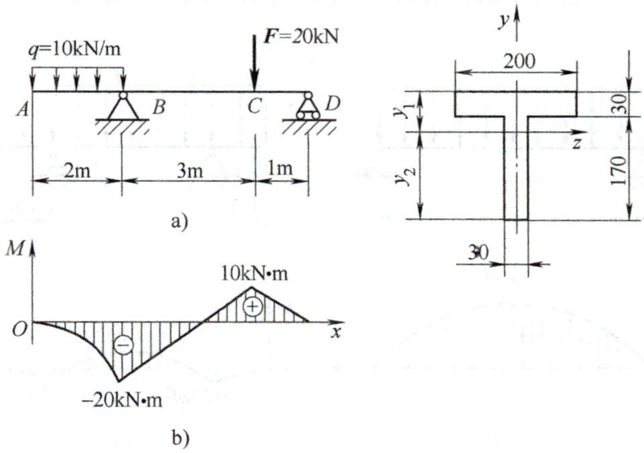

图 8-24

$$\sigma_{c\max}=\frac{M_B y_2}{I_z}=\frac{20\times10^6\times(30+170-61)}{4.03\times10^7}\text{MPa}=69\text{MPa}<[\sigma_c]$$

② 最大正弯矩截面：C 截面

上边缘处有最大压应力，但因 $M_C\leqslant|M_B|$，且 $y_1(=61)<y_2(=139)$，故该压应力必小于 B 截面下边缘处的最大压应力，无需校核。

下边缘处有最大拉应力

$$\sigma_{b\max}=\frac{M_C y_2}{I_z}=\frac{10\times10^6\times(30+170-61)}{4.03\times10^7}\text{MPa}=34.5\text{MPa}>[\sigma_b]$$

所以该梁不安全。

由计算可知，虽然 $M_C<|M_B|$，但因产生最大拉应力的下边缘距中性轴较远，所以出现了比 B 截面还大的拉应力，使梁在此处可能破坏。

课题六　提高弯曲强度的主要措施

提高梁的强度，就是在材料消耗最低的前提下，提高梁的承载能力，从而满足既安全又经济的要求。

从弯曲强度条件

$$\sigma_{\max}=\frac{M_{\max}}{W_z}\leqslant[\sigma]$$

可以看出，要提高梁的承载能力应从两方面考虑：一方面是合理安排梁的受力情况，以降低 $M_{\max}$ 的数值；另一方面则是采用合理截面，以提高抗弯截面系数 W_z 的数值，充分利用材料的性能。下面将分成三点进行讨论。

一、降低最大弯矩值 $M_{\max}$

梁的最大弯矩值 $M_{\max}$ 不仅取决于外力的大小，而且还取决于外力在梁上的分布。力的大小由工作需要而定，而力在梁上分布的合理性，可通过支座与载荷的合理布置达到。

例如图 8-25a 所示，在均布载荷作用下的简支梁，最大弯矩为

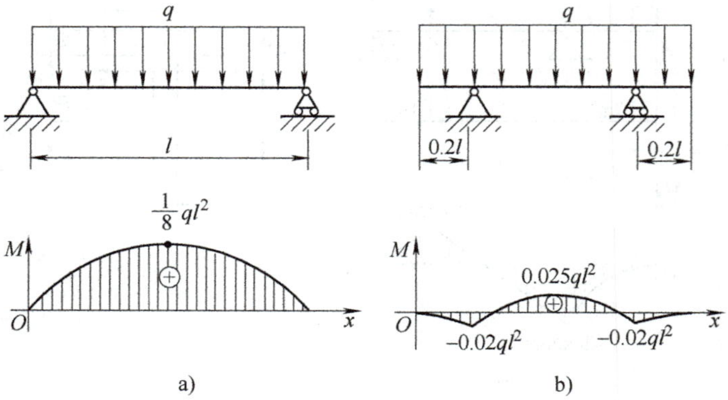

图 8-25

$$M_{\max}=\frac{1}{8}ql^2$$

若将两端支承各自向里移动 0. 2l，如图 8-25b 所示，则最大弯矩减小为

$$M_{\max}=\frac{1}{40}ql^2=0.025ql^2$$

仅为前者的$\frac{1}{5}$。图 8-26a 所示的龙门起重机大梁、图 8-26b 所示的锅炉筒体等，都可简化为受均布载荷作用的梁，其支承点都不在两端点而是向里移动了一段距离，就是为了降低 $M_{\max}$，并使结构紧凑，从强度观点来看，是非常合理的。

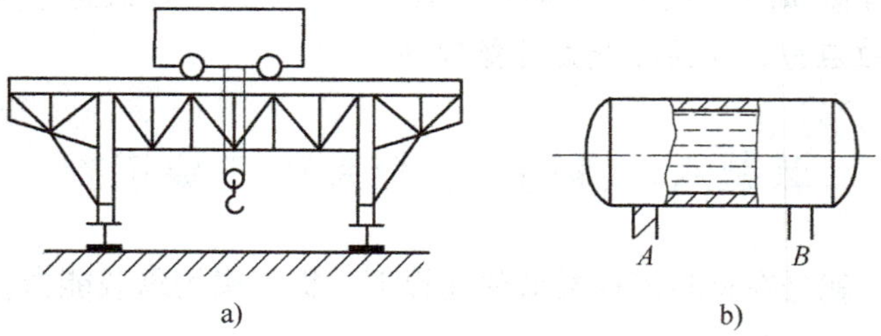

图 8-26

例如图 8-27a 所示简支梁 AB，集中力 $\boldsymbol{F}$ 作用于梁的中点，则 $M_{\max}=\frac{1}{4}Fl$；若按图 8-27b 所示，将 $\boldsymbol{F}$ 移至距支座 A 点$\frac{1}{6}l$ 处，则 $M_{\max}=\frac{5}{36}Fl$。相比之下，后者的最大弯矩就减少近一半。机器中常见某些齿轮轴，把齿轮安装在紧靠轴承处，这就是使轴上的集中力靠近支座，可大大减小轴的最大弯矩。

此外，在结构允许的前提下，应尽可能把集中力改变为分散的较小的集中力。例如把作

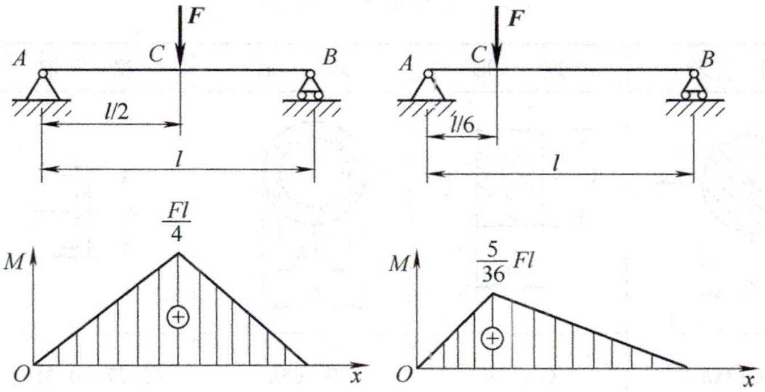

a)　　b)

图　8-27

用于简支梁中点的力 $\boldsymbol{F}$ 分散成两个分散作用的集中力$\frac{\boldsymbol{F}}{2}$，如图8-28a所示，则最大弯矩 M_{max} 将由$\frac{1}{4}Fl$ 降低为$\frac{1}{6}Fl$。某厂装配车间就利用这个方法，用4t 的起重机起吊了6t 的设备，图8-28b 是这个装置的简图。

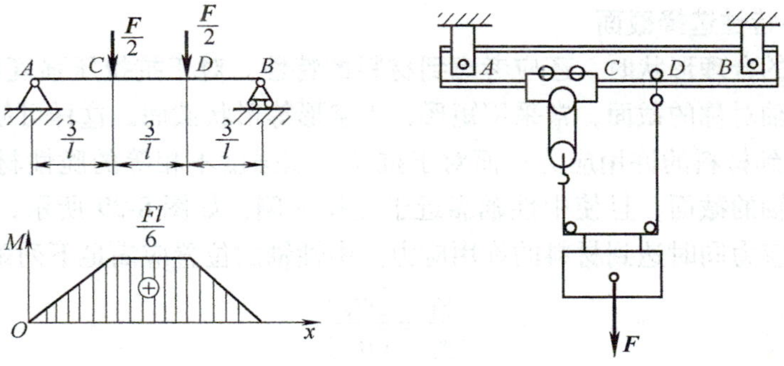

a)　　b)

图　8-28

二、选择合理的截面形状

1. 根据截面的几何特性选择截面

若把弯曲正应力的强度条件改写成

$$M_{max} \leqslant [\sigma] W_z$$

可见，梁可能承受的 M_{max} 与抗弯截面系数 W_z 成正比，W_z 越大越有利；另一方面，使用材料的多少与自重的大小，则与截面面积 A 成正比，面积越小越经济，越轻巧。因而合理的截面形状应该是截面积 A 较小而抗弯截面系数 W_z 较大，可用比值$\frac{W_z}{A}$来衡量截面形状的合理性和经济性。现将几种常用截面的比值$\frac{W_z}{A}$列表 8-2。

表 8-2 几种常用截面的比值$\frac{W_z}{A}$

	圆 形	矩 形	环 形	槽 钢	工 字 钢
截面形状	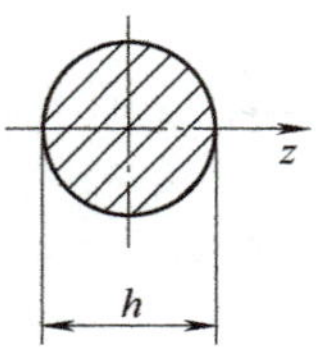	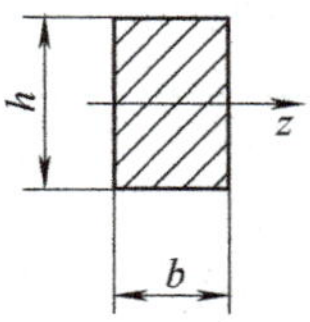	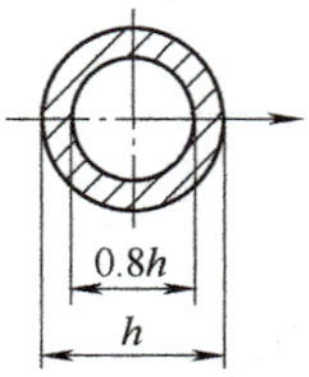	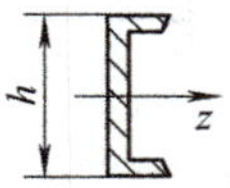	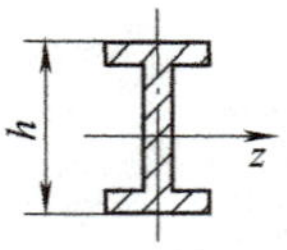
$\frac{W_z}{A}$	0.125h	0.167h	0.205h	(0.27～0.31h)	(0.27～0.31h)

从表中所列数值可看出：工字钢或槽钢优于环形，环形优于矩形，矩形优于圆形。其原因是中性轴附近的正应力很小，该处材料的作用未充分发挥，将它们移置到离中性轴较远处，可使材料得到充分利用。因此选择合理截面的原则是使尽量多的材料分布到弯曲正应力较大的、远离中性层的边缘区域；在中性层附近区域留用少量材料，以使材料得到充分使用。所以桥式起重机的大梁以及其他钢结构中的抗弯杆件，经常采用工字形、槽形等截面。

2. 根据材料特性选择截面

在讨论截面的合理形状时，还应考虑到材料的特性。对于抗拉压强度相等的塑性材料，可选用关于中性轴对称的截面，常采用矩形、工字形等形状截面，这样可使截面上的最大拉(压)应力同时达到材料的许用应力；而对于抗拉、压强度不相等的脆性材料，宜采用T形等不对称于中性轴的截面，且使中性轴靠近于受拉一侧，如图8-29所示，这样能实现最大拉应力和最大压应力同时达到材料的许用应力。中性轴的位置应满足下列条件

$$\frac{y_b}{y_c}=\frac{[\sigma_b]}{[\sigma_c]}$$

三、采用等强度梁

前面讨论的梁都是等截面的，W为常数。但一般情况下，梁横截面上的弯矩是随截面位置变化而变化的。对于等截面梁来说，只有在弯矩为最大值的截面上，最大应力才有可能接近许用应力，其余各截面上弯矩较小，应力也就较低，材料没有充分利用。从强度观点看，如果在弯矩较大处采用较大的截面，在弯矩较小处采用较小的截面，就比较合理，为此，采用变截面梁，使各截面的最大应力都达到许用应力，这种梁称为等强度梁。设在梁上任一截面的弯矩为$M(x)$，而截面的抗弯截面系数为$W(x)$，根据上述等强度梁的要求，应有

$$\sigma_{max}=\frac{M(x)}{W(x)}\leqslant[\sigma]$$

如图8-30所示，简支梁中点受集中力作用时，虚线表示的是圆截面的等强度梁。但考虑到加工的方便和结构上的要求，常用阶梯轴来代替理论上的等强度梁。

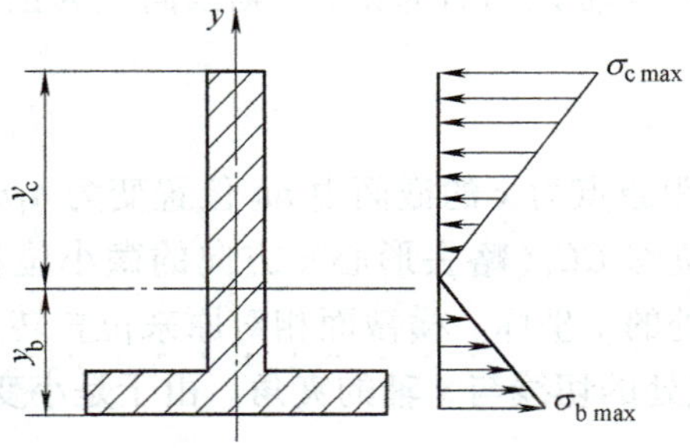

图 8-29

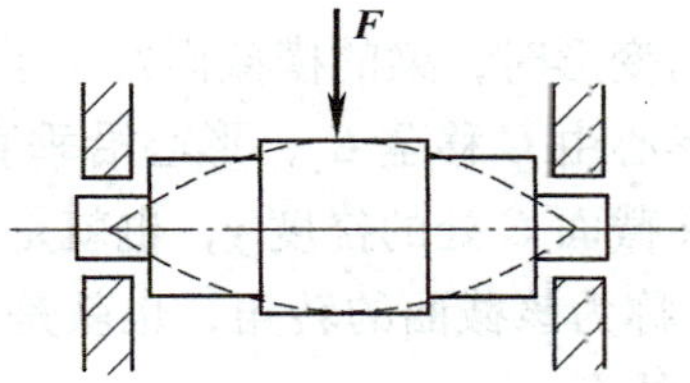

图 8-30

课题七 梁的变形及计算

一、梁变形的实例及其度量

设计弯曲构件时，除了满足强度条件外，通常还要满足刚度方面的要求，以防止构件产生过大的弯曲变形，保证构件能正常工作。例如车床主轴，若其变形过大（图 8-31a），将影响齿轮的啮合，引起轴承的不均匀磨损，产生噪声，降低寿命，而且还会影响加工精度；再如桥式起重机大梁 AB（图 8-31b），过大变形使起重机产生爬坡现象，引起振动，不能平稳地吊起重物。因此，必须限制梁的弯曲变形。

弯曲变形虽然有其不利的一面，但也有其可利用的一面。例如车辆上的钢板弹簧，就是利用弯曲变形来缓冲车辆振动的。因此，为了限制和利用梁的变形，要求我们掌握弯曲变形的计算方法。

计算梁的变形时，常将梁的变形简化（图 8-32）。当梁发生弯曲变形时，轴线由直线变为连续而光滑的平面曲线，称为挠曲线。

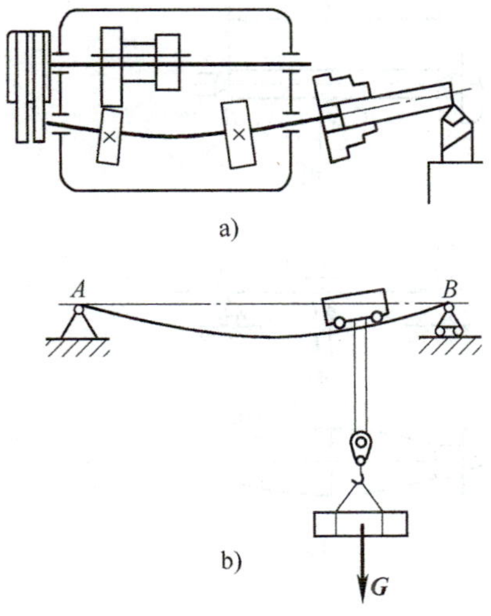

图 8-31

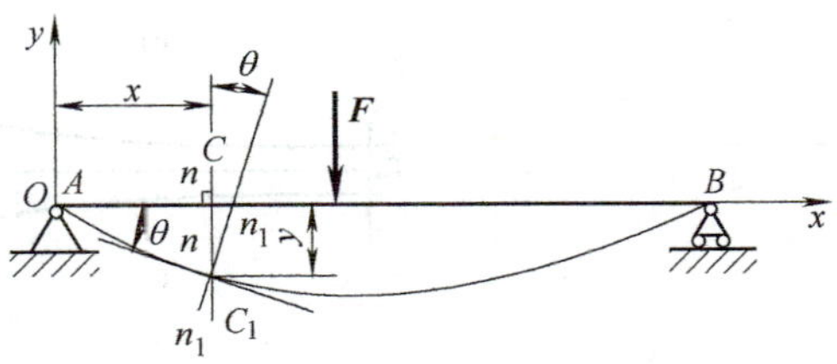

图 8-32

按照图 8-32 选取坐标，坐标原点取在梁的左端，x 轴以向右为正，y 轴以向上为正，则挠曲线方程为

$$y=f(x)$$

弯曲变形时，梁的横截面发生了移动和转动，距原点为 x 的截面由 nn 位置变为 n_1n_1 位置，其形心由 C 移至 C_1，形心沿垂直轴线方向的位移 CC_1（略去形心 x 方向的微小位移），称为梁在截面 C 处的挠度 y，也就是挠曲线在该点处的 y 坐标。横截面相对原来位置转过的角度 θ，称为该截面的转角，也就是挠曲线在 C_1 点处的切线与 x 轴的夹角。由于是小变形，θ 很小，故有

$$\theta \approx \tan\theta = y' = f'(x)$$

即截面的转角，近似等于挠曲线方程对 x 的一阶导数。

挠度和转角反映了梁变形时，横截面移动和转动的大小，是度量梁变形的两个基本量，其大小由挠曲线方程及其一阶导数确定。正负规定：在图示坐标中，x 轴以上的挠度为正，以下为负；逆时针转向的转角为正，顺时针转向的转角为负。

二、梁在简单载荷作用下的变形

通过上面分析，显然，研究弯曲变形的关键在于确定挠曲线方程，从而求出梁的挠度和转角。在表 8-3 中，我们给出了各种梁在各种单一载荷下的挠曲线方程、端截面转角及最大挠度，以便直接查用；或利用这些表格，根据叠加原理，解决受各种载荷作用下梁的变形问题。

从表 8-3 可以看出：梁的变形反比于 EI，说明 EI 表示梁抵抗弯曲变形能力的大小，因此，EI 称为梁的抗弯刚度。

例 8-12 在车床上用三爪卡盘夹持一细长的工件进行车削加工，如图 8-33a 所示。设工件长 $l=100\text{mm}$，直径 $D=15\text{mm}$，$E=210\text{GPa}$，切削力 $F=2\text{kN}$。试求弯曲变形产生的误差。若工件两端改用顶针支承，如图8-32d所示，则误差为多少？

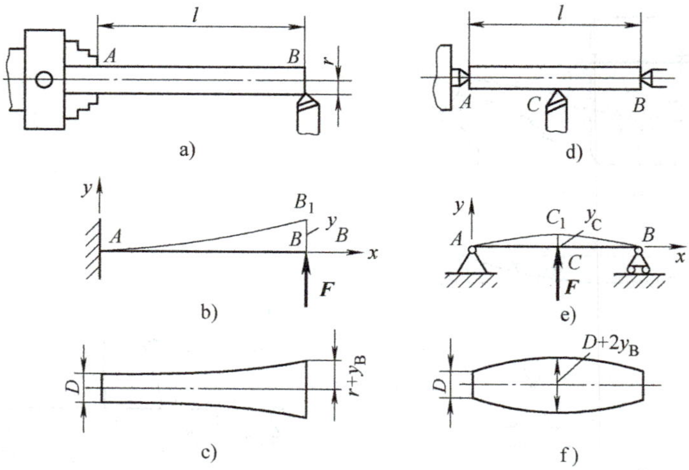

图 8-33

解 (1) 采用三爪卡盘装夹，工件可简化为 A 端固定，B 端受集中力 $\boldsymbol{F}$ 作用的悬臂梁，

如图 8-33b 所示。查表 8-3，由序号 2 得

$$y_{\max}=y_B=\frac{Fl^3}{3EI}=\frac{2\times10^3\times100^3}{3\times210\times10^3\times\frac{\pi}{64}\times15^4}\text{mm}=1.28\text{mm}$$

由图 8-33a 可见，若工件不变形，则刀刃离其轴线的距离始终为 $r=\frac{D}{2}$，工件加工成直径为 D 的圆柱体，无加工误差。实际上，工件在切削力作用下必发生弯曲变形，如图 8-33b 所示。此时刀刃离其轴线距离为 $r+y$，工件直径增大 $2y$。随着车刀从 B 端向 A 端移动，切削力 $\boldsymbol{F}$ 至 A 端时，$y=0$，所以，加工后的工件外形近似成锥形，如图 8-33c 所示。B 端产生的尺寸误差最大，为 $2y_B=2\times1.28\text{mm}=2.56\text{mm}$。$\frac{2y_B}{d}=\frac{2.56}{15}\times100\%=17\%$，误差太大。

（2）采用顶针装夹，工件可简化为简支梁，如图 8-33e 所示。车刀位于工件中点时，其变形最大。查表 8-3，由序号 8 得

$$y_{\max}=y_C=\frac{Fl^3}{48EI}=\frac{2\times10^3\times100^3}{48\times210\times10^3\times\frac{\pi}{64}\times15^4}\text{mm}=0.08\text{mm}$$

表 8-3　梁在简单载荷作用下的变形

序号	梁 的 简 图	挠曲线方程	端截面转角	最 大 挠 度
1	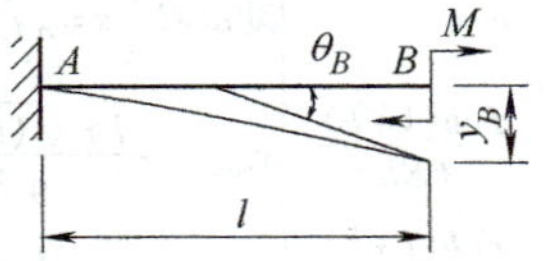	$y=-\frac{Mx^2}{2EI}$	$\theta_B=-\frac{Ml}{EI}$	$y_B=-\frac{Ml^2}{2EI}$
2	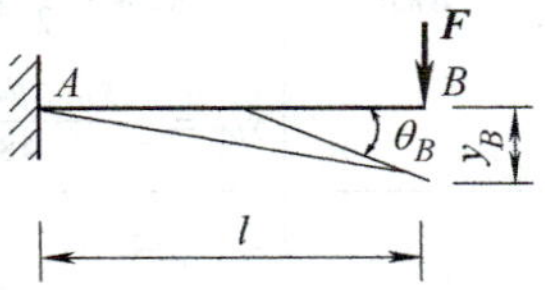	$y=-\frac{Fx^2}{6EI}(3l-x)$	$\theta_B=-\frac{Fl^2}{2EI}$	$y_B=-\frac{Fl^3}{3EI}$
3	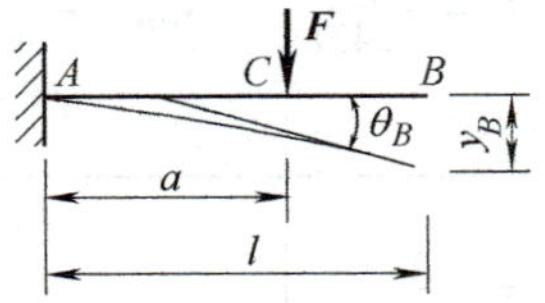	$y=-\frac{Fx^2}{6EI}(3a-x)$ $(0\leqslant x\leqslant a)$ $y=-\frac{Fa^2}{6EI}(3x-a)$ $(a\leqslant x\leqslant l)$	$\theta_B=-\frac{Fa^2}{2EI}$	$y_B=-\frac{Fa^2}{6EI}(3l-a)$
4	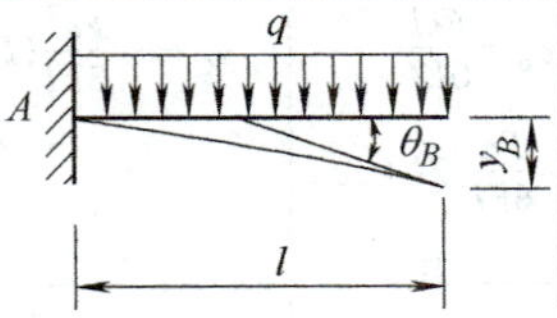	$y=-\frac{qx^2}{24EI}(x^2-4lx+6l^2)$	$\theta_B=-\frac{ql^3}{6EI}$	$y_B=-\frac{ql^4}{8EI}$
5	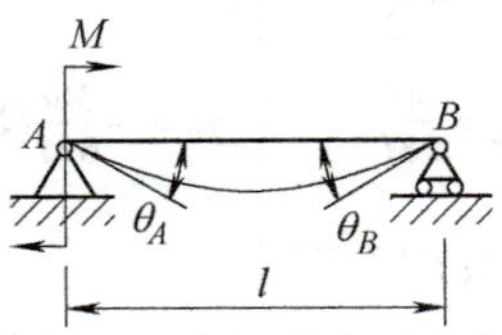	$y=-\frac{Mx}{6EIl}(l-x)(2l-x)$	$\theta_A=-\frac{Ml}{3EI}$ $\theta_B=\frac{Ml}{6EI}$	$x=\left(1-\frac{1}{\sqrt{3}}l\right)$ $y_{\max}=-\frac{Ml^3}{9\sqrt{3}EI}$ $x=\frac{l}{2}$，$y_{l/2}=-\frac{Ml^2}{16EI}$

（续）

序号	梁的简图	挠曲线方程	端截面转角	最大挠度
6	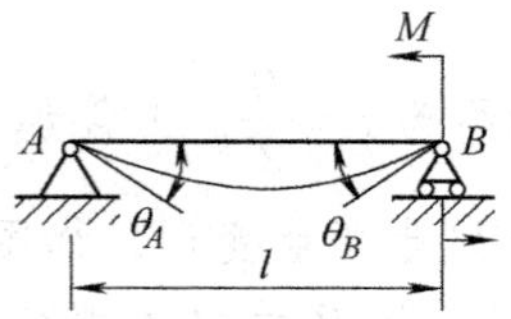	$y=-\frac{Mx}{6EIl}(l^2-x^2)$	$\theta_A=-\frac{Ml}{6EI}$ $\theta_B=\frac{Ml}{3EI}$	$x=\frac{l}{\sqrt{3}}$ $y_{\max}=-\frac{Ml^2}{9\sqrt{3}EI}$ $x=\frac{l}{2}$，$y_{l/2}=-\frac{Ml^2}{16EI}$
7	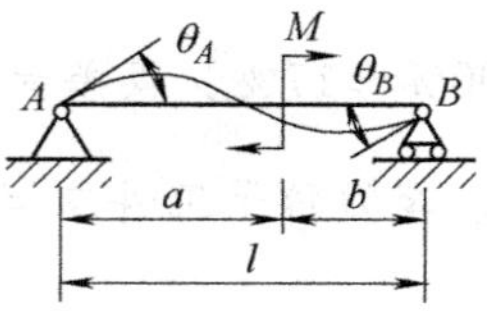	$y=\frac{Mx}{6EIl}(l^2-3b^2-x^2)$ $(0\leqslant x\leqslant a)$ $y=\frac{Mx}{6EIl}[-x^3+3l(x-a)^2+(l^2-3b^2)x]$ $(a\leqslant x\leqslant l)$	$\theta_A=\frac{M}{6EIl}(l^2-3b^2)$ $\theta_B=\frac{M}{6EIl}(l^2-3a^2)$	
8	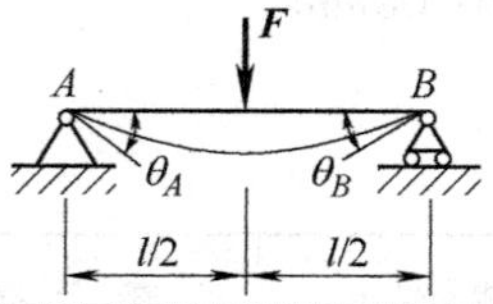	$y=-\frac{Fx}{48EI}(3l^2-4x^2)$ $\left(0\leqslant x\leqslant\frac{l}{2}\right)$	$\theta_A=-\theta_B=-\frac{Fl^2}{16EI}$	$y_{\max}=-\frac{Fl^3}{48EI}$
9	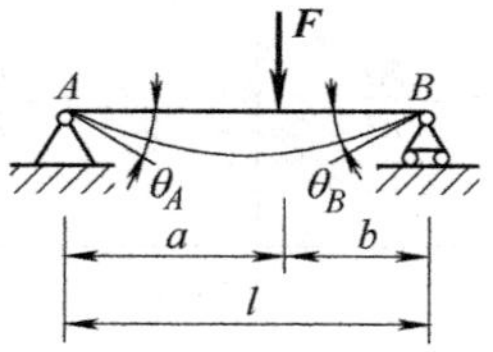	$y=-\frac{Fbx}{6EIl}(l^2-x^2-b^2)$ $(0\leqslant x\leqslant a)$ $y=-\frac{Fb}{6EIl}\left[\frac{l}{b}(x-a)^3+(l^2-b^2)x-x^3\right]$ $(a\leqslant x\leqslant l)$	$\theta_A=-\frac{Fab(l+b)}{6EIl}$ $\theta_B=-\frac{Fab(l+b)}{6EIl}$	设$a>b$，$x=\sqrt{\frac{l^2-b^2}{3}}$处 $y_{\max}=-\frac{Fb\sqrt{(l^2-b^2)^3}}{9\sqrt{3}EI}$ 在$x=\frac{l}{2}$处， $y_{l/2}=-\frac{Fb(3l^2-4b^2)}{48EI}$
10	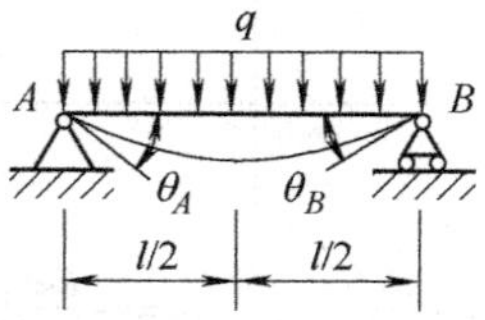	$y=-\frac{qx}{24EI}(l^3-2lx^2+x^3)$	$\theta_A=-\theta_B=-\frac{ql^3}{24EI}$	$y_{\max}=-\frac{5ql^4}{384EI}$
11	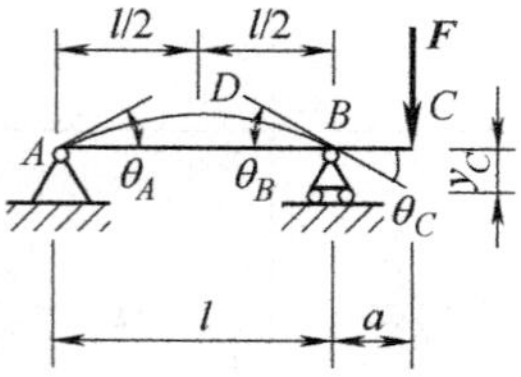	$y=\frac{Fax}{6EIl}(l^2-x^2)$ $(0\leqslant x\leqslant l)$ $y=-\frac{F(x-l)}{6EIl}[a(3x-l)-(x-l)^2]$ $(l\leqslant x\leqslant(l+a))$	$\theta_A=-\frac{1}{2}$ $\theta_B=\frac{Fal}{6EI}$ $\theta_C=-\frac{Fa}{6EI}(2l+3a)$	$y_C=-\frac{Fa^2}{3EI}(l+a)$
12	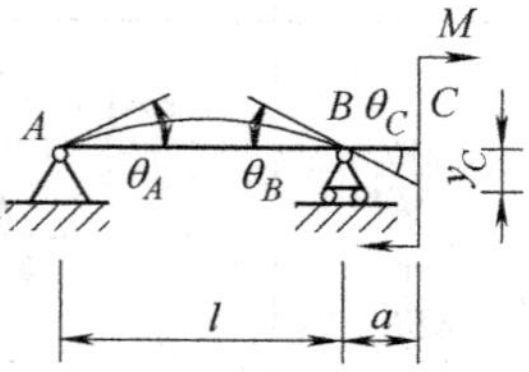	$y=-\frac{Mx}{6EIl}(x^2-l^2)$ $(0\leqslant x\leqslant l)$ $y=-\frac{M}{6EIl}(3x^2-4xl+l^2)$ $(0\leqslant x\leqslant(l+a))$	$\theta_A=-\frac{1}{2}$ $\theta_B=\frac{Ml}{6EI}$ $\theta_C=-\frac{M}{3EI}(l+3a)$	$y_C=-\frac{Ma}{6EI}(2l+3a)$

加工后的工件成鼓形，如图 8-33f 所示。最大尺寸误差为 $2y_C = 2\times0.08\text{mm} = 0.16\text{mm}$。$\dfrac{2y_C}{D} = \dfrac{0.16}{15}\times100\% = 1.1\%$，为三爪卡盘装夹时的$\dfrac{1}{16}$。

三、叠加法求梁的变形

当梁的变形很小，并服从胡克定律时，梁上某一种载荷所产生的变形，不受同时作用的其他载荷的影响，即每一载荷对弯曲变形的影响是各自独立的。因此，梁在几种载荷共同作用下所产生的变形，等于各个载荷单独作用时产生变形的代数和，这就是叠加法。应用这一方法和变形表 8-3，便可以比较方便地求出复杂载荷作用下梁的弯曲变形。

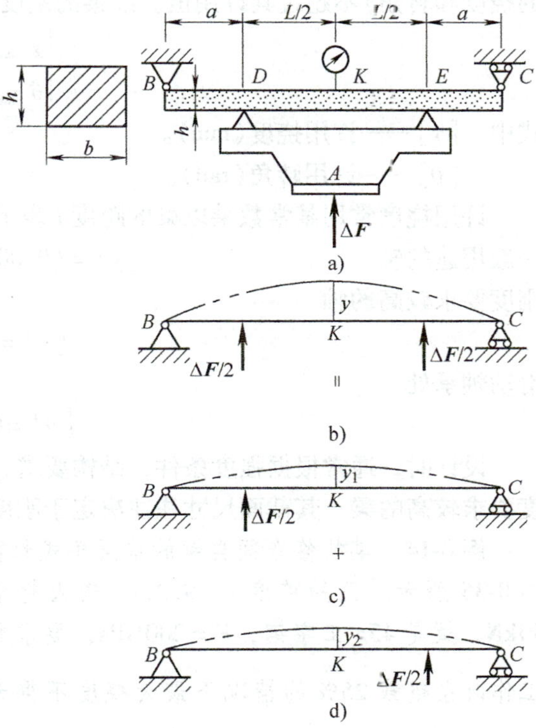

图 8-34

例 8-13 梁 BC 是试验机上的测力弹性元件，如图 8-34a 所示。其截面为矩形，$b = 6\text{cm}$，$h = 4\text{cm}$，$L = 1\text{m}$，$a = 0.1\text{m}$，$E = 220\text{GPa}$，设载荷 $\Delta F = 80\text{N}$。试求梁中点截面 K 处的变形等于多少？

解 (1) 画梁 BC 的计算简图，如图8-34b 所示。

(2) 画各力单独作用时的变形图，如图 8-34c、d 所示。

(3) 计算各力单独作用时 K 点的挠度。

由图 8-34c、d，查表 8-3，由序号 9 得

$$y_2 = y_{\frac{l}{2}} = \frac{Fb(3l^2 - 4b^2)}{48EI}$$

对照图 8-34a、d，式中

$$F = \frac{1}{2}\Delta F = 40\text{N}$$

$$b = a = 0.1\text{m}$$

$$l = L + 2a = 1.2\text{m}$$

$$I = \frac{1}{12}bh^3 = \frac{1}{12}\times60\times40^3\text{mm}^4 = 320\times10^3\text{mm}^4$$

$$E = 220\times10^3\text{MPa}$$

将以上数据代入上式得

$$y_2 = \frac{40\times0.1\times10^3\times[3\times(1.2\times10^3)^2 - 4\times(0.1\times10^3)^2]}{48\times220\times10^3\times320\times10^3}\text{mm}$$

$$= 5.07\times10^{-3}\text{mm}$$

(4) 运用叠加原理求 K 点变形 y。

$$y = y_1 + y_2 = 2y_2 = 0.01\text{mm}$$

课题八 梁的刚度计算及提高弯曲刚度的主要措施

一、刚度条件及计算

在工程上，对弯曲构件的刚度要求，就是限制绝对值最大的挠度和转角（或某指定截面的挠度和转角）不超过其许用值。故梁的刚度条件是

$$\begin{aligned}|y|_{max} &\leqslant [y]\\ |\theta|_{max} &\leqslant [\theta]\end{aligned} \tag{8-6}$$

式中 $[y]$——许用挠度（mm）。

$[\theta]$——许用转角（rad）。

许用挠度常用某常数乘以梁的跨度 l 表示。它们的值可查有关手册，或参考下列数据

一般用途的轴 $[y]=(0.0003\sim0.0005)l$

刚度要求较高的轴

$$[y]=0.0002l$$

滑动轴承处

$$[\theta]=0.001\text{rad}$$

设计时，通常根据强度条件，结构要求，确定梁的截面尺寸，然后校核其刚度。对于刚度要求较高的梁，其截面尺寸往往决定于刚度条件。

例 8-14 某机修车间自制的单梁桥式起重机，如图 8-35 所示。已知跨度 $l=9.2\text{m}$，最大起重量 $G=50\text{kN}$，梁是 45a 工字钢，$E=200\text{GPa}$，要求起重机梁工作时在超载 25% 的情况下最大挠度不得大于$\dfrac{l}{500}$，不计自重。试校核此单梁起重机的刚度。

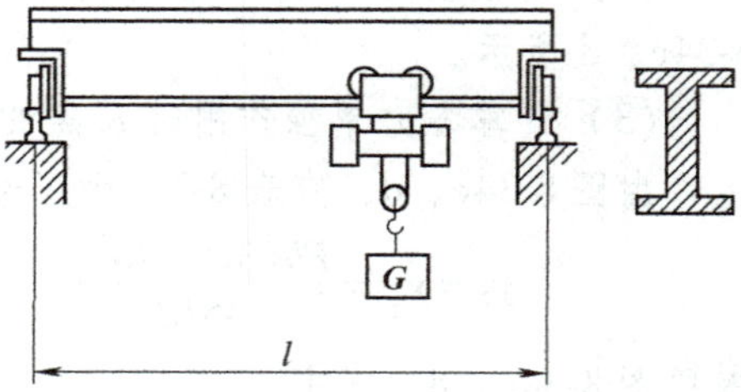

图 8-35

解 卷扬机对单梁的压力可以近似地认为是集中载荷。当卷扬机行至梁的中点时，梁的挠度最大。查表 8-3，由序号 8 得

$$y_{max}=\frac{G'l^3}{48EI_z}$$

式中 G'——超载 25% 时的计算载荷（kN），$G'=\left(1+\dfrac{25}{100}\right)G$。

对于 45a 工字钢的截面惯性矩可查表求得 $I_z=32200\text{cm}^4$，并知 $E=2\times10^5\text{MPa}$，将数据代入上式得

$$y_{max}=\frac{50\times10^3(1+0.25)\times9200^3}{48\times2\times10^5\times32200\times10^4}\text{mm}=15.8\text{mm}$$

此梁的许用挠度为

$$[y]=\frac{9200}{500}=18.4\text{mm}$$

因为 $y_{max}<[y]$，故此梁刚度足够。

8 UNIT

二、提高梁弯曲刚度的主要措施

从前面分析梁弯曲变形的计算实例和梁的变形表可以发现：弯曲变形与梁的跨度 l 或外伸长度 a、弯矩及抗弯刚度 EI 有关。所以，要提高弯曲刚度，就应该从考虑以上各因素入手。

1. 缩短梁的跨度或外伸长和增加约束

从表 8-3 可以看出，弯曲变形与梁的跨度 l 或外伸长度 a 的高次幂成正比，缩短它们的长度，是提高弯曲刚度极为有效的措施。例如，均布载荷作用的简支梁，如图 8-36a 所示，查表 8-3 序号 10 得最大挠度为

$$y_{\max}=\frac{5ql^4}{384EI}$$

当跨度缩短为$\frac{l}{2}$，最大挠度仅为原来的$\frac{1}{16}$。在梁的跨度或外伸长不能缩短时，可采用增加约束的办法来提高梁的刚度。如上述均布载荷作用下的简支梁，跨度 l 不变，中间加一支座，如图 8-36b 所示，则最大挠度约为原来的$\frac{1}{40}$，提高刚度的效果更佳。机器中常用三个支座的轴，如图 8-37a 所示；镗削长孔时，镗杆上常装一木块，如图 8-37b 所示，就是基于此理。增加支座或支座约束后，梁成为超静定梁。

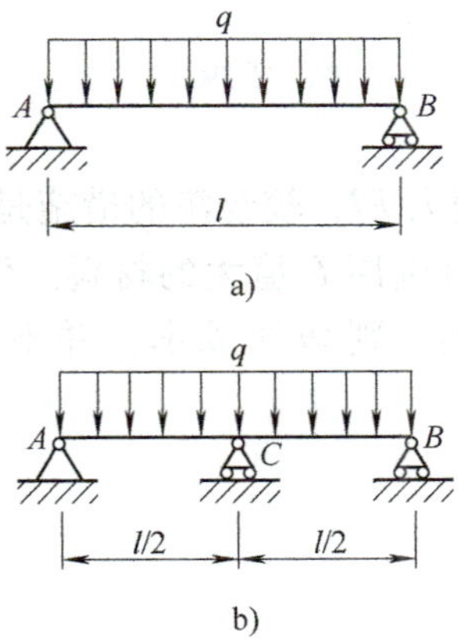

图 8-36

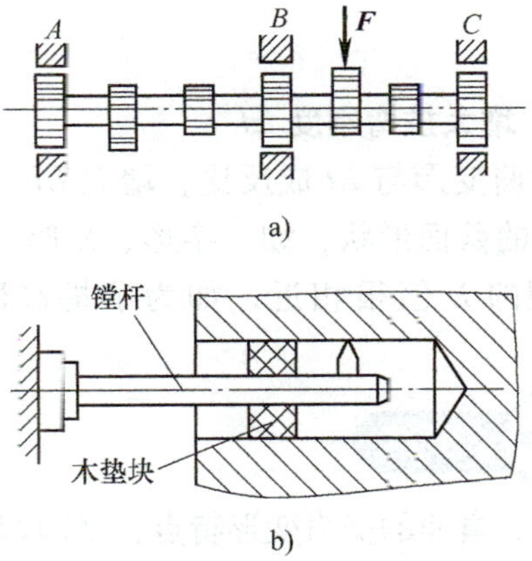

图 8-37

2. 改善载荷的作用情况

弯曲变形正比于弯矩 M，合理地调整载荷的位置、方向，降低各截面的弯矩值也可以提高弯曲刚度。

在结构允许的条件下，应使轴上的齿轮、带轮等尽可能地靠近支座。例如在图 8-38 中，就尽量减小 a 及 b 的数值，以减少传动力 F_1 和 F_2 对传动轴弯曲变形的影响。

把集中力分散成分布力，也可以取得减小弯矩提高弯曲刚度的效果。例如，简支梁在跨度中点作用集中力 $\boldsymbol{F}$ 时，经查表 8-3 序号 8 得最大挠度为 $y_{\max}=\frac{Fl^3}{48EI}$；如将集中力 $\boldsymbol{F}$ 代入均

布载荷，且 $F=ql$，经查表 8-3 序号 10 得最大挠度为 $y_{max}=\frac{5Fl^3}{384EI}$，仅为集中力 F 作用时的 62.5%。

当梁上不止作用一个载荷时，如条件许可，应适当调整载荷的作用方向，从而使它们产生的变形互相抵消一部分。例如图 8-39 中，F_1 与 F_2 的方向相同时，它们单独作用产生的变形符号相反，梁各截面的变形为它们单独作用时的变形之差；显然，若 F_1 与 F_2 的方向相反，则梁的变形为它们单独作用时的变形之和。可见图中载荷的布置情况是合理的。

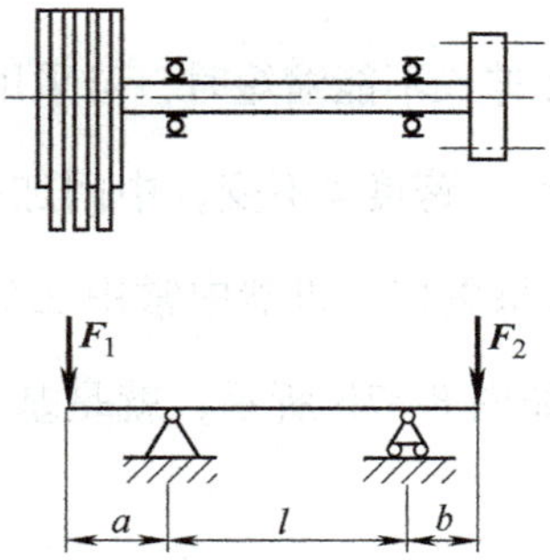

图 8-38

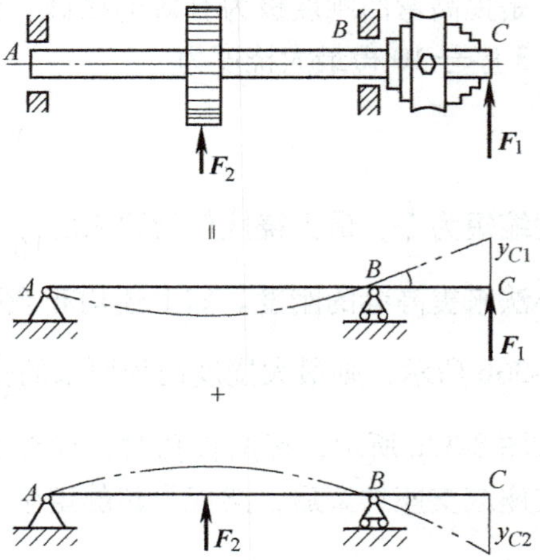

图 8-39

3. 增大抗弯刚度 *EI*

弯曲变形与 EI 成反比，增大 EI，可使变形减小。增大 EI，较经济的措施是选用惯性矩 I 大的截面形状，如工字形、X 形、框形等。此外也可选用 E 值大的材料。但需注意，各种钢的 E 值很相近，如为了提高刚度而采用优质钢，则增加成本，并不是有效的措施。

小结

一、弯曲的受力变形特点，平面弯曲及纯弯曲的概念。

二、平面弯曲梁横截面上的内力为剪力 F_Q 和弯矩 M。它们的大小、正负由截面一侧的外力确定。

三、剪力图、弯矩图的画法。

1. 基本方法。由支座及载荷情况，分段列剪力、弯矩方程，按方程绘制剪力图、弯矩图。

2. 简捷法。根据剪力图，弯矩图的特点绘制剪力图、弯矩图。

四、纯弯曲时横截面上的应力为正应力。正应力的大小，沿横截面高度按直线规律变化，中性轴上各点的正应力为零，离中性轴最远的各点正应力最大。其计算公式为

$$\sigma=\frac{M}{I_z}y$$

五、强度条件：

$$\sigma_{max}=\frac{M_{max}}{W_z}\leqslant[\sigma]$$

六、弯曲时，梁的变形用挠度 y 和转角 θ 来表示。工程中常采用叠加原理求梁的变形，即查出并计算梁上每个载荷单独作用时的挠度、转角，计算它们的代数和，得出载荷共同作用时的挠度、转角。

七、梁的弯曲刚度条件：

$$y_{max}\leqslant[y] \qquad \theta_{max}\leqslant[\theta]$$

主要用于校核。

八、提高梁的强度和刚度的措施，在工程中很有实用价值。提高强度的主要措施是降低最大弯矩值，选择合理的截面形状；提高刚度的主要措施是缩小跨度或梁长，增加约束，增大惯性矩等。

讨论与交流

8-1 实践中有哪些产生弯曲变形的实例？

8-2 弯曲变形的梁中，最大应力一定出现在弯矩最大的截面上吗？为什么？

8-3 为什么挑东西的扁担常在中间折断而游泳池的跳板则在安装端折断？

8-4 如果材料的抗压性能高于抗拉性能，那么梁的截面应选用哪些形状？

8-5 列举三个提高梁强度和刚度的实例。

8-6 如图 8-40 所示，丁字尺的截面为矩形，由经验可知，当垂直长边 h 加力时，丁字尺很容易变形或折断；若沿长边加力时，则不然，为什么？

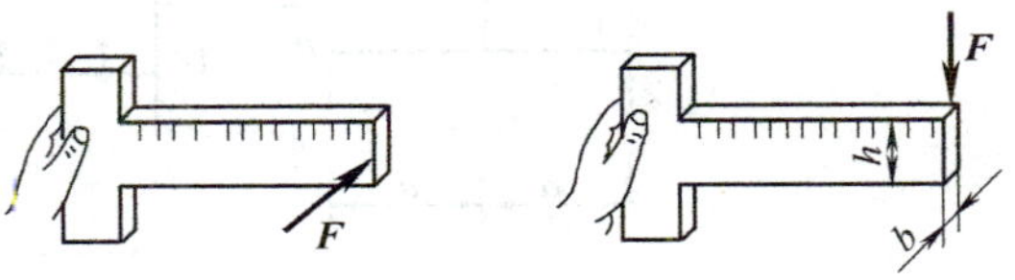

图 8-40

8-7 试说明空心圆截面梁比实心圆截面梁在抗弯方面结构合理的原理。

8-8 弯曲的强度条件是什么？提高梁的弯曲强度可采取哪些主要措施？

8-9 若矩形截面梁的高度 h 或宽度 b 分别增大一倍，其抗弯截面系数将各增大几倍？圆形截面直径增大一倍，其抗弯截面系数将增大几倍？

8-10 什么是等强度梁？

8-11 梁的变形可用哪两个参数表示？

8-12 何为叠加法求梁的变形？其步骤如何？

8-13 两根金属材料制成的梁，其尺寸、形状完全相同，受力与支座情况也相同，若 $E_1=2E_2$，试问：(1)两梁的最大正应力是否相同？(2)两梁的最大挠度是否相同？

8-14 弯曲的刚度条件是什么？提高梁的弯曲刚度可采取哪些主要措施？

习题

8-1 如图 8-41 所示，用截面法求下列各梁指定截面的剪力和弯矩。

8-2 如图 8-42 所示，列出下列各题中梁的剪力方程与弯矩方程，作出剪力图和弯矩图并求出 $|F_Q|_{max}$ 与 $|M|_{max}$。

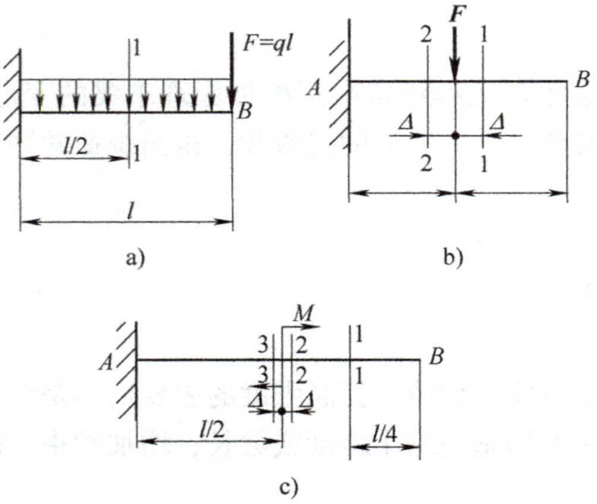

图 8-41

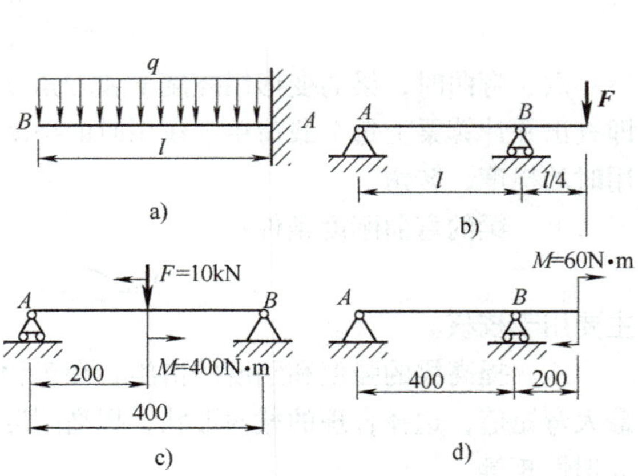

图 8-42

8-3 如图 8-43 所示，用简捷作法画出下列各题的 F_Q、M 图，并求出 $|F_Q|_{max}$ 与 $|M|_{max}$。

8-4 计算图 8-44 所示截面对水平形心轴的惯性矩。

8-5 如图 8-45 所示，试计算下列截面图形的抗弯截面系数，设中性轴处于水平位置，图中无剖面线部分近似视为矩形。

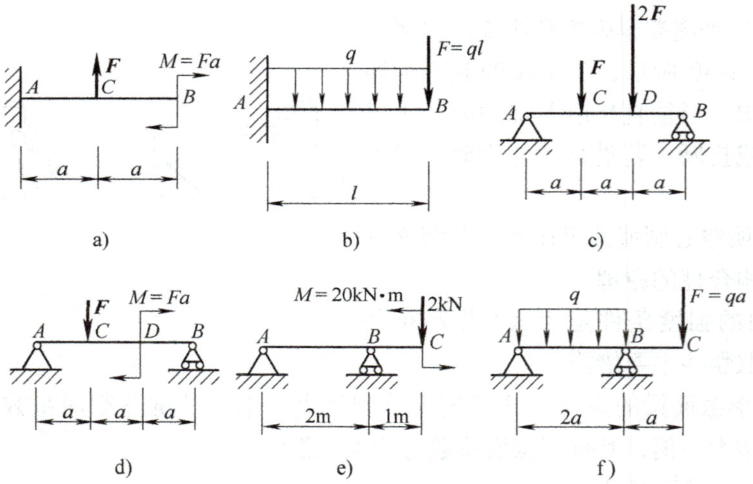

图 8-43

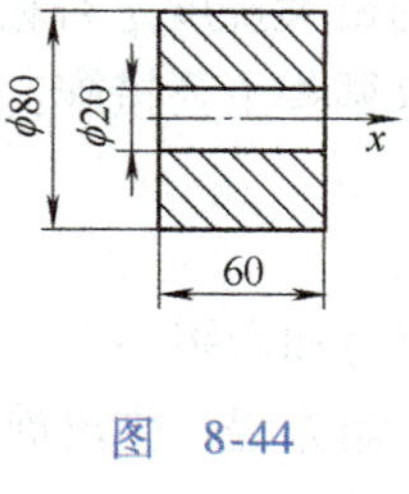

图 8-44

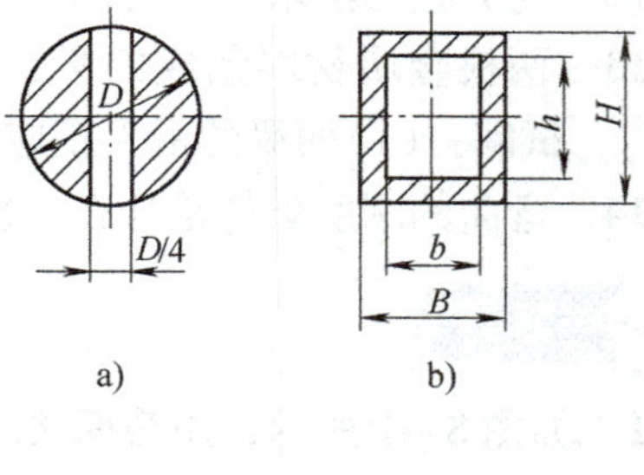

图 8-45

8-6 如图 8-46 所示，简支梁受均布载荷作用，若分别采用截面面积相等的实心和空心圆截面，且$D_1=40\text{mm}$，$\dfrac{d_2}{D_2}=\dfrac{3}{5}$。试分别计算它们的最大正应力。并问空心截面比实心截面的最大正应力减少了百分之几？

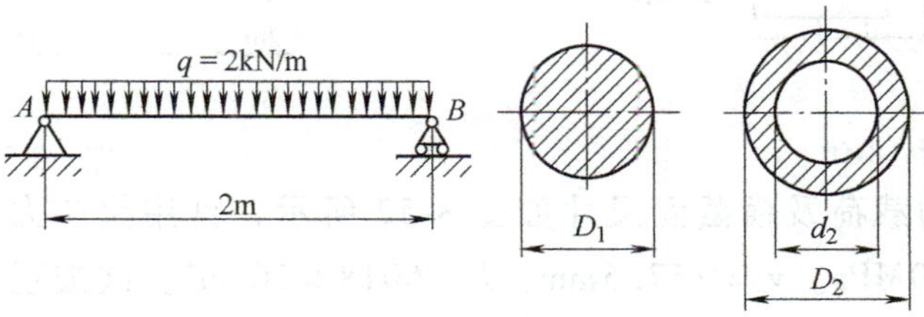

图 8-46

8-7 圆轴材料的许用正应力为$[\sigma]=120\text{MPa}$，承载情况如图 8-47 所示。试校核其强度。

8-8 如图 8-48 所示天轮轴，直径$D_1=220\text{mm}$，$D_2=180\text{mm}$，许用应力$[\sigma]=100\text{MPa}$。试校核轴的强度。

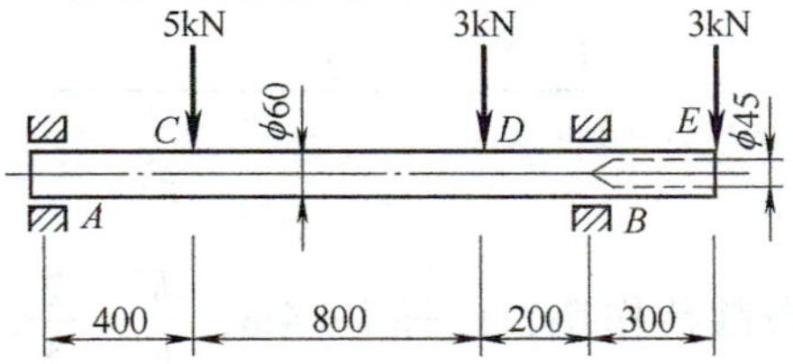

图 8-47

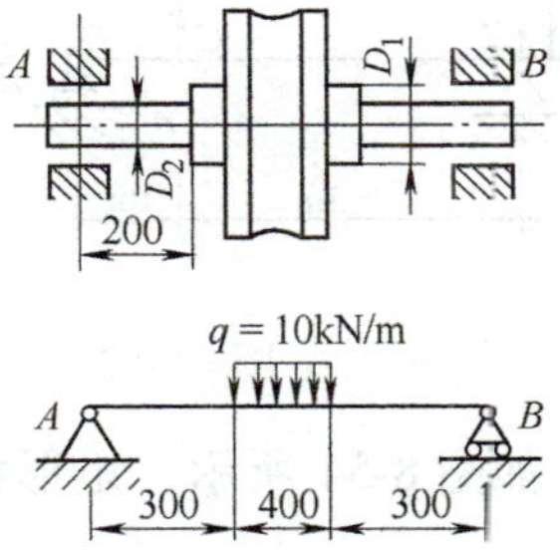

图 8-48

8-9 如图 8-49 所示为一 T 形截面铸铁梁，铸铁的许用拉应力$[\sigma_b]=30\text{MPa}$，许用压应力为$[\sigma_c]=60\text{MPa}$，T 形截面尺寸如图(其中，$y1=52\text{mm}$，$I_z=764\times10^4\text{mm}^4$)。试校核梁的强度。

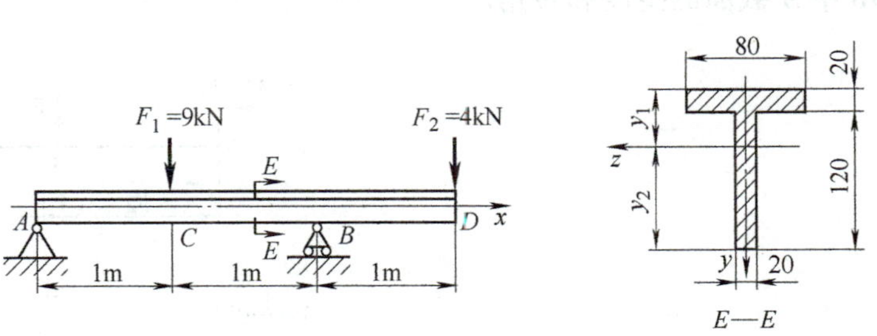

图 8-49

8-10 螺栓压板夹紧装置如图 8-50 所示，已知板长$3a=150\text{mm}$，压板材料的弯曲许用应力$[\sigma]=140\text{MPa}$。试计算压板传给工件的最大允许压紧力。

8-11 如图 8-51 所示，受均布载荷作用的外伸梁，受均布载荷作用，已知$q=12\text{kN/m}$，材料的许用应力$[\sigma]=160\text{MPa}$。试选择此梁的工字钢型号。

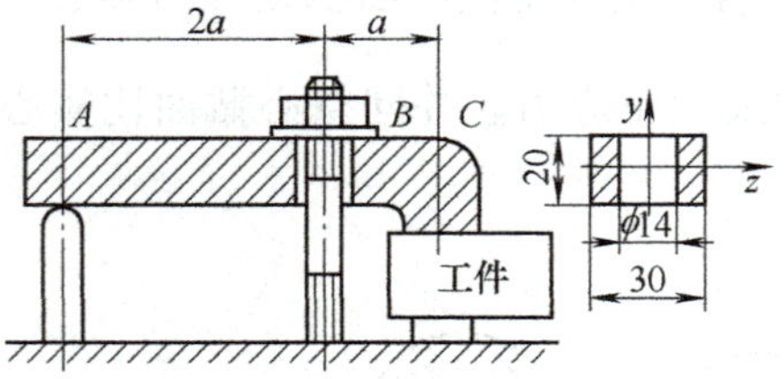

图 8-50

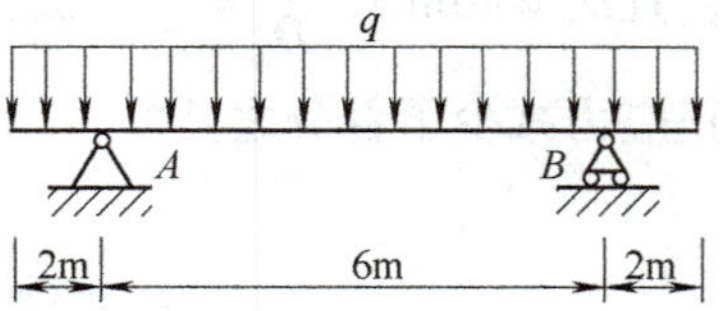

图 8-51

8-12 铸铁梁的载荷及横截面尺寸如图 8-52 所示，许用拉应力$[\sigma_b]=40\text{MPa}$，许用压应力$[\sigma_c]=100\text{MPa}$。$y_c=157.5\text{mm}$，$I_z=6018\times10^4\text{m}^4$。试按正应力强度条件校核梁的强度。若载荷不变，将 T 形截面倒置，问是否合理？何故？

8-13 如图 8-53 所示支撑阳台的悬臂梁为一根 16 号工字钢，其上受均布载荷 q 和集中力 $\boldsymbol{F}$ 作用。若 $F=2\text{kN}$，梁长 $l=2.5\text{m}$，工字钢的许用应力$[\sigma]=100\text{MPa}$。试求 q 的许可值。

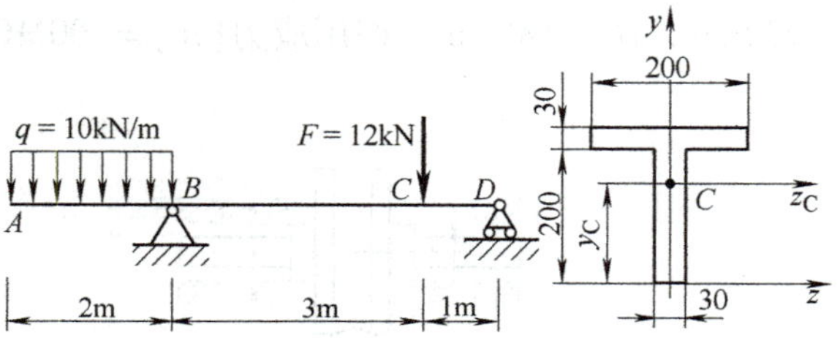

图 8-52

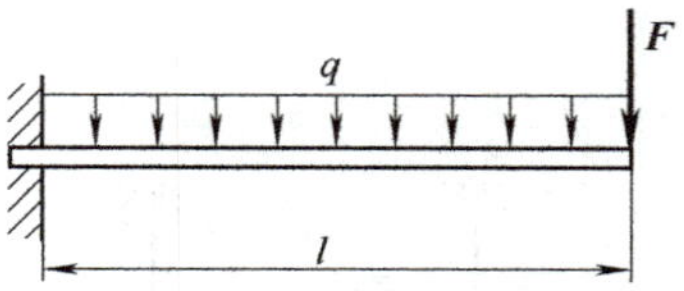

图 8-53

8-14 如图 8-54 所示，矩形截面悬臂梁受均布载荷作用，已知 $l=4\text{m}$，$\dfrac{b}{h}=\dfrac{2}{3}$，$q=10\text{kN/m}$，$[\sigma]=10\text{MPa}$。试确定此梁横截面的尺寸。

8-15 用叠加法计算下列各梁的变形(EI 为常数)。

(1) 图 8-55a 中 A 截面的挠度，B 截面的转角。

(2) 图 8-55b 中 A 截面的挠度和转角。

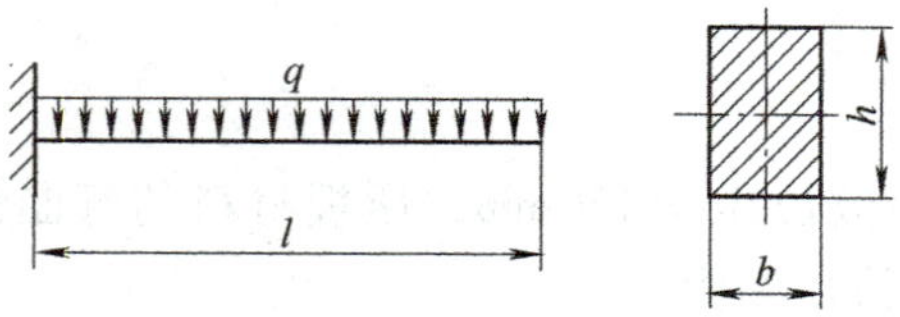

图 8-54

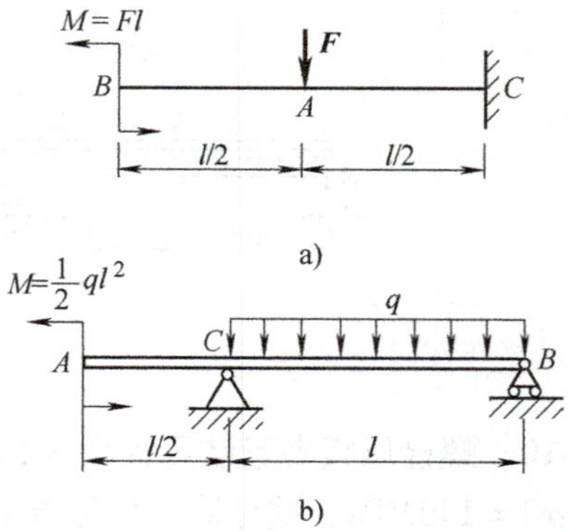

图 8-55

8-16 试求图 8-55 所示梁的最大挠度。若均布载荷 $q=2.4\text{N/mm}$，力 $F=2\text{kN}$，梁长 $l=2.5\text{m}$，梁为 16 号工字钢，$E=210\text{GPa}$。

8-17 如图 8-56 所示，桥式起重机的吊起的最大载荷 $F=20\text{kN}$，起重机大梁为 32a 工字钢，材料的弹性模量 $E=210\text{GPa}$，$l=8.76\text{m}$，规定 $[y]=\dfrac{l}{500}$。校核大梁的刚度。

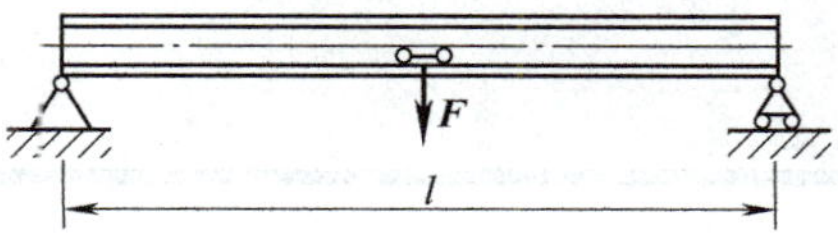

图 8-56

8-18 如图 8-57 所示，磨床主轴可简化为等截面的外伸梁，其直径 $D=90\text{mm}$，磨削阻力 $F_1=500\text{N}$，传动带拉力 $F_2=3700\text{N}$，$E=210\text{ GPa}$，$[y_C]=0.0002l\approx0.08\text{mm}$，$[\theta_A]=0.001\text{rad}$。试校核截面 C 的挠度和截面 A 的转角。

8-19 如图 8-58 所示，镗床上的镗刀杆直径 $D=80\text{mm}$，长 $l=400\text{mm}$，镗刀杆的弹性模量 $E=200\text{GPa}$。若垂直于镗刀杆轴线的主切削力 $F=300\text{N}$，试计算镗刀杆的最大挠度与转角，以及构件孔的尺寸误差。

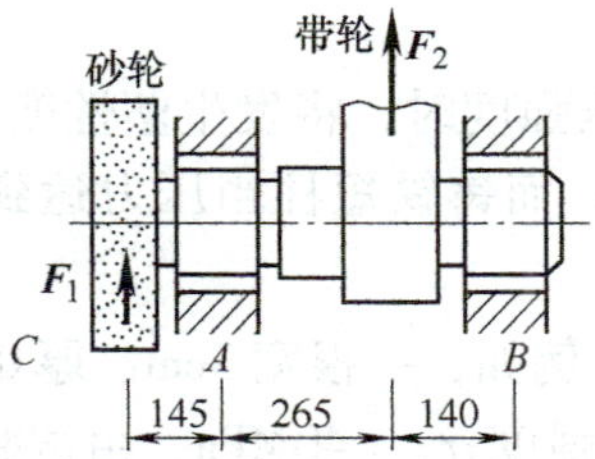

图 8-57

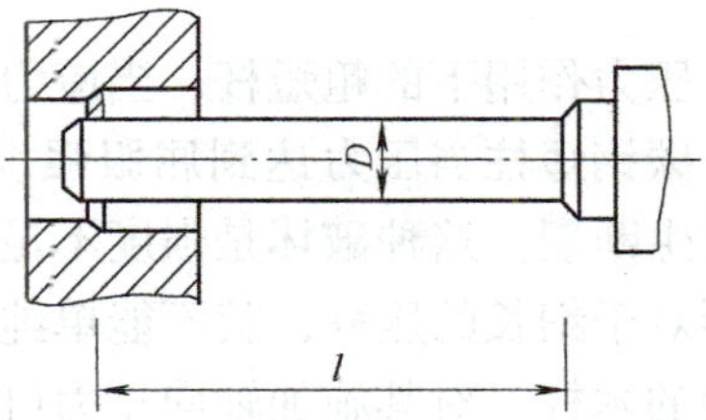

图 8-58

单元九　压杆稳定

单元四研究了拉压杆的强度问题，但细长压杆不仅存在强度问题，还有稳定性问题，本单元将介绍细长压杆的稳定性。

课题一　压杆稳定的概念

一、压杆丧失稳定现象

在压力作用下的粗短杆，当应力达到屈服强度或抗压强度时，将发生塑性变形或断裂。例如，碳钢短柱当压力达到屈服强度时，出现塑性变形；而铸铁短柱当压力达到抗压强度时，发生断裂。这种破坏是强度不足而引起的。

而对于细长的压杆，就不能单纯从强度方面考虑了。例如，一根宽3cm、厚0.5cm的矩形截面的木杆，对其施加轴向压力（图9-1），材料的抗压强度$\sigma_{bc}=40MPa$，由试验得知，当压杆长为3cm，加压力达到

$$F=40\times10^6\times0.005\times0.03N=6000N$$

时才能破坏。当杆长为100cm，轴向压力还不到30N时杆件就在厚度方向产生显著的纵向弯曲变形，最后由于变形过大而折断，这说明细长压杆丧失工作能力不是由于强度不够，而是由于其轴线不能维持原有直线平衡状态所致。压杆不能保持原有直线平衡状态而突然变弯的现象，称为压杆丧失了稳定性，简称失稳。失稳破坏是由于平衡形式突变所致，它与强度破坏迥然不同，因此对于压杆还需研究保证其直线平衡状态的稳定条件，即所谓压杆稳定问题。

构件的承载能力包括强度、刚度和稳定性三个方面。对于工程技术人员，需特别重视压杆的稳定性。历史上曾多次出现压杆失稳的严重事故，19世纪瑞士一座大桥，由于压杆失稳而破坏、造成200人遇难；20世纪初，也是因压杆失稳，致使北美一座大桥两次发生严重破坏。因此，必须研究压杆稳定性问题。

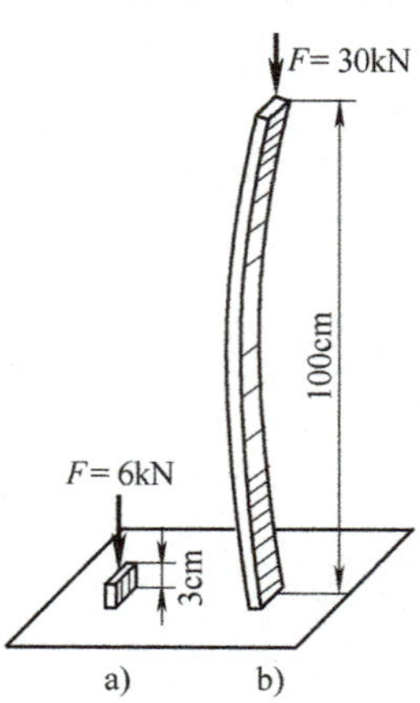

图　9-1

二、平衡的稳定性与不稳定性

怎样判断压杆的稳定与不稳定呢？现在我们用图9-2所示的一端固定，另一端自由的细长直杆说明。在自由端沿杆轴线方向施较小压力时，压杆处于直线平衡状态（图9-2a），此时若施加一微小横

向干扰力，使杆处于微弯状态（图9-2b）；然后将干扰力去除，杆经过几次左右摆动后，仍能回复到原来的直线平衡状态（图9-2c），这说明压杆的直线平衡状态是稳定的。但当压力 F 增大到某一数值 F_{cr} 时，压杆在微小干扰力作用下，杆即变弯（图9-2d，实际上，由于杆的初曲率、载荷的偏心等原因，即使没有横向力的干扰，杆也会突然弯曲）。当去除干扰力，杆不再回复到原来的直线平衡状态，而是处于微弯平衡状态，称此时压杆的直线平衡状态不稳定。如 F 值再稍有增加，杆的弯曲变形将显著增大，并迅速弯断，这说明压杆原有直线形状的平衡是不稳定的。

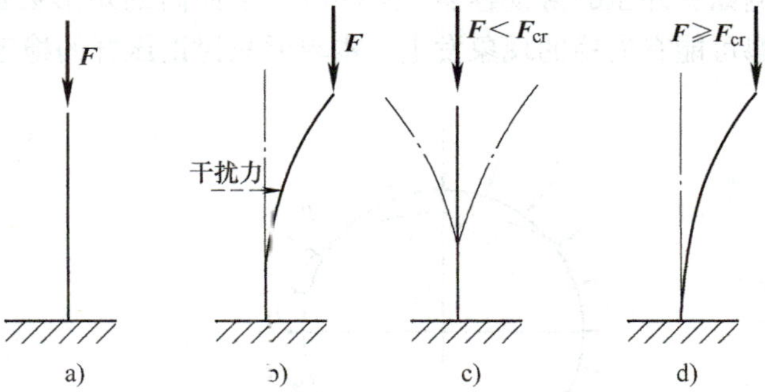

图 9-2

三、压杆稳定的判据

细长压杆的直线平衡状态是否稳定，与轴向压力 F 的大小有关。当压力较小时，压杆直线形式的平衡是稳定的；当压力增大至 F_{cr} 时，压杆将从稳定平衡过渡到不稳定平衡。这表明，轴向压力的量变，将引起压杆原有直线平衡状态的质变。因此，压力 F_{cr} 是压杆由稳定平衡过渡到不稳定平衡的临界值，称为压杆的临界力，或称临界载荷。当轴向压力达到此值时，压杆即开始丧失稳定，因此压杆稳定与否，则取决于轴向压力是否达到 F_{cr}。

在机械工程上，有许多受压杆件，为使之正常工作，则需要考虑其稳定性能，例如千斤顶的螺杆、液压装置的活塞杆、汽车发动机的连杆（图9-3）等。如果这些构件过于细长，在轴向压力较大时，就有可能丧失稳定而破坏。而这种破坏是突然发生的，往往会给工程结构或机械带来极大的损害，因此在设计这类构件时，进行稳定计算是非常必要的。

失稳现象不仅限于压杆这一类构件，还有很多其他受力状况的构件也存在稳定性问题。

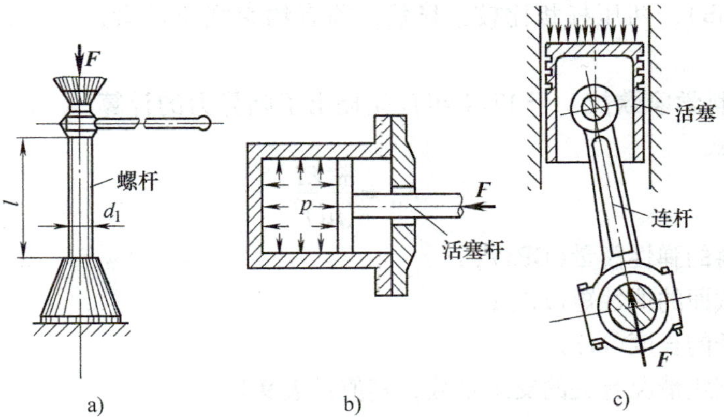

图 9-3

例如受外压的薄壁容器(图 9-4)、窄而高的矩形截面梁(图 9-5)等，当载荷达到临界值时，都可能有失稳的现象发生。本单元只讨论压杆的稳定问题。

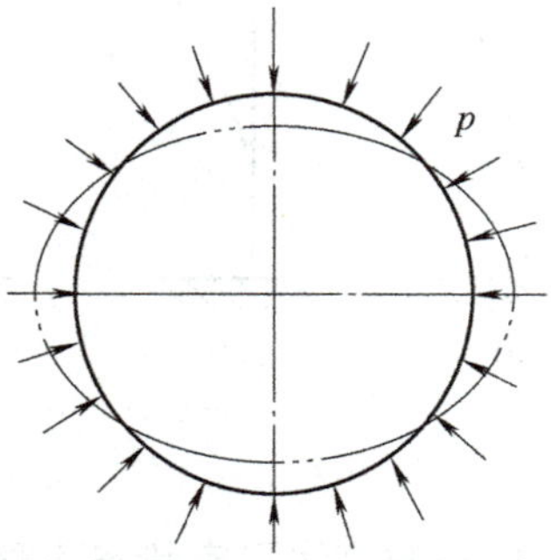

图 9-4

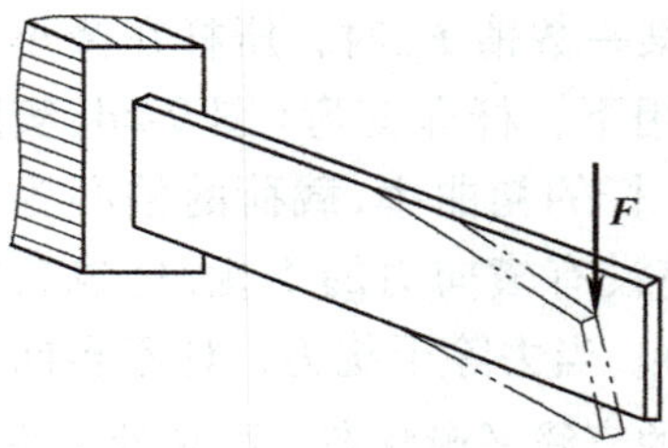

图 9-5

课题二 临界力和临界应力

一、欧拉公式

当作用于压杆上的轴向压力达到临界压力时，压杆丧失稳定。所以临界力 F_{cr} 的大小表征压杆失稳的难易，而失稳就是直杆变弯，发生纵向弯曲变形，容易产生弯曲变形，即易失稳。因此，临界力 F_{cr} 的大小与影响直杆弯曲变形大小的因素有关。

(1) 杆的长度 l。l 越大，抵抗弯曲变形的能力越小，F_{cr} 就越小。

(2) 抗弯刚度 EI。EI 值越大，抵抗弯曲变形的能力越大，F_{cr} 值就越大。

(3) 杆端支承。杆端的支承越牢固，越不易发生弯曲变形，F_{cr} 值越大。例如，两端固定的压杆(图 9-6a)和一端固定另一端自由的压杆(图 9-6b)，两压杆相比较，显然，前者约束强于后者，故 F_{cr} 值大。

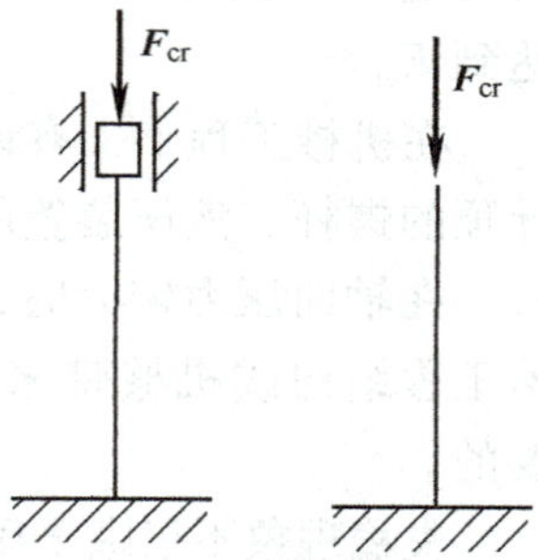

图 9-6

瑞士著名的科学家欧拉，于 1774 年首先提出了临界力的计算公式，即欧拉公式

$$F_{cr}=\frac{\pi^2 EI}{(\mu l)^2} \tag{9-1}$$

式中 E——材料的弹性模量(GPa)；

I——横截面的惯性矩(m^4)；

l——压杆的长度(m)；

μ——与支座情况有关的支承系数，其值见表 9-1。

二、临界应力

将临界压力 F_{cr}除以压杆的横截面面积 A，则得到当压力达到临界值时压杆横截面上的应力，即临界应力。

表 9-1　支承系数

支承情况	两端铰支	一端固定一端铰支	两端固定	一端固定一端自由
简图			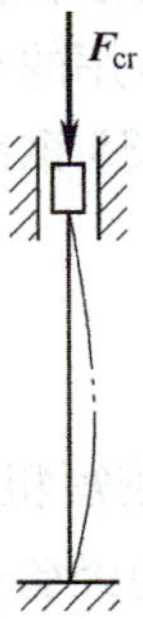	
μ	1	0.7	0.5	2

$$\sigma_{cr}=\frac{F_{cr}}{A}=\frac{\pi^2 EI}{(\mu l)^2 A} \tag{a}$$

上式中的 I 和 A 都是与截面有关的几何量，如将惯性矩表示为

$$I=i^2 A$$

则

$$i=\sqrt{\frac{I}{A}}$$

式中　i——横截面的惯性半径(m)。

于是式(a)可改写为

$$\sigma_{cr}=\frac{\pi^2 E}{\left(\frac{\mu l}{i}\right)^2} \tag{b}$$

令

$$\lambda=\frac{\mu l}{i} \tag{c}$$

则得到计算压杆临界应力的欧拉公式为

$$\sigma_{cr}=\frac{\pi^2 E}{\lambda^2} \tag{9-2}$$

式中　λ——一个量纲为一的量，称为压杆的柔度又称长细比，它反映了杆端约束、压杆长度、横截面形状和尺寸等因素对临界应力 σ_{cr}的影响。

由式(c)及式(9-2)可以看出，压杆的长度越大，惯性半径 i 越小，即压杆越细长，且两端约束较弱时，λ 就越大，σ_{cr}越小，则压杆越易失稳。所以 λ 是度量压杆失稳难易的重要参数。

三、欧拉公式的适用范围

以上建立的临界力和临界应力的欧拉公式，只有当压杆的临界应力 σ_{cr}不超过材料的比

例极限 σ_p 时才成立。即

$$\sigma_{cr}=\frac{\pi^2 E}{\lambda^2}\leqslant\sigma_p \tag{9-3}$$

设 λ_p 为对应于比例极限的柔度，则

$$\lambda_p=\pi\sqrt{\frac{E}{\sigma_p}} \tag{9-4}$$

因而只有当压杆的柔度不小于极限柔度，即 $\lambda\geqslant\lambda_p$ 时，欧拉公式才适用，这样的压杆称为大柔度杆或细长杆。对于常用的Q235钢、弹性模量 $E=206\text{GPa}$，比例极限 $\sigma_p=200\text{MPa}$，由式(9-4)得 $\lambda_p=101$。即Q235钢制成的压杆，只有当其柔度 $\lambda\geqslant101$ 时，才可以应用欧拉公式计算临界力和临界应力。

四、经验公式

工程上常遇到一些比较短粗的压杆，它们的柔度往往小于 λ_p。这类压杆，被称为中、小柔度杆，用由试验测得的经验公式计算它们的临界应力，采用的有直线公式及抛物线公式，下面介绍抛物线公式。

根据我国有关单位的试验结果，并考虑压杆存在偏心等偶然因素，整理得到的抛物线公式为

对于钢材
$$\sigma_{cr}=\sigma_s-a\lambda^2 \tag{9-5}$$

对于铸铁
$$\sigma_{cr}=\sigma_{bc}-a\lambda^2 \tag{9-6}$$

式中 a——与材料有关的常数(MPa)，其值可从表9-2中查得。

表 9-2

材　料	E/GPa	σ_s/MPa	a/MPa	λ_C
Q235 钢	206	235	0.00668	124
Q275 钢	206	275	0.00853	96
16 锰钢	206	343	0.0142	102
铸铁	108	$\sigma_{bc}=392$	0.0361	74

式(9-2)和式(9-5)表明，压杆的临界应力是其柔度 λ 的函数，其函数图像(图9-7)称为临界应力总图，它由适用于大柔度杆的欧拉双曲线 BD 和适用于中、小柔度杆的抛物线 CE 组成。抛物线与欧拉双曲线的交点 C，是压杆临界应力的抛物线公式与欧拉双曲线公式适用范围的分界点。应用式(9-2)和式(9-5)可解得交点 C 的横坐标 λ_C。对于Q235钢，$E=206\text{GPa}$，$\sigma_s=235\text{MPa}$，$a=0.00668\text{MPa}$，解得 $\lambda_C=124$。它与式(9-4)算得的 λ_p 值并不一致，这是由于工程实际中，压杆所受的压力存在偏心等缘故。由试验测得的抛物线 CE 更能反映压杆的实际情况，因此在选用临界应力公式时，对于Q235钢，并不以 $\lambda_p=101$ 为分界点，而是以 $\lambda_C=124$ 作为分界点。即 $\lambda<124$ 时，采用抛物线公式；$\lambda\geqslant124$ 时，则用欧拉公式。

例 9-1 圆截面压杆直径 $D=20\text{mm}$，长 $l=800\text{mm}$，两端用球铰支承，压杆材料为 Q235 钢，弹性模量 $E=206\text{GPa}$。试计算其临界力。

解 (1) 计算柔度 λ。

圆截面的惯性半径

$$i=\sqrt{\frac{I}{A}}=\sqrt{\frac{\pi D^4}{64}\times\frac{4}{\pi D^2}}=\frac{d}{4}=\frac{20}{4}\text{mm}=5\text{mm}$$

两端铰支，$\mu=1$，故

$$\lambda=\frac{\mu l}{i}=\frac{1\times 800}{5}=160$$

(2) 计算临界力 F_{cr}。

由表 9-2 得 Q235 钢 $\lambda_c=124$，由于 $\lambda=160>\lambda_C=124$，故用欧拉公式计算其临界力。

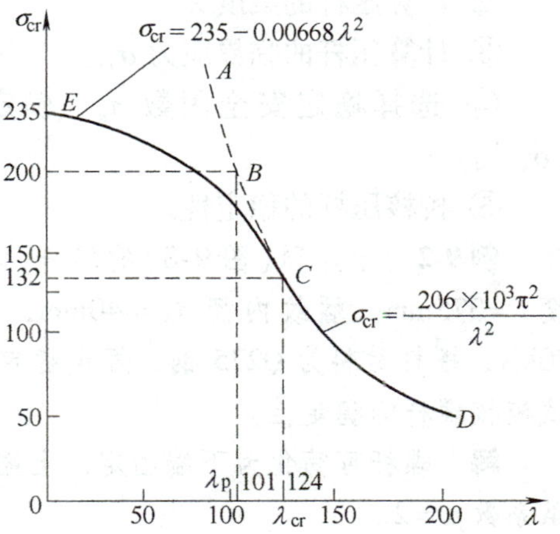

图 9-7

$$F_{cr}=\frac{\pi^2 EI}{(\mu l)^2}=\frac{\pi^2 E}{(\mu l)^2}\cdot\frac{\pi D^4}{64}=\frac{\pi^3 ED^4}{64(\mu l)^2}$$

$$=\frac{\pi^3\times 206\times 10^3\times 20^4}{64\times(1\times 800)^2}\text{N}=24912\text{N}$$

$$\approx 24.9\text{kN}$$

课题三 压杆稳定校核与提高压杆稳定性的措施

一、压杆稳定的校核

对于实际工作中的压杆，要使其不丧失稳定，必须使作用于压杆上的工作应力小于压杆的临界应力。但为了保证安全，还要将临界应力除以某一安全因数，以使其有一定的稳定性储备。因此压杆的稳定条件为

$$\sigma=\frac{F}{A}\leqslant\frac{\sigma_{cr}}{n_w}=[\sigma_{cr}] \qquad (9\text{-}7)$$

式中 n_w——规定的稳定安全因数。

一般规定 n_w 比强度安全因数要高。这是因为一些难以避免的因素，如压杆的初弯曲、压力的偏心、材料的不均匀和支座的缺陷等，都严重地影响压杆的稳定性，降低了临界应力的数值。静载下，n_w 值一般为

钢类 $n_w=1.8\sim3.0$

铸铁 $n_w=4.5\sim5.5$

木材 $n_w=2.5\sim3.5$

$[\sigma_w]$称为稳定许用应力。

在机械设计中，常常是根据压杆的强度条件初步确定截面尺寸，然后再校核压杆的稳定性。压杆稳定校核的步骤如下：

① 分析简化压杆的支座形式，选取支承系数。

② 计算压杆的柔度 λ。

③ 计算压杆的临界应力 σ_{cr}。

④ 选择稳定安全因数 n_w，确定稳定许用应力 $[\sigma_{cr}]$。

⑤ 校核压杆的稳定性。

例 9-2 千斤顶(图 9-8)的螺杆，其旋出的最大长度 $l=375\text{mm}$，螺纹内径 $d_0=40\text{mm}$，最大起重量 $F=70\text{kN}$，螺杆材料为 Q275 钢，规定稳定安全因数 $n_w=3$。试校核螺杆的稳定性。

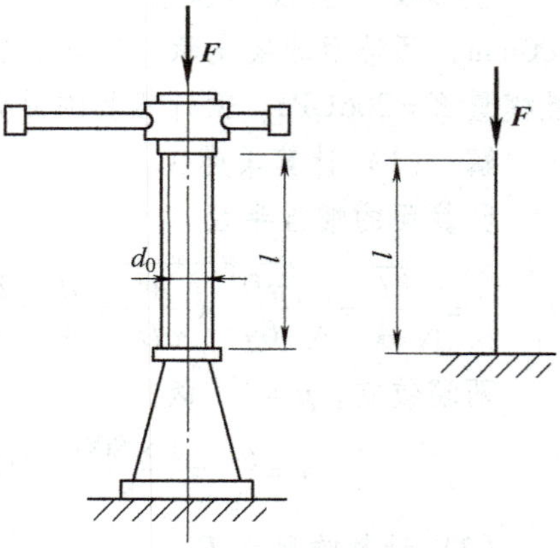

图 9-8

解 螺杆可简化为下端固定，上端自由的压杆，支承系数 $\mu=2$。

(1) 计算螺杆的柔度。

$$i=\sqrt{\frac{I}{A}}=\sqrt{\frac{\frac{\pi d_0^4}{64}}{\frac{\pi d_0^2}{4}}}=\frac{d_0}{4}=\frac{40}{4}\text{mm}=10\text{mm}$$

$$\lambda=\frac{\mu l}{i}=\frac{2\times375}{10}=75$$

(2) 计算临界应力。

由表 9-2 得 Q275 钢的 $\lambda_C=96$。因 $\lambda<\lambda_C$，所以应采用抛物线公式计算临界应力。

$$\sigma_{cr}=\sigma_s-a\lambda^2=275\text{MPa}-0.00853\times75^2\text{MPa}=227\text{MPa}$$

(3) 校核螺杆的稳定性。

稳定许用应力为

$$[\sigma_w]=\frac{\sigma_{cr}}{n_w}=\frac{227}{3}\text{MPa}=75.7\text{MPa}$$

螺杆的工作应力为

$$\sigma=\frac{F}{A}=\frac{70\times10^3}{\pi\times\frac{40^2}{4}}\text{MPa}=55.7\text{MPa}$$

因为 $\sigma<[\sigma_w]$，所以螺杆是稳定的。

例 9-3 某平面磨床的工作台液压驱动装置，如图 9-9所示，活塞杆长 $l=1250\text{mm}$，材料为 Q235 钢，活塞杆直径 $D=25\text{mm}$，考虑可靠工作，规定的稳定安全因数 $n_w=6$。试求作用在活塞杆上的许可载荷。

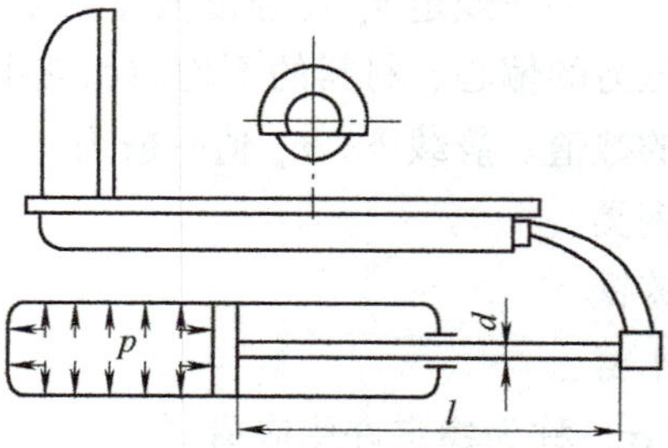

图 9-9

解 把活塞杆的两端简化为铰支座，由表 9-1 查得支承系数 $\mu=1$。

(1) 计算活塞杆柔度。

$$i=\sqrt{\frac{I}{A}}=\frac{D}{4}=\frac{25}{4}\text{mm}$$

$$\lambda = \frac{\mu l}{i} = \frac{1 \times 1250}{\frac{25}{4}} = 200$$

(2) 计算临界应力。

活塞杆材料为 Q235 钢，由表 9-2 查得：$\lambda_C = 124$。因 $\lambda > \lambda_C$，所以应采用欧拉公式计算临界应力。

$$\sigma_{cr} = \frac{\pi^2 E}{\lambda^2} = \frac{3.14^2 \times 206 \times 10^3}{200^2}\text{MPa} = 50.8\text{MPa}$$

(3) 计算许可载荷。

稳定许用应力为

$$[\sigma_{cr}] = \frac{\sigma_{cr}}{n_w} = \frac{50.8}{6}\text{MPa} = 8.46\text{MPa}$$

由压杆稳定条件得

$$\sigma = \frac{F}{A} \leqslant [\sigma_{cr}]$$

故

$$F \leqslant A[\sigma_{cr}] = \frac{\pi D^2}{4} \times [\sigma_{cr}]$$

$$= \frac{3.14 \times 25^2}{4} \times 8.46\text{N} = 4150\text{N} = 4.15\text{kN}$$

二、提高压杆稳定性的措施

提高压杆的稳定性，关键在于提高压杆的临界力或临界应力。从压杆的临界应力总图(图 9-7)可以看出，压杆的临界应力值与材料的力学性能及压杆柔度 λ 的大小有关，下面就从这两方面进行讨论。

1. 从材料方面考虑

对于钢质的大柔度杆来说，临界应力由欧拉公式计算，而临界应力的大小只与材料的弹性模量 E 有关，由于各种钢材的 E 相差不大，所以选用优质钢材与低碳钢无很大差别。对中、小柔度的压杆，临界应力大小由抛物线公式确定，优质钢的 σ_s 值较大，因此选用优质钢材可以提高压杆的临界应力，从而提高其稳定性。

2. 从柔度方面考虑

由于压杆的临界应力随柔度 λ 的减小而增大，因此减小压杆柔度是提高临界应力的有效措施。压杆的柔度与杆长、端部约束形式以及截面惯性半径有关，所以减小柔度可以从这三个因素方面着手。

(1) 选用合理的截面形状

因为柔度 $\lambda = \frac{\mu l}{i}$，$i$ 越大，则 λ 越小。而 $i = \sqrt{\frac{I}{A}}$，在面积 A 不变的情况下，应尽可能加大惯性矩 I 来降低 λ，提高临界应力 σ_{cr}。因此，将实心截面改成空心截面(图 9-10a)或尽量使材料分布远离截面中性轴(图 9-10b)，既节省材料，又增大了惯性矩 I，因

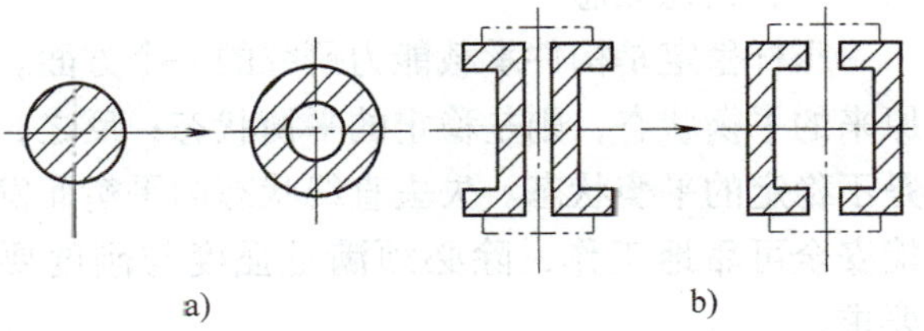

图 9-10

而是合理的截面形状。

根据支座形式选择截面形状。当压杆两端的支座是固定端或球铰链时，各纵向平面内的约束情况都相同，即μl相同，由$\lambda=\frac{\mu l}{i}$和$i=\sqrt{\frac{I}{A}}$可知，应要求截面对任一形心轴的惯性矩I相等或相近，故选用圆形或方形截面比矩形截面稳定性好；当压杆两端是柱铰链时，例如发动机的连杆(图9-11)，在两个相互垂直的纵向平面内，约束情况不相同，μl不等，就相应要求截面对两个相垂直轴的惯性矩也不相同($I_y \neq I_z$)，因而选用矩形或工字形截面比较合理。

(2) 减小压杆长度

减小压杆长度l亦即降低柔度λ，可有效地提高压杆的临界力或临界应力。在条件允许的情况下，应尽量使l减小或在压杆中间增设支座(图9-12)，以提高压杆稳定性。

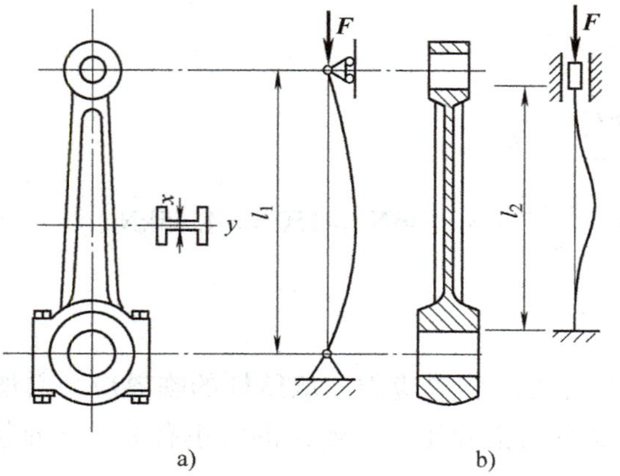

图 9-11

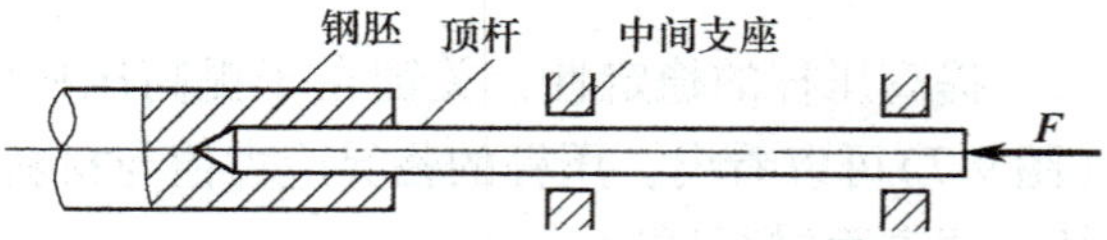

图 9-12

(3) 改善约束条件

压杆端部约束形式不同，支承系数μ亦不同，柔度$\lambda=\frac{\mu l}{i}$也将随着改变，降低支承系数μ也可使λ降低。由表9-1可知：在各种支座形式中，以固定端约束的刚性最好，铰支承次之，自由端最差。因此，尽可能加强杆端约束的刚性，就能使压杆的稳定性得到相应提高。

小结

一、失稳概念

压杆稳定是构件承载能力研究的一个方面。杆在轴向压力作用下，经干扰后若仍能恢复原来的平衡状态，则是稳定的平衡状态；反之，若不能保持原来的平衡状态而突然变弯，则是不稳定的平衡状态。失去直线状态的平衡而发生弯曲是压杆失稳破坏的特征。为了使压杆能安全可靠地工作，除必须满足强度与刚度要求外，还必须保证压杆在工作时的稳定性要求。

二、柔度的概念

λ是度量压杆稳定性的重要参数，它是由杆端的约束、压杆的长度以及截面形状和尺寸

所决定的。其公式为

$$\lambda = \frac{\mu l}{i}, \quad i = \sqrt{\frac{I}{A}}$$

三、临界力和临界应力

压杆由稳定的平衡状态过渡到不稳定平衡状态时的压力和应力称为临界力和临界应力。衡量压杆稳定的指标是临界应力，当杆的横截面上的应力达到临界应力时，压杆便丧失稳定，因此确定临界应力是研究压杆稳定性问题的关键。压杆临界力和临界应力的计算，因压杆柔度的大小不同而分为两类：

1. 对于大柔度杆（$\lambda \geqslant \lambda_p$），用欧拉公式计算，即临界力

$$F_{cr} = \frac{\pi^2 EI}{(\mu l)^2}$$

临界应力

$$\sigma_{cr} = \frac{\pi^2 E}{\lambda^2}$$

2. 对于中、小柔度杆（$\lambda < \lambda_p$）

临界应力

$$\sigma_{cr} = \sigma_s - a\lambda^2 \text{（钢）}$$

$$\sigma_{cr} = \sigma_b - a\lambda^2 \text{（铸铁）}$$

临界力

$$F_{cr} = A\sigma_{cr}$$

四、压杆稳定条件

$$\sigma = \frac{F}{A} \leqslant [\sigma_{cr}] = \frac{\sigma_{cr}}{n_w}$$

应用压杆稳定条件，可以校核压杆的稳定性，确定许可载荷和设计截面。

五、提高压杆稳定性的措施

可以从合理选择材料、长度、截面形状、尺寸和支承等方面考虑。

讨论与交流

9-1 列举日常生活中使用压杆的实例，说明保持压杆稳定性的重要性。

9-2 柔度在压杆稳定性中起什么作用？

9-3 举例说明工程中如何提高压杆的稳定性？

9-4 如何区分大、中、小柔度杆？

9-5 压杆失稳与弯曲变形性质上有什么不同？

9-6 为什么细长压杆大都采用普通碳素钢而不用高强度钢制造？

9-7 如图9-13a所示，把一件竖直的卡片纸立在桌子上，其自重就可以把它压弯。又如图9-13b所示，把卡片纸折成角钢形立在桌子上，其自重就不能把它压弯了。又如图9-13c所示，把卡片纸卷成圆筒形立在桌子上，即使在其顶部施加一小砝码也不会把它压弯，为什么？

9-8 一压杆如图9-14所示，二端均为球形铰支约束，求临界力时用对哪一轴惯性矩和惯性半径？失稳时绕哪一根轴转动？

9-9 在材料、杆长、支承情况相同的情况下，压杆横截面积越大，临界力越大，这个

结论对吗？举例说明为什么？

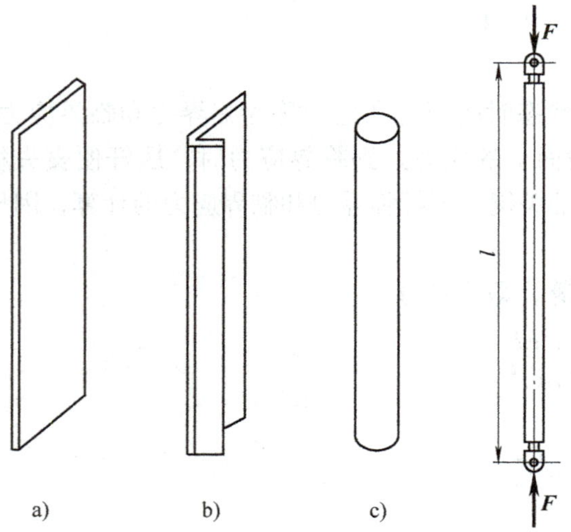

图 9-13

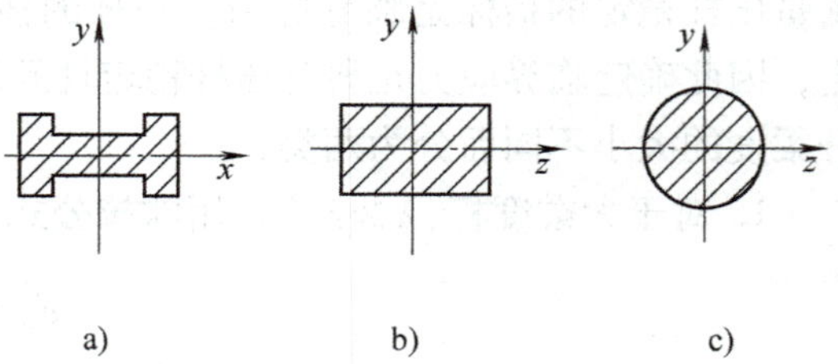

图 9-14

习题

9-1 两端球铰支的工字钢压杆，长 $l=5\text{m}$，工字钢为22a号，材料为Q235钢，弹性模量 $E=206\text{GPa}$。试求临界载荷和临界应力。

9-2 如图9-15所示细长杆，两端为球铰支，已知 $E=206\text{GPa}$，$\sigma_p=200\text{MPa}$。试分别在下列情况下确定其临界压力：

（1）圆形截面，$l=1.2\text{m}$，$D=30\text{mm}$。

（2）矩形截面，$l=1.2\text{m}$，$b=20\text{mm}$，$h=30\text{mm}$。

（3）工字形截面，$l=1.9\text{m}$，用14号工字钢。

9-3 如图9-16所示压杆的材料为Q235钢，$E=206\text{GPa}$。在主视图的平面内，两端为铰支；在俯视图的平面内，两端为固定。试求此杆的临界应力。

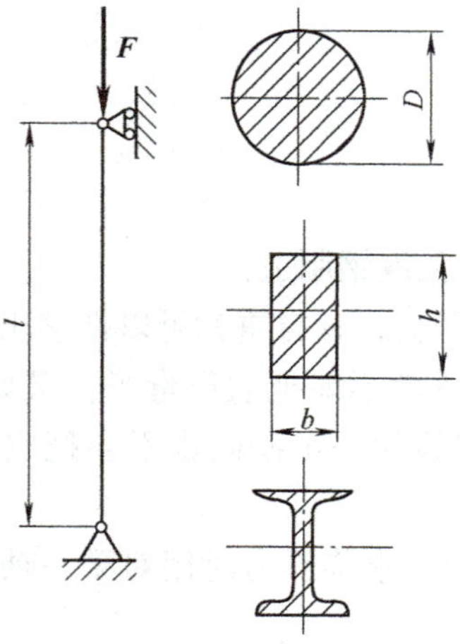

图 9-15

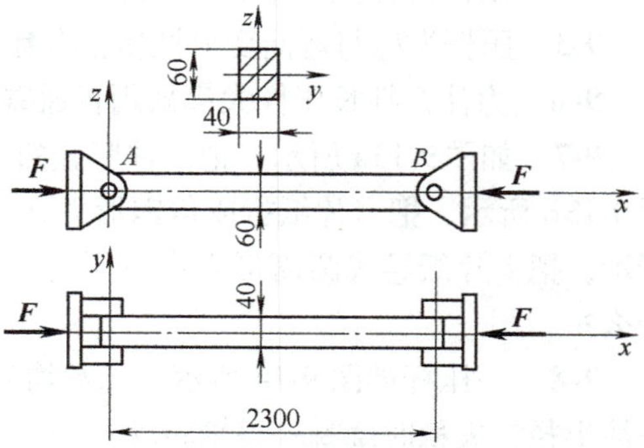

图 9-16

9-4 如图 9-17 所示托架中杆 AB 的直径 $D=40\text{mm}$，长度 $l=800\text{mm}$，两端可视为铰支，材料是 Q235 钢。试按杆 AB 的稳定条件求托架的临界力 F_{cr}。

9-5 如图 9-18 所示蒸汽机的活塞杆 AB，所受的压力 $F=120\text{kN}$，$l=180\text{cm}$，截面为圆形，直径 $D=7.5\text{cm}$。材料为 Q275 钢，$E=206\text{GPa}$，规定稳定安全因数 $n_w=3$。试校核活塞杆的稳定性。

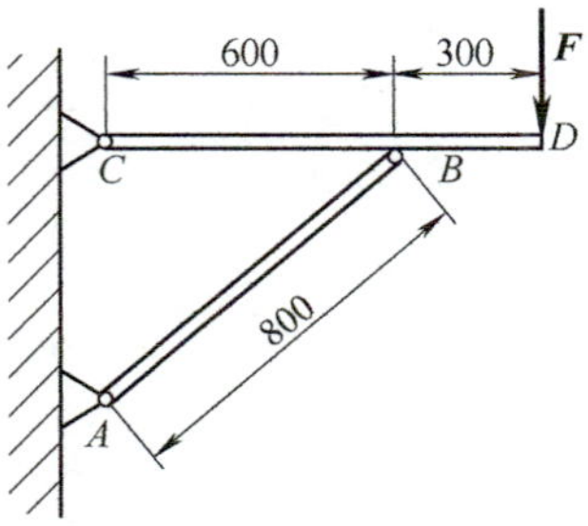

图 9-17

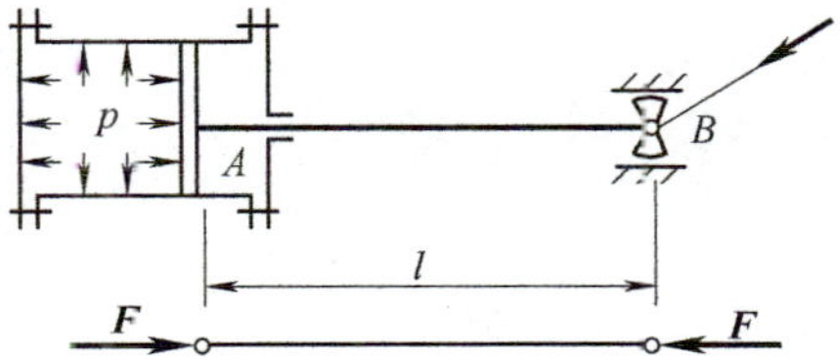

图 9-18

9-6 如图 9-19 所示材料试验机架，在其横梁上作用有夹头传来的载荷 F，已知立柱用 Q235 钢制成，$E=206\text{GPa}$，规定稳定安全因数 $n_w=3$。试根据立柱的稳定性确定 F 的极限值。（立柱可视为一端可水平移动而不可转动，另一端固定，$\mu=1$。）

9-7 如图 9-20 所示机床连杆，两端是柱铰链，材料为 Q235 钢，$E=206\text{GPa}$，截面为工字形。已知 $F=300\text{kN}$，$A=44\times10^2\text{mm}^2$，$I_y=120\times10^4\text{mm}^4$，$I_z=797\times10^4\text{mm}^4$。若稳定安全因数 $n_w=2$，试校核此杆的稳定性。

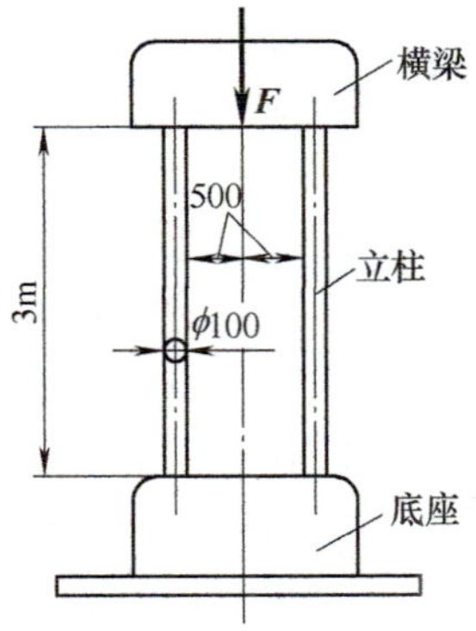

图 9-19

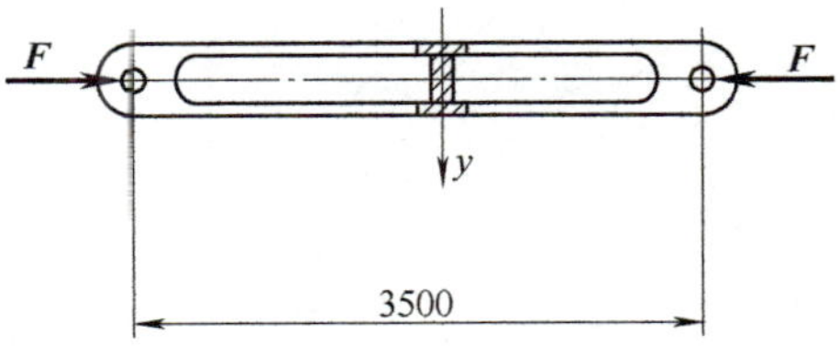

图 9-20

综 合 篇

本篇包括轮轴类构件的平衡、组合变形、强度计算、动载荷与交变应力以及刚体的基本运动分析。

单元十　轮轴类构件的平衡

工程中许多构件，如汽车的传动轴、变速器的齿轮轴、机器的转轴都是轮轴类构件。本单元就研究这类构件的受力与平衡问题。

课题一　空间力系的概念

如图 10-1a 所示为三杆铰链吊架铰链 O 的受力情况，图 10-1b 所示为小汽车的受力情况，图 10-1c 所示为汽车变速器中转轴 AB 的受力情况。可以看出，其力的作用线均不在同一平面内，这种力系称为空间力系。空间力系分为空间汇交力系、空间平行力系和空间任意力系。如三杆铰链吊架中重物对铰链 O 的拉力与三杆的约束力的作用线交于 O 点，为空间汇交力系；小汽车所受重力及地面对四个车轮的支持力的作用线相互平行，为空间平行力系；转轴 AB 所受主动力与轴承的约束力作用线既不汇交于一点，也不全部互相平行，为空间任意力系。

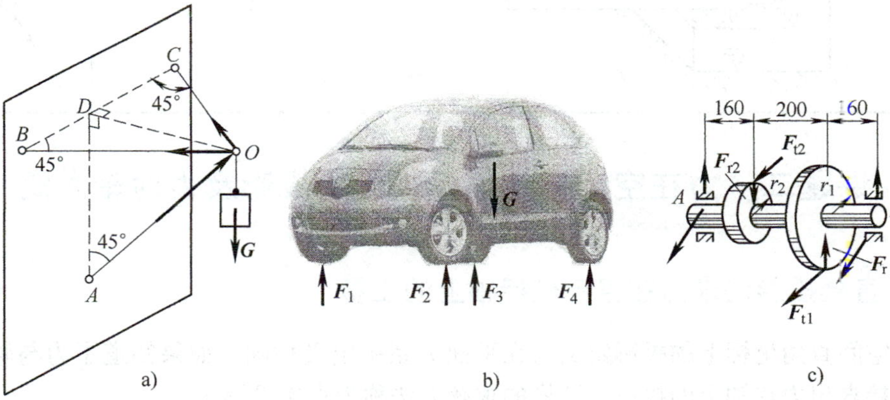

图　10-1

机械中常见的空间约束类型及其简化结果见表 10-1。

表 10-1　机械中常见的空间约束类型及其简化结果

空间约束类型	简　化　图	约　束　力
1. 向心滚子轴承与径向滑动轴承 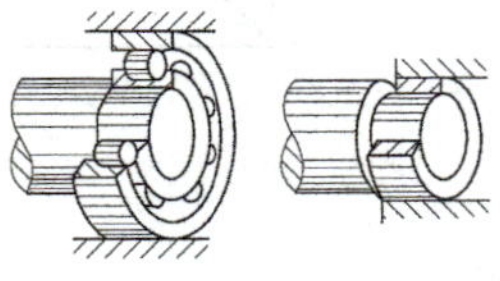	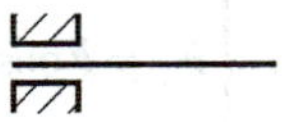	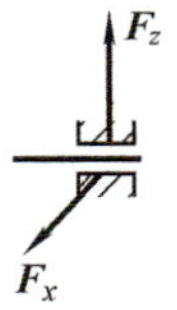

（续）

空间约束类型	简 化 图	约 束 力
2.（向心推力圆锥滚子（球）轴承、径向止推（短）滑动）轴承和球铰链 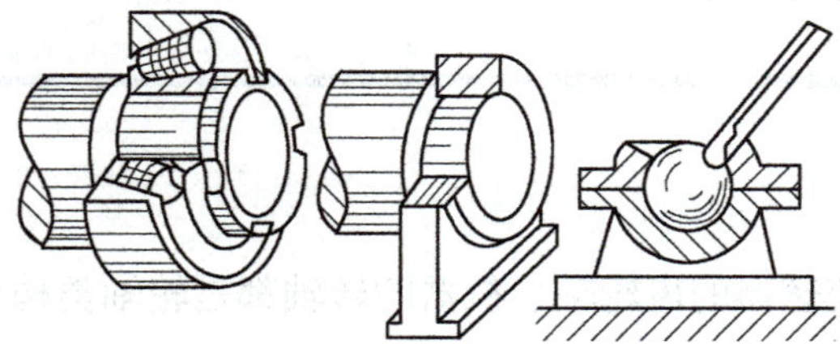		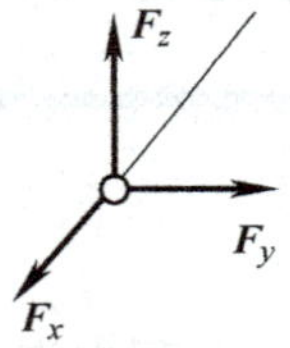
3. 柱销铰链 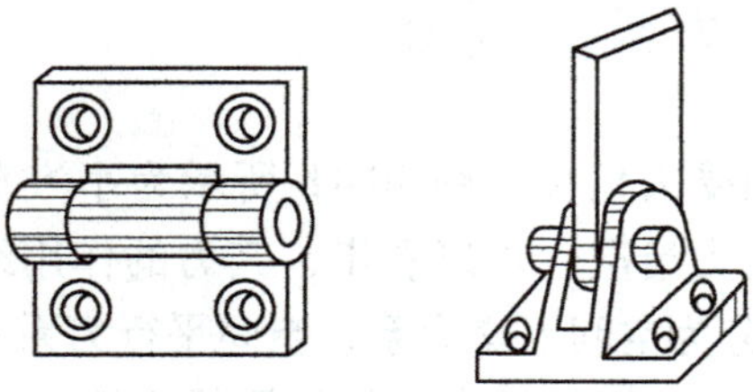	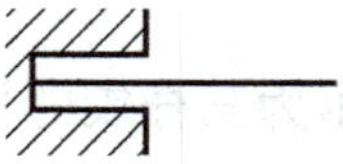	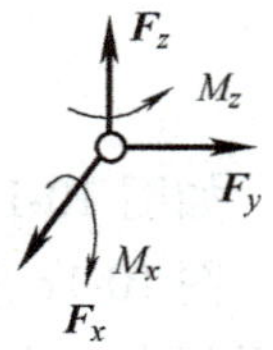
4. 固定端 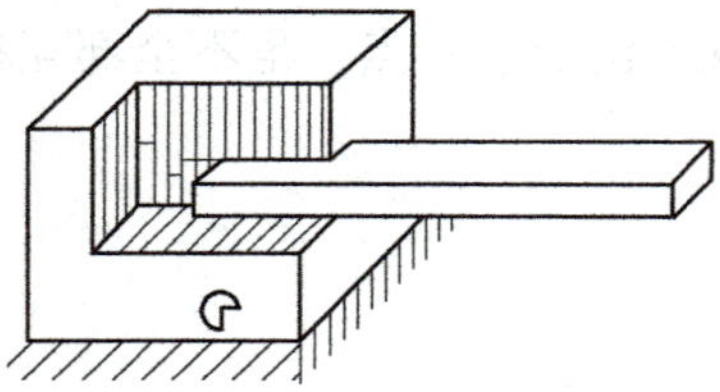	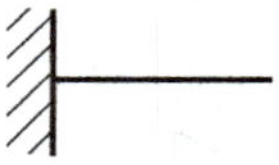	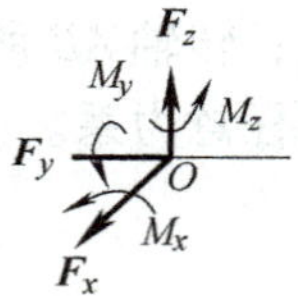

课题二　力在空间直角坐标轴上的投影及力对轴之矩

一、直接投影法求力在直角坐标轴上的投影

力在空间直角坐标上的投影定义与在平面力系中定义相同，如果知道了力与轴的夹角，就可以直接求出力在轴上的投影，这样的求解方法称为直接投影法。

若力 $\boldsymbol{F}$ 与 x、y、z 轴的夹角分别为 α、β、γ，线段 AB、AC、AD 分别垂直于 x、y、z 轴。力在轴上的投影为代数量，其正负规定与平面力系中的正负规定相同。如图 10-2 所示，根据力在轴上投影的规定，投影式中均为正值，则 $\boldsymbol{F}$ 在 x、y、z 轴上的投影分别为

$$\begin{cases} F_x = F\cos\alpha \\ F_y = F\cos\beta \\ F_z = F\cos\gamma \end{cases} \qquad (10\text{-}1)$$

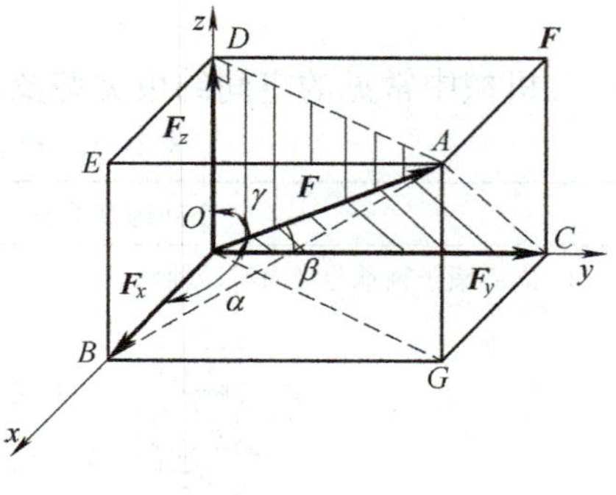

图　10-2

若以力矢 $\boldsymbol{F} = \overrightarrow{OA}$ 的大小为对角线作直角六面体，

其三棱边分别为 x、y、z 轴，由图 10-2 可以看出：$OB = F\cos\alpha$、$OC = F\cos\beta$、$OD = F\cos\gamma$，即 OB、OC、OD 分别为 $\boldsymbol{F}$ 在 x、y、z 轴上的投影。

若将力矢 $\boldsymbol{F}$ 沿 x、y、z 轴分解，可得三个正交分力 $\boldsymbol{F}_x = \overrightarrow{OB}$、$\boldsymbol{F}_y = \overrightarrow{OC}$、$\boldsymbol{F}_z = \overrightarrow{OD}$。

由上述可知：力在空间轴上的投影是代数量，而沿轴分解的分力为矢量，沿直角坐标轴分解的分力的大小等于力在该轴上的投影的绝对值。

二、二次投影法

有时力与坐标轴的夹角不易全部确定，例如图 10-3 中，只知力 $\boldsymbol{F}$ 与 z 轴的夹角 γ 及力 $\boldsymbol{F}$ 在 xy 平面上的投影与 x 轴的夹角 φ。则可先将力 $\boldsymbol{F}$ 投影到 z 轴和与 z 轴垂直的 Oxy 平面上，可得 $\boldsymbol{F}$ 在 z 轴上的投影 F_z 及在 Oxy 平面上的投影 F_{xy}，其中 $F_z = F\cos\gamma$、$F_{xy} = F\sin\gamma$。

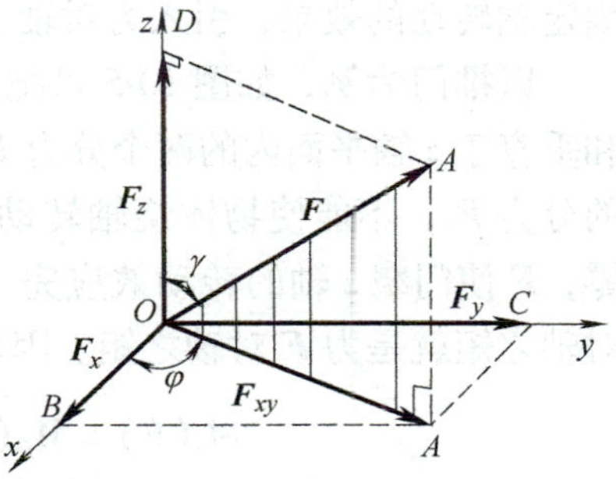

图 10-3

然后再将 F_{xy} 分别投影到 x、y 轴上，F_{xy} 在 x、y 轴的投影就是 $\boldsymbol{F}$ 在 x、y 轴上的投影。

于是可得

$$\begin{cases} F_x = OB = F_{xy}\cos\varphi = F\sin\gamma\cos\varphi \\ F_y = OC = F_{xy}\sin\varphi = F\sin\gamma\sin\varphi \\ F_z = F\cos\gamma \end{cases} \tag{10-2}$$

计算力在空间直角坐标轴上的投影时，要根据具体条件进行计算。

若已知投影 F_x、F_y、F_z，由下式可得合力 $\boldsymbol{F}$ 的大小、方向(方向用余弦表示)

$$\begin{cases} \text{大小} \quad F = \sqrt{(F_{xy})^2 + F_z^2} = \sqrt{F_x^2 + F_y^2 + F_z^2} \\ \text{方向} \quad \cos\alpha = \left|\dfrac{F_x}{F}\right| \\ \qquad\quad \cos\beta = \left|\dfrac{F_y}{F}\right| \\ \qquad\quad \cos\gamma = \left|\dfrac{F_z}{F}\right| \end{cases} \tag{10-3}$$

例 10-1 图 10-4 为一斜齿圆柱轮，传动时受到力 $\boldsymbol{F}$ 的作用，$\boldsymbol{F}$ 作用于与齿面垂直的法平面内，且与过接触点 B 的切面成 α 角，轮齿方向与轴线成 β 角。若已知 $F = 5\text{kN}$，$\alpha = 20°$、$\beta = 15°$，求 $\boldsymbol{F}$ 在轴向、切向和径向的分力。

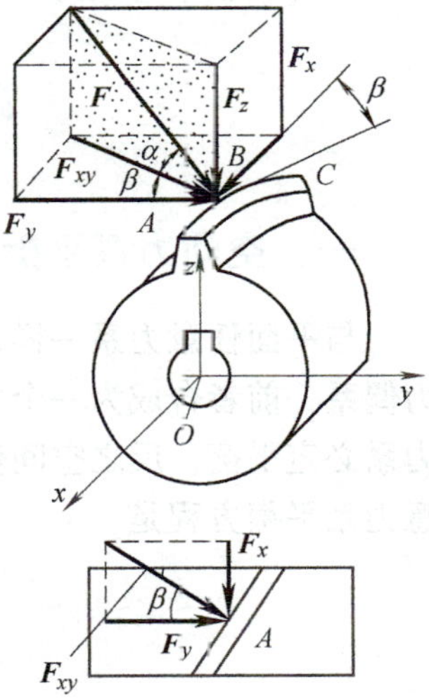

图 10-4

解 从以力 $\boldsymbol{F}$ 为对角线的正六面体中可得

轴向力
$$\begin{aligned} F_x &= F_{xy}\sin\beta \\ &= F\cos\alpha\sin\beta \\ &= 1.22\text{kN} \end{aligned}$$

切向力
$$\begin{aligned} F_y &= F_{xy}\cos\beta \\ &= F\cos\alpha\cos\beta \\ &= 4.54\text{kN} \end{aligned}$$

径向力

$$F_z = -F\sin\alpha = -1.71\text{kN}$$

三、力对轴之矩

在工程实际中，常见物体绕某一固定轴转动的情况(如推门)，为了度量力使物体绕某固定轴转动的效果，引入力对轴之矩的概念。

以推门为例，如图10-5可把推力 $\boldsymbol{F}$ 分解为平行于 z 轴和垂直于 z 轴平面内的两个分力 $\boldsymbol{F}_z$、$\boldsymbol{F}_{xy}$。由于平行于 z 轴的分力 $\boldsymbol{F}_z$，不能使物体绕轴转动，所以 $\boldsymbol{F}_z$ 对该轴之矩为零，$\boldsymbol{F}$ 使门绕 z 轴的转动效应完全由分力 $\boldsymbol{F}_{xy}$ 决定，即 $\boldsymbol{F}_{xy}$ 对轴之矩就是力 $\boldsymbol{F}$ 对轴之矩。因而力 $\boldsymbol{F}$ 对 z 轴之矩为

$$M_z(\boldsymbol{F}) = M_O(\boldsymbol{F}_{xy}) \tag{10-4}$$

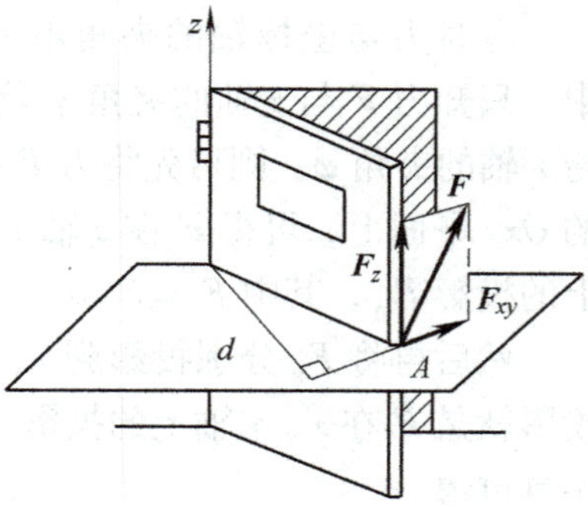

图 10-5

上式表明，空间力对轴之矩等于此力在垂直于该轴平面上的分力对该轴与此平面交点之矩。

力对轴之矩的单位是N·m。正负号可这样确定，从 z 轴的正向观察若 $\boldsymbol{F}$ 使物体绕 z 轴作逆时针旋转，力矩取正号；反之取负号。

当力与轴平行或力与轴相交，即力 $\boldsymbol{F}$ 与轴共面时，力对轴之矩为零。

课题三　轮轴类构件的平衡问题

一、空间力系平衡的概念

与平面任意力系一样，空间任意力系向任一点简化，可得一个空间汇交力系与一个空间力偶系，前者合成为一个力，后者则合成为一个力偶，若此力及力偶矩为零，则该空间任意力系必定平衡；反之空间任意力系平衡，则向任一点简化所得的力和力偶矩必为零。空间任意力系平衡方程是

$$\left\{\begin{aligned} &\sum F_x = 0\\ &\sum F_y = 0\\ &\sum F_z = 0\\ &\sum M_x(\boldsymbol{F}) = 0\\ &\sum M_y(\boldsymbol{F}) = 0\\ &\sum M_z(\boldsymbol{F}) = 0 \end{aligned}\right. \tag{10-5}$$

前三个方程式称为投影方程式，后三个称为力矩方程式。

空间各种力系平衡方程见表10-2。

表 10-2　空间力系平衡方程

力　系	投影方程	力矩方程	方程数
空间任意力系	$\sum \boldsymbol{F}_x=0$ $\sum \boldsymbol{F}_y=0$ $\sum \boldsymbol{F}_z=0$	$\sum M_x(\boldsymbol{F})=0$ $\sum M_y(\boldsymbol{F})=0$ $\sum M_z(\boldsymbol{F})=0$	6
空间汇交力系	$\sum \boldsymbol{F}_x=0$ $\sum \boldsymbol{F}_y=0$ $\sum \boldsymbol{F}_z=0$		3
空间平行力系	$\sum \boldsymbol{F}_z=0$ （各力平行于 z 轴）	$\sum M_x(\boldsymbol{F})=0$ $\sum M_y(\boldsymbol{F})=0$	3
空间力偶系		$\sum M_x(\boldsymbol{F})=0$ $\sum M_y(\boldsymbol{F})=0$ $\sum M_z(\boldsymbol{F})=0$	3

由表 10-2 可知，空间任意力系平衡的充分必要条件是各力在任意三个坐标轴上的投影的代数和以及各力对此三轴之矩的代数和分别等于零。

空间汇交力系平衡的充分必要条件是各力在任意三个坐标轴上投影的代数和都等于零。

空间平行力系平衡的充分必要条件是各力在某坐标轴投影的代数和以及各力对另外两轴之矩的代数和都等于零。

需指出的是，空间汇交力系、空间平行力系均是空间任意力系的特殊情况。

二、轮轴类构件平衡问题的平面解法

当空间任意力系平衡时，它在任意平面上的投影组成的平面任意力系也是平衡的。因而在机械工程中，常把空间力系投影到三个坐标平面上，画出主视、俯视、侧视三个视图，分别列出它们的平衡方程，同样可解出所求的未知量。这种将空间问题分散转化为三个平面问题的研究方法，称为空间问题的平面解法。本法特别适合于解决轮轴类构件的空间受力平衡问题。

例 10-2　如图 10-6 所示为起重机鼓轮摇臂绞车，已知鼓轮半径为 10cm，手柄臂长为 $R=20$cm，重物所受重力的大小 $G=10$kN，E 点有水平力 $\boldsymbol{F}$ 作用，A、B 处为向心轴承，其余尺寸如图(单位:cm)。试求手柄作用力 $\boldsymbol{F}$ 及 A、B 两处轴承的约束力。

解　(1) 取轮轴为研究对象，并画其受力图，如图 10-6a 所示。

(2) 将所有外力(主动力、约束力)向三个坐标平面投影，画三视图，如图10-6b 所示。

(3) 按平面力系平衡问题进行计算。

① 对符合可解条件的先行求解，故先从与 y 轴垂直的 xz 平面解起。

对 xz 面，$\sum M_A(\boldsymbol{F})=0$　$-FR+Gr=0$

得

$$F=5\text{kN}$$

② 对其余两面求解：

对 yz 面，$\sum M_B(\boldsymbol{F})=0$　$F_{Az}\cdot AB-BD\cdot G=0$

得

$$F_{Az}=5\text{kN}$$

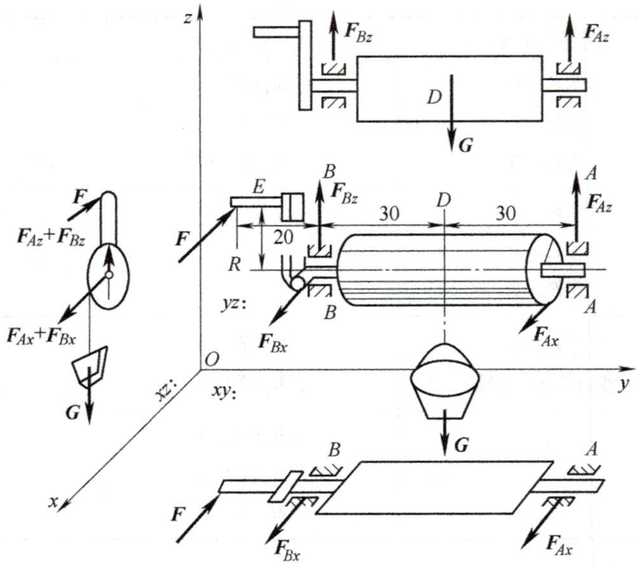

a)

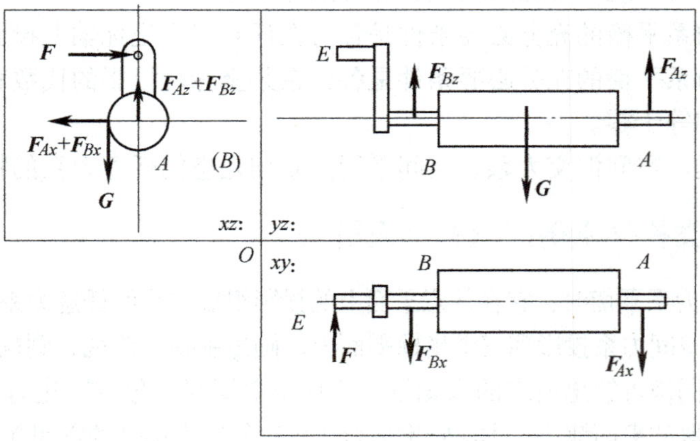

b)

图 10-6

$$\sum F_z = 0 \quad F_{Bz} + F_{Az} - G = 0$$

得

$$F_{Bz} = 5\text{kN}$$

对 xy 面，$\sum M_B(\boldsymbol{F}) = 0 \quad F_{Ax} \cdot AB + F \cdot BE = 0$

得

$$F_{Ax} = -1.67\text{kN}$$

$$\sum F_x = 0 \quad -F + F_{Az} + F_{Bx} = 0$$

得

$$F_{Bx} = 6.67\text{kN}$$

例 10-3 某转轴如图 10-7a 所示，已知传动带拉力 $F_{T1} = 5\text{kN}$，$F_{T2} = 2\text{kN}$，带轮直径 $D = 160\text{mm}$，分度圆直径为 $d = 100\text{mm}$，压力角（齿轮啮合力与分度圆切线间夹角）$\alpha = 20°$。求齿轮圆周力 F_t、径向力 F_r 和轴承的约束力。

解 （1）取转轴为研究对象，并画出它的分离体在三个坐标平面投影的受力图，如图

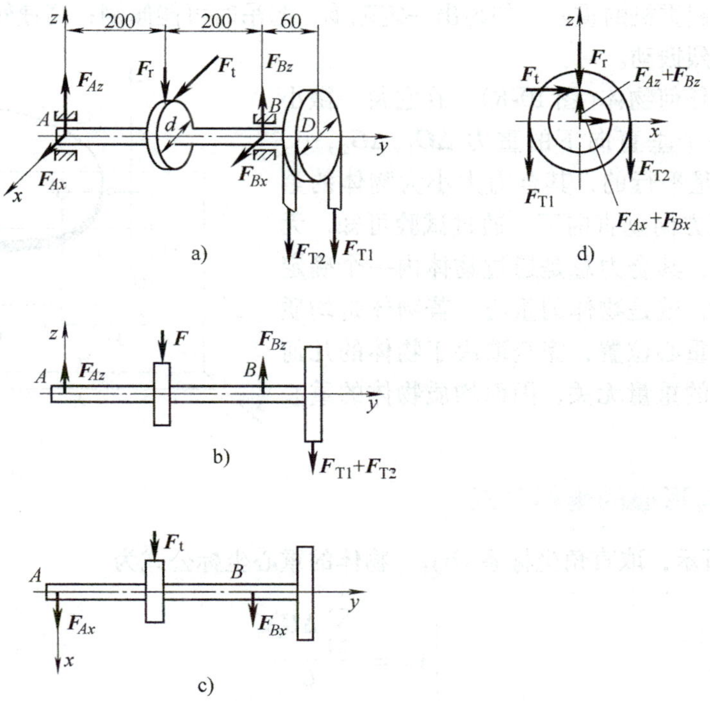

图 10-7

10-7b、c、d 所示。

(2) 按平面力系平衡问题进行计算。

① 对符合可解条件的先行求解，故先从 xz 面先行求解。

对 xz 面，$\sum M_A(\boldsymbol{F})=0 \quad (F_{T1}-F_{T2})\dfrac{D}{2}-F_t\dfrac{d}{2}=0$

得
$$F_t=4.8\text{kN}$$
$$F_r=F_t\tan\alpha=1.75\text{kN}$$

② 对其余两面求解。

对 yz 面，$\sum M_B(\boldsymbol{F})=0 \quad -400F_{Az}+200F_r-60(F_{T1}+F_{T2})=0$

得
$$F_{Az}=-0.177\text{kN}$$
$$\sum M_A(\boldsymbol{F})=0 \quad -200F_r+400F_{Bz}-460(F_{T1}+F_{T2})=0$$
得
$$F_{Bz}=8.57\text{kN}$$

对 xy 面，由对称性得

$$F_{Ax}=F_{Bx}=-\frac{F_t}{2}=-2.4\text{kN}$$

课题四　重心和形心

一、重心的概念

重心是力学及工程中一个很重要的概念，物体的平衡、振动的稳定性等问题，都涉及重心位置。例如，起重机的重心，如超出一定范围，起吊时可能倾倒；高速转子的重心不在转轴上，会引起强烈振动。

在地球上的任何物体(图 10-8)，在它每一微小部分都作用着一个垂直向下的重力 $\Delta \boldsymbol{G}_1, \Delta \boldsymbol{G}_2, \cdots, \Delta \boldsymbol{G}_n$，这些力都是平行的，其合力大小为物体的重量 $G=\sum \Delta G$，其方向垂直向下。通过试验可知，无论物体怎样放置，其合力总是通过物体内一个确定点，这个确定点，就是物体的重心。若物体是均质的，均质物体的重心位置，完全取决于物体的几何形状，而与物体的重量无关，因而均质物体的重心也称为形心。

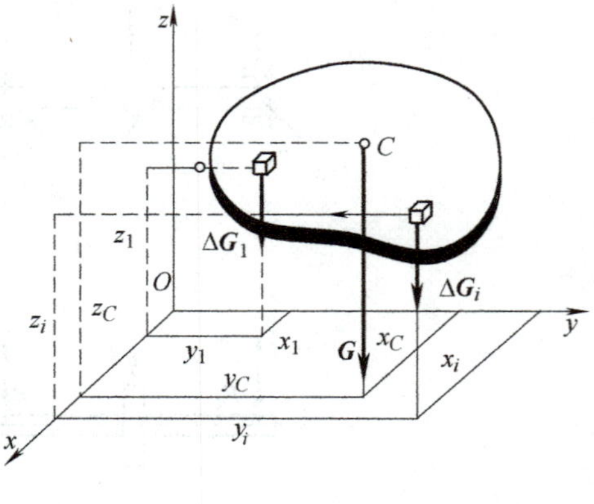

图 10-8

二、重心与形心的坐标公式

如图 10-8 所示，取直角坐标系 $Oxyz$，物体的重心坐标公式为

$$\begin{cases} x_C = \dfrac{\sum\limits_{i=1}^{n} \Delta G_i x_i}{G} \\ y_C = \dfrac{\sum\limits_{i=1}^{n} \Delta G_i y_i}{G} \\ z_C = \dfrac{\sum\limits_{i=1}^{n} \Delta G_i z_i}{G} \end{cases} \tag{10-6}$$

式中，ΔG_i 为任意一个微小部分的重量，而 x_i、y_i、z_i 为各重力作用点坐标，G 为物体重量。

若物体是均质的，假定密度为 ρ，物体的体积为 V，则物体的重量 $G=\rho g V$，每一微小体积重量 $\Delta G_i=\rho g \Delta V_i$。将上述公式代入重心坐标公式，消去 ρ、g 得

$$\begin{cases} x_C = \dfrac{\sum\limits_{i=1}^{n} \Delta V_i x_i}{V} \\ y_C = \dfrac{\sum\limits_{i=1}^{n} \Delta V_i y_i}{V} \\ z_C = \dfrac{\sum\limits_{i=1}^{n} \Delta V_i z_i}{V} \end{cases} \tag{10-7}$$

式(10-7)即为均质物体的重心坐标公式，也是该物体形心坐标公式，即对均质物体来说，形心与重心是重合的。

若物体不仅为均质，且为等厚薄平板，设其厚度为 δ，面积为 A。其形心坐标公式为(图 10-9)

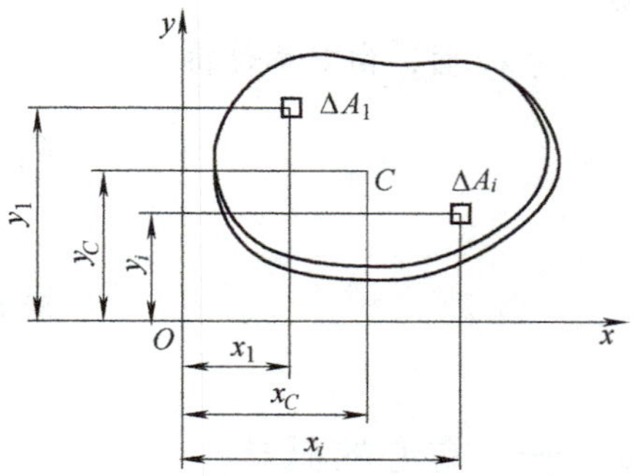

图 10-9

$$
\begin{cases}
x_C = \dfrac{\sum_{i=1}^{n} \Delta A_i x_i}{A} \\
y_C = \dfrac{\sum_{i=1}^{n} \Delta A_i y_i}{A}
\end{cases}
\tag{10-8}
$$

上式称平面图形形心坐标公式。

三、重心及形心位置求法

1. 对称法(图解法)

如果所考虑的物体是均质的，具有对称平面、对称轴线或对称中心时，则其形心必在此对称平面、对称轴线、对称中心上。圆的重心 O 在圆心(图10-10a)；任意三角形的重心在任意两条中线交点(图10-10b)；平面四边形的重心在两条对角线的交点(图 10-10c)；圆柱体重心在轴线中心。有时对面积的划分还可采用负面积法，如图10-10d 所示，第一次划分成 C_3C_4 相加，第二次则划分为 C_1 与 C_2 之差，二线交点 C 即为形心。运用此法不需计算，仅依靠作图即可求出图形的形心。

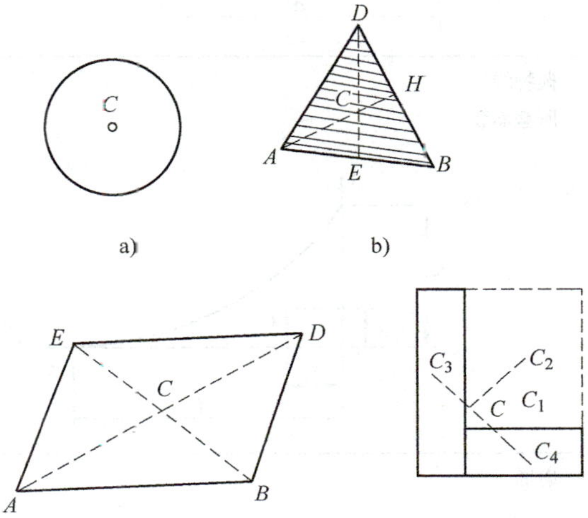

图 10-10

2. 公式法

求基本规则形体的形心时，可将形体分割成无限多个微小形体，在此极限情况下，可将重心公式写成如下的定积分形式

$$
x_C = \frac{\int_o^G x\mathrm{d}G}{G};\ y_C = \frac{\int_o^G y\mathrm{d}G}{G};\ z_C = \frac{\int_o^G z\mathrm{d}G}{G}
$$

用此法求得的常用几何图形的形心位置，可在机械手册中查得：表 10-3 中介绍了几种基本形体的形心位置。

表 10-3 基本形体形心位置表

图　形	形 心 位 置
三角形 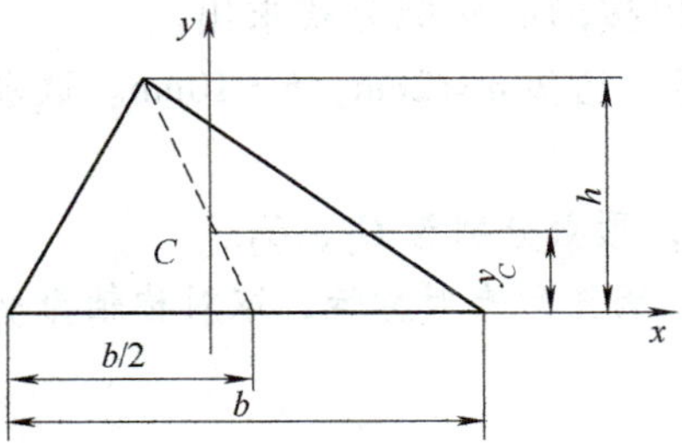	$y_C = \frac{h}{3}$ $A = \frac{1}{2}bh$

(续)

图　形	形心位置
梯形 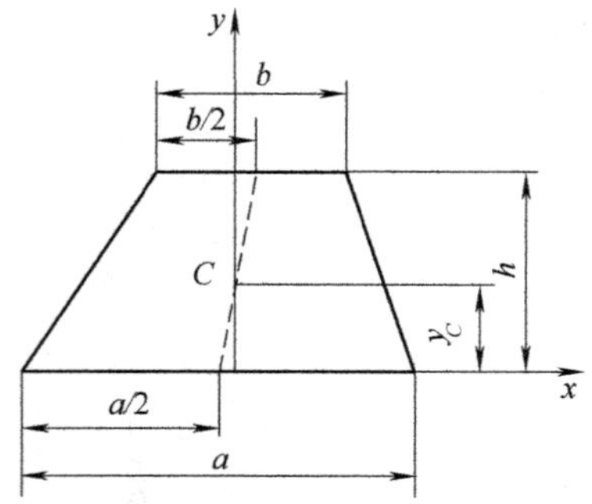	$y_C=\dfrac{h(a+2b)}{3(a+b)}$ $A=\dfrac{h}{2}(a+b)$
抛物线 所截面积 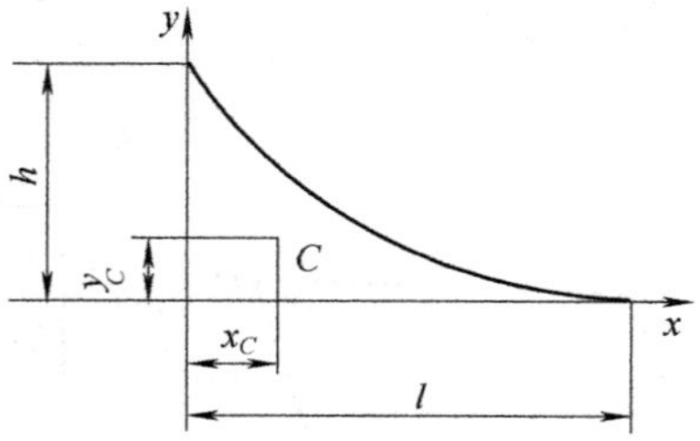	$x_C=\dfrac{1}{4}l$ $y_C=\dfrac{3}{10}h$ $A=\dfrac{1}{3}hl$
扇形 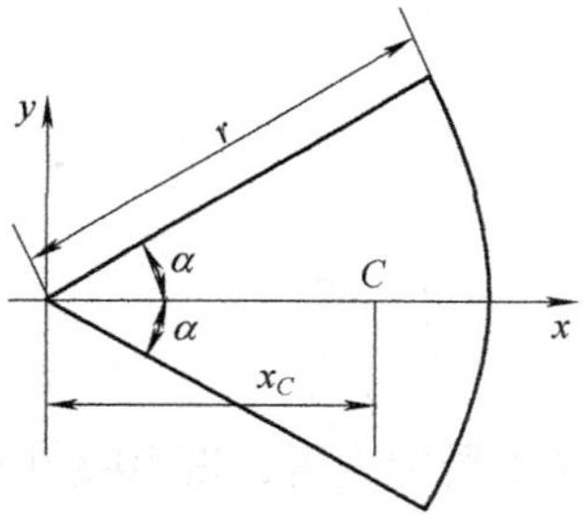	$x_C=\dfrac{2r\sin\alpha}{3\alpha}$ $A=\alpha r^2$ 半圆的 $\alpha=\pi/2$ $x_C=\dfrac{4r}{3\pi}$

3. 组合法

机械结构或零件往往由几个简单的基本形体组合而成，每个形体的形心位置可以根据常识判断或查表确定。整个形体的形心就可以按形心坐标公式求出。

例 10-4　有一“T”字形截面如图 10-11 所示，已知 $a=2\text{cm}$，$b=10\text{cm}$。试求此截面的形心位置。

解　(1) 将 T 形截面分割成Ⅰ、Ⅱ两块矩形，形心分别为 C_1、C_2。

(2) 坐标原点选在图形Ⅱ的下端（图 10-11），因图形有对称性，取对称轴为 y 轴。

(3) 计算

由 $$x_C = \frac{\sum_{i=1}^{n} \Delta A_i x_i}{A}$$

$$y_C = \frac{\sum_{i=1}^{n} \Delta A_i y_i}{A}$$

有 $$x_C = \frac{A_{\mathrm{I}} \cdot 0 + A_{\mathrm{II}} \cdot 0}{A} = 0$$

$$y_C = \frac{A_{\mathrm{I}} y_1 + A_{\mathrm{II}} y_2}{A} = \frac{20 \times 11 + 20 \times 5}{20 + 20}\mathrm{cm} = 8\mathrm{cm}$$

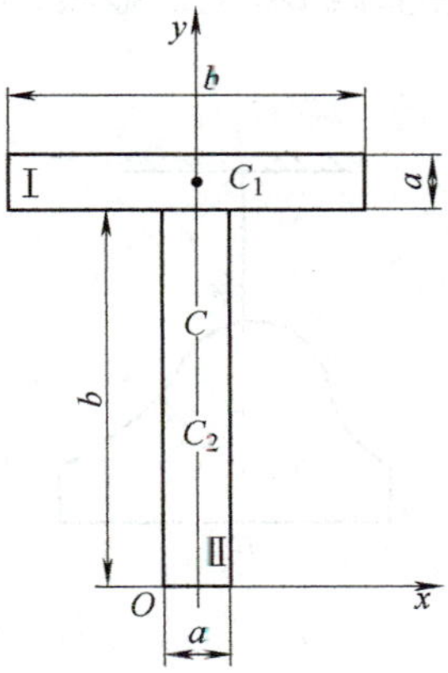

图 10-11

对于 $x_C = 0$，从图形的对称性也可直接看出。因为 y 轴为对称轴，T 形截面形心必在 y 轴上，故 $x_C = 0$。

如有一形体为从一基本形体中挖去另一个基本形体的残留形状，可把被挖去形体面积看作负值，仍可用相同的方法求出形心位置。

例 10-5 如图 10-12 所示，已知大圆半径为 R，小圆孔半径为 r，两圆中心距为 a。求阴影部分的形心。

解 (1) 将此图形分成半径为 R 的圆面积和半径为 r 的圆面积两部分，但后者面积为负值。

(2) 选坐标系 Oxy 如图所示。

(3) 求形心 x_C、y_C。

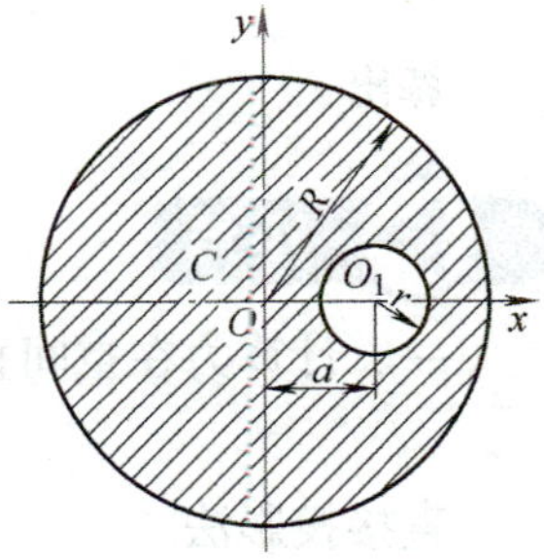

图 10-12

每部分的面积和形心的 x 坐标分别为

$$A_1 = \pi R^2$$

$$x_1 = 0$$

$$A_2 = -\pi r^2$$

$$x_2 = a$$

则 $$x_C = \frac{A_1 x_1 + A_2 x_2}{A_1 + A_2} = \frac{\pi R^2 \cdot 0 + (-\pi r^2) a}{\pi R^2 - \pi r^2} = -\frac{a r^2}{R^2 - r^2}$$

由图形对称关系可知 $$y_C = 0$$

或由 $$y_C = \frac{A_1 y_1 + A_2 y_2}{A_1 + A_2}$$

式中， $$y_1 = 0,\ y_2 = 0$$

所以 $$y_C = 0$$

故所求形心 C 的位置坐标为 $\left(-\frac{a r^2}{R^2 - r^2}, 0\right)$。由于 $R > r$，故 x_C 值为负，这表示形心 C 应位于原点 O 的左侧。

4. 试验法

如果物体形状复杂或质量分布不均匀，其重心(或形心)常用试验法来确定。

(1) 悬挂法 对于形状复杂的薄平板求重心时的常用方法，如图 10-13 所示。可先将板悬挂于任意一点 A，则知其重心一定在垂直线 AB 上；再将板悬挂于任意点 D，其重心必在

铅直线 DE 上。显然，AB 与 DE 的交点即为此平板之重心 C。

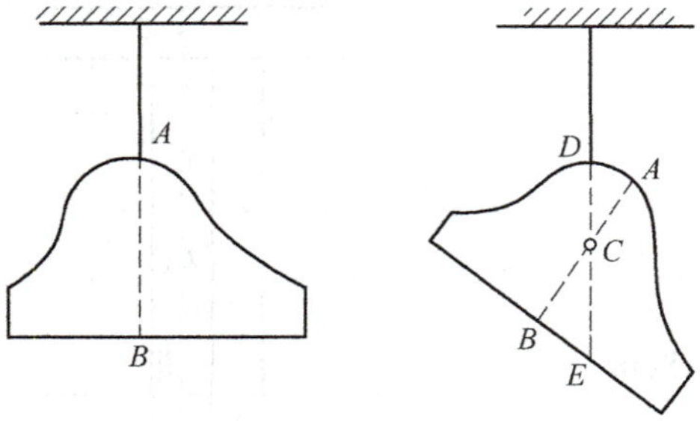

图 10-13

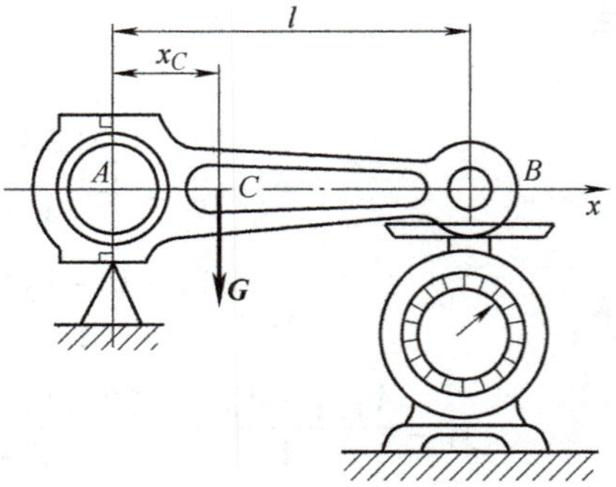

图 10-14

（2）称重法　对于形状复杂的机件、体积很大的物体，可由称重法求其重心。图 10-14 为一汽车发动机连杆，可先用磅秤称出其重量 G，然后将其一端支于固定的支点 A，另一端支于磅秤上，量出两支点间的水平距离 l，并读出磅秤上的 F_{NB} 值。则由

$$\sum M_A(\boldsymbol{F})=0$$

有
$$F_{NB}l-Gx_C=0$$

算出
$$x_C=\frac{F_{NB}l}{G}$$

小结

一、计算力在空间直角坐标轴上的投影有两种方法，即直接投影法和二次投影法。

直接投影法
$$\begin{cases}F_x=\pm F\cos\alpha\\F_y=\pm F\cos\beta\\F_z=\pm F\cos\gamma\end{cases}$$

二次投影法
$$\begin{cases}F_x=\pm F\sin\gamma\cos\varphi\\F_y=\pm F\sin\gamma\sin\varphi\\F_z=\pm F\cos\gamma\end{cases}$$

二、空间力系平衡问题转化为平面力系平衡问题来处理的方法：先将空间力系投影到三个坐标平面上，转化成三个平面力系，然后分别列平面力系平衡方程求解。

三、空间各种力系平衡方程(表 10-4)。

表 10-4　空间各种力系平衡方程

	任意力系	汇交力系	平行力系	力偶系
空间	$\sum F_x=0$ $\sum F_y=0$ $\sum F_z=0$ $\sum M_x(\boldsymbol{F})=0$ $\sum M_y(\boldsymbol{F})=0$ $\sum M_z(\boldsymbol{F})=0$	$\sum F_x=0$ $\sum F_y=0$ $\sum F_z=0$	$\sum F_z=0$ $\sum M_x(\boldsymbol{F})=0$ $\sum M_y(\boldsymbol{F})=0$	$\sum M_x(\boldsymbol{F})=0$ $\sum M_y(\boldsymbol{F})=0$ $\sum M_z(\boldsymbol{F})=0$

四、物体重心是由物体各微小部分的重力所组成的平行力系的合力作用点。应掌握常用的求重心位置的方法，熟悉用组合法求形心的计算过程及形心坐标公式。

重心坐标的一般公式为

$$
\begin{cases}
x_C = \dfrac{\sum\limits_{i=1}^{n} \Delta G_i x_i}{G} \\
y_C = \dfrac{\sum\limits_{i=1}^{n} \Delta G_i y_i}{G} \\
z_C = \dfrac{\sum\limits_{i=1}^{n} \Delta G_i z_i}{G}
\end{cases}
$$

形心坐标计算公式

$$
\begin{cases}
x_C = \dfrac{\sum\limits_{i=1}^{n} \Delta V_i x_i}{V} \\
y_C = \dfrac{\sum\limits_{i=1}^{n} \Delta V_i y_i}{V} \\
z_C = \dfrac{\sum\limits_{i=1}^{n} \Delta V_i z_i}{V}
\end{cases}
$$

讨论与交流

10-1 若已知力 $\boldsymbol{F}$ 与 x 轴的夹角为 α，与 y 轴夹角为 β，以及力 $\boldsymbol{F}$ 的大小，能否计算出 $\boldsymbol{F}$ 在 z 轴上的投影 F_z？

10-2 分别写出力在空间直角坐标轴上的两种投影方法的投影计算公式。

10-3 一个空间力系问题用投影法最多可以转化为几个平面力系问题。

10-4 物体的重心是否一定在物体的内部。

10-5 将物体沿过重心的平面切开，两边是否一样重？

10-6 物体位置变动时，其重心位置是否变化；如果物体发生了变形，重心的位置变不变？

10-7 试举空间约束的实例。

10-8 举例说明直接投影法和二次投影法的应用条件。

10-9 一个空间力系问题可转化为三个平面力系问题，那么能不能由此求解 9 个未知量？

习题

10-1 圆柱斜齿轮传动时，轮齿受力如图 10-15 所示。试将轮齿所受法向力 $\boldsymbol{F}_n$ 分解为圆周力、径向力和轴向力。已知 $F_n = 1000\text{N}$，$\alpha = 20°$，$\beta = 15°$。

10-2 如图10-16所示的转轴上，已知两齿轮的半径分别为$r_C=0.1\text{m}$，$r_D=0.05\text{m}$。其上受力有：圆周力$F_{t1}=3.58\text{kN}$；径向力$F_{r1}=1.3\text{kN}$，$F_{r2}=2.6\text{kN}$。$AC=CD=DB=0.1\text{m}$。求D轮的圆周力$\boldsymbol{F}_{t2}$及A、B两轴承的约束力。图中尺寸单位为mm。

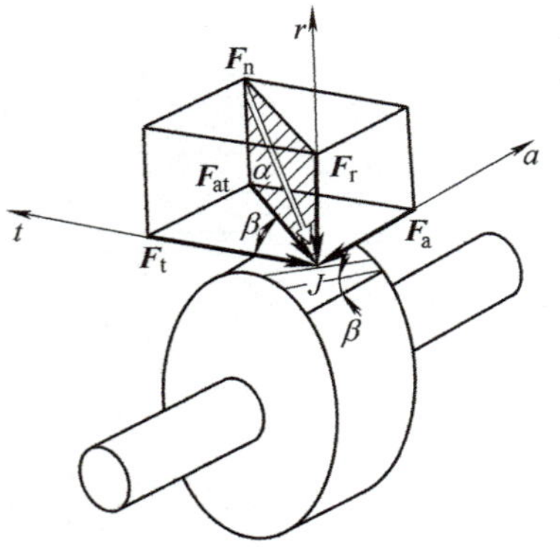

图 10-15

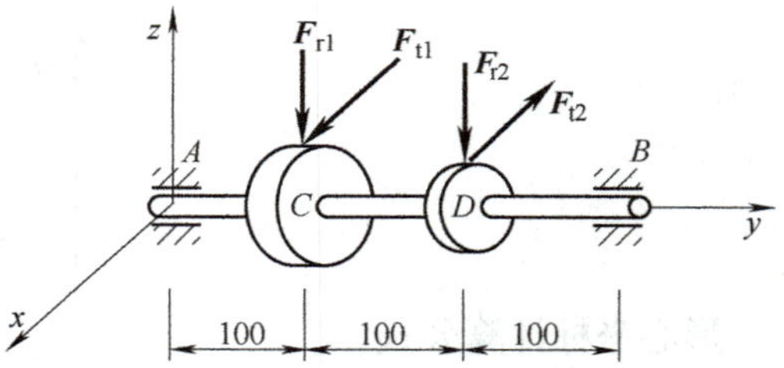

图 10-16

10-3 如图10-17所示，水平轴上装有两个凸轮，凸轮上分别作用已知力$F_1=800\text{N}$（沿水平方向）和未知力$\boldsymbol{F}_2$。若轴处于平衡状态，求$\boldsymbol{F}_2$的大小和轴承的约束力。

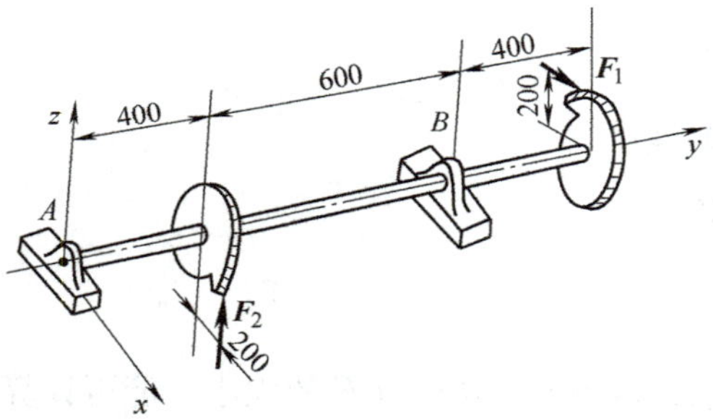

图 10-17

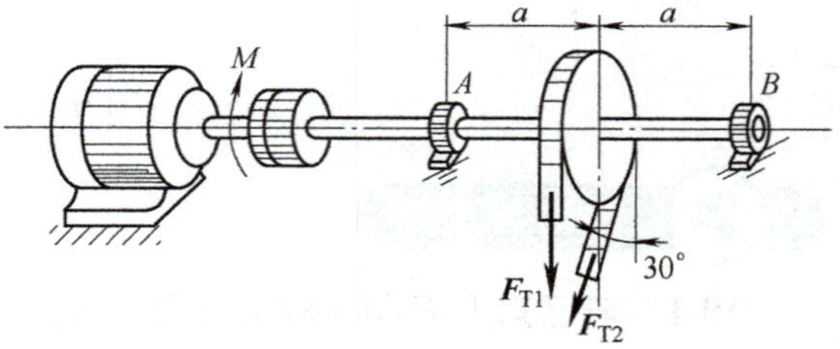

图 10-18

10-4 如图10-18所示为电动机通过联轴器带动带轮的传动装置。已知驱动力偶矩$M=20\text{N}\cdot\text{m}$，带轮直径$d=16\text{cm}$，$a=20\text{cm}$，轮轴自重不计，带的拉力$F_T=F_{T2}$。试求$A$、$B$两轴承的支座约束力。

10-5 如图10-19所示电动卷扬机的二带轮中心线是水平线，胶带与水平线夹角为30°，鼓轮半径$r=10\text{cm}$，大带轮半径$R=20\text{cm}$，吊起重物$G=10\text{kN}$，胶带紧边拉力F_{T1}是松边拉力F_{T2}的2倍，图示尺寸单位为cm。试求胶带拉力F_{T1}、F_{T2}及A、B两轴承的约束力。

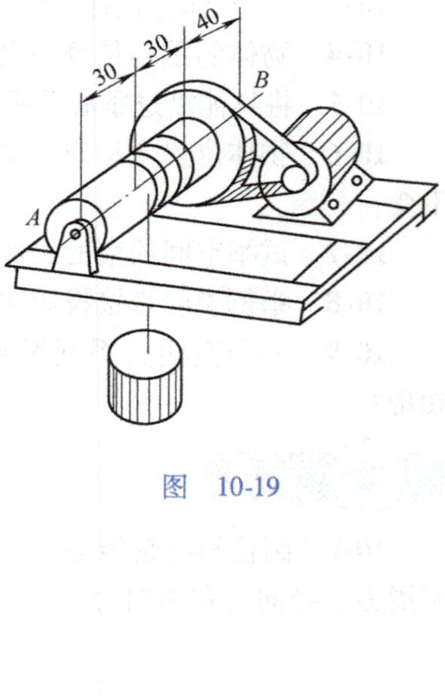

图 10-19

10-6 试求图10-20所示T字形截面的形心位置。长度单位为mm。

10-7 计算图10-21所示图形的形心位置。

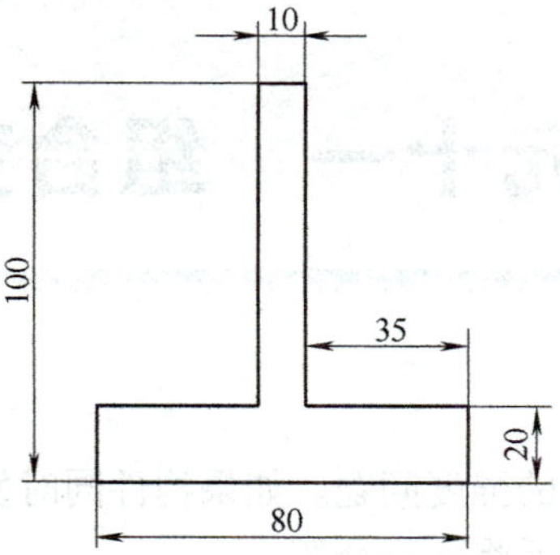

图 10-20

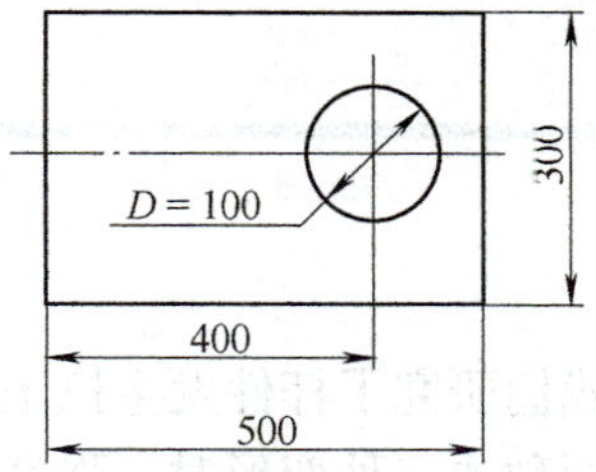

图 10-21

单元十一　组合变形

前面我们研究了杆件发生拉压、扭转、弯曲变形时的强度问题。如果构件同时发生三种变形中的两种或三种变形时，强度如何进行计算，本单元将一一介绍。

课题一　组合变形的概念

在前面几个单元中，我们主要研究了杆件在各种基本变形下的强度和刚度计算。但在工程实际中，有些杆件在外力作用下，往往同时发生两种或两种以上的基本变形，称为组合变形。例如，车刀在切削力 $\boldsymbol{F}$ 的作用下，分力 $\boldsymbol{F}_y$、$\boldsymbol{F}_x$ 分别使刀杆产生弯曲和压缩变形(图 11-1)；塔器(图 11-2)除了受到自重作用产生轴向压缩变形外，同时还受到水平方向风力的作用，产生弯曲变形；机器中的转轴，在齿轮啮合力的作用下(图 11-3)，将同时产生扭转与弯曲的组合变形。

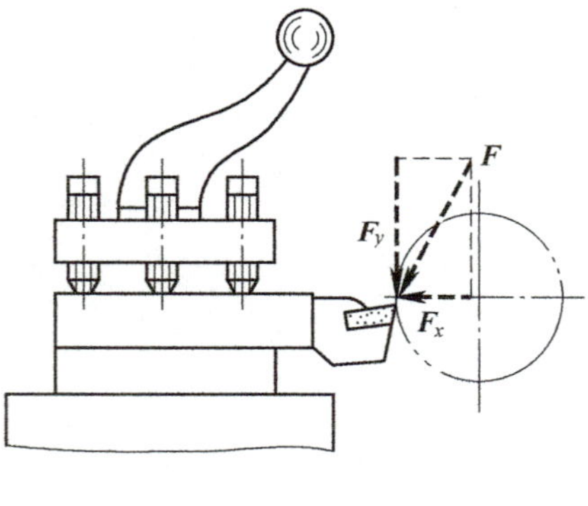

图　11-1

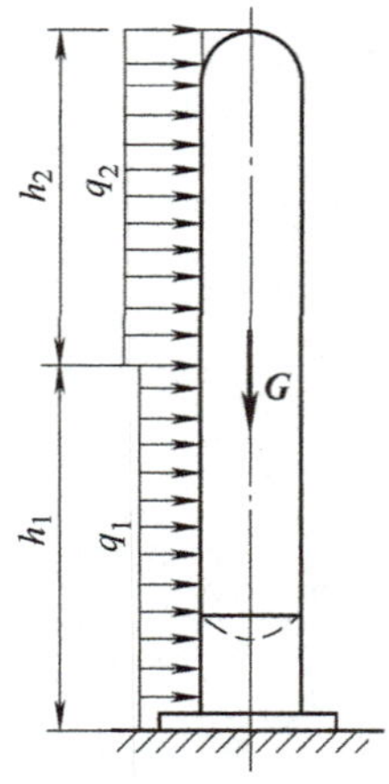

图　11-2

在组合变形的计算中，首先应将实际构件简化为力学模型，即以杆件的轴线代替实际的构件，把所有的外力向杆件的轴线进行简化：把外力分解为与轴线重合和垂直的分力(图 11-1)，或把力平移至轴线上(图 11-3)。然后将简化后的外力进行划分，划分的原则为每一组力只使杆件产生一种基本变形，从而判断组合变形的类型，进行相应的强度计算。

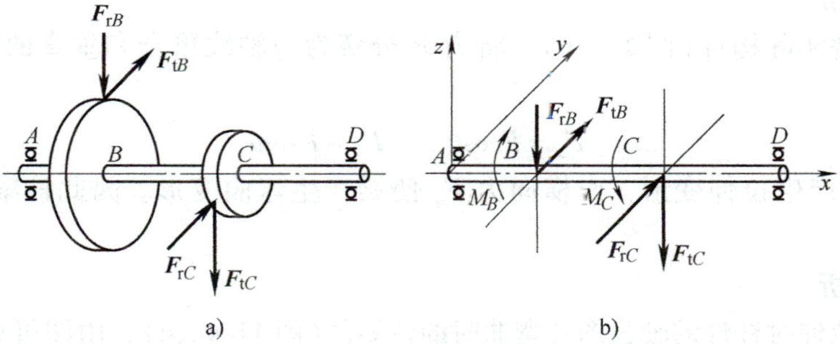

图 11-3

课题二 弯曲与拉伸(压缩)组合变形的强度计算

直杆在外力作用下产生弯曲与拉伸(或压缩)的组合变形，有两种情况：

一、斜拉伸(或斜压缩)

设有一矩形截面杆(图 11-4a)，一端固定，一端自由，在自由端作用一力 $\boldsymbol{F}$，它位于梁的纵向对称面内，并与梁的轴线成 θ 角，则该悬臂梁受到斜拉伸。

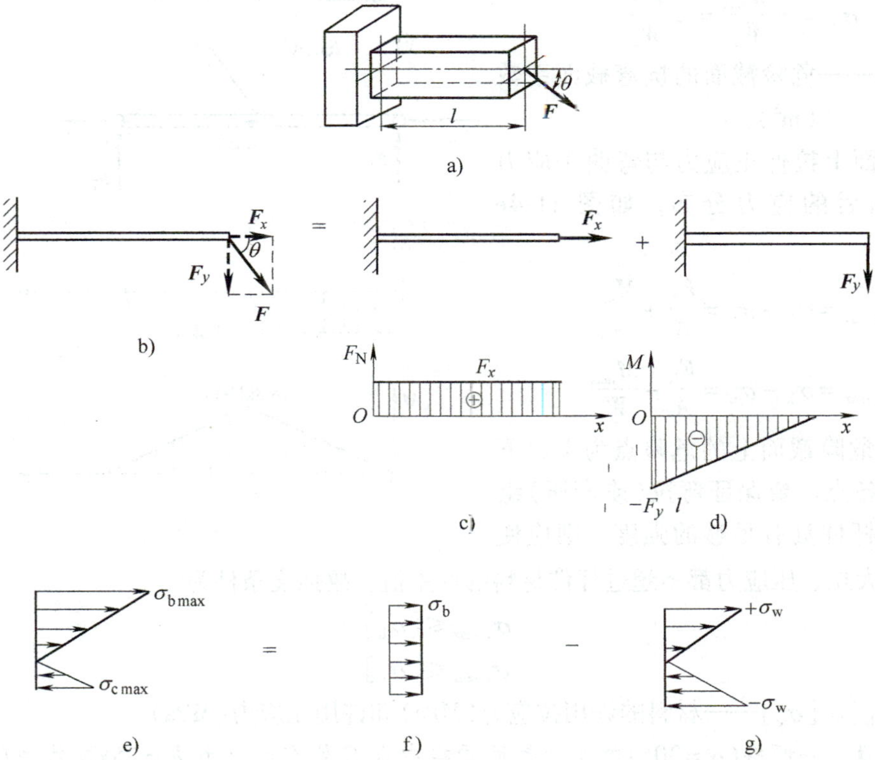

图 11-4

1. **外力分析**

以轴线代替实际构件(图 11-4b)，将力 $\boldsymbol{F}$ 分解为与轴线重合和垂直的两个分力 $\boldsymbol{F}_x$ 和 $\boldsymbol{F}_y$。其中

$$F_x = F\cos\theta \qquad F_y = F\sin\theta$$

轴向力 $\boldsymbol{F}_x$ 使梁产生拉伸变形，而横向力 $\boldsymbol{F}_y$ 使梁产生弯曲变形。因此该梁产生弯拉组合变形。

2. **内力分析**

画出轴向拉伸时杆件的轴力图和弯曲时的弯矩图(图 11-4c、d)，由图可见梁的固定端右侧截面上的内力最大，故该截面为危险截面。

3. **应力分析**

在危险截面上，由拉力引起的拉应力是沿截面均匀分布的(图 11-4f)，其值为

$$\sigma_b = \frac{F_N}{A} = \frac{F_x}{A}$$

式中 A——危险截面的面积(m^2)。

由弯矩引起的弯曲正应力在截面上呈线性分布(图 11-4g)，截面上下边缘处的弯曲正应力分别为最大拉应力和最大压应力，其值为

$$\sigma_w = \pm\frac{M_{max}}{W_z} = \pm\frac{F_y l}{W_z}$$

式中 W_z——危险截面的抗弯截面系数(m^3)。

该截面上拉伸正应力与弯曲正应力进行叠加后的应力分布，如图 11-4e 所示。

$$\sigma_{b\,max} = \sigma_b + \sigma_w = \frac{F_N}{A} + \frac{M_{max}}{W_z}$$

$$\sigma_{c\,max} = \sigma_b - \sigma_w = \frac{F_N}{A} - \frac{M_{max}}{W_z}$$

可见危险截面上的危险点为上、下边缘处的各点。要保证弯拉(或弯压)组合变形的杆件具有足够的强度，则应使杆内的最大拉、压应力都不超过杆件材料的许用值。故强度条件为

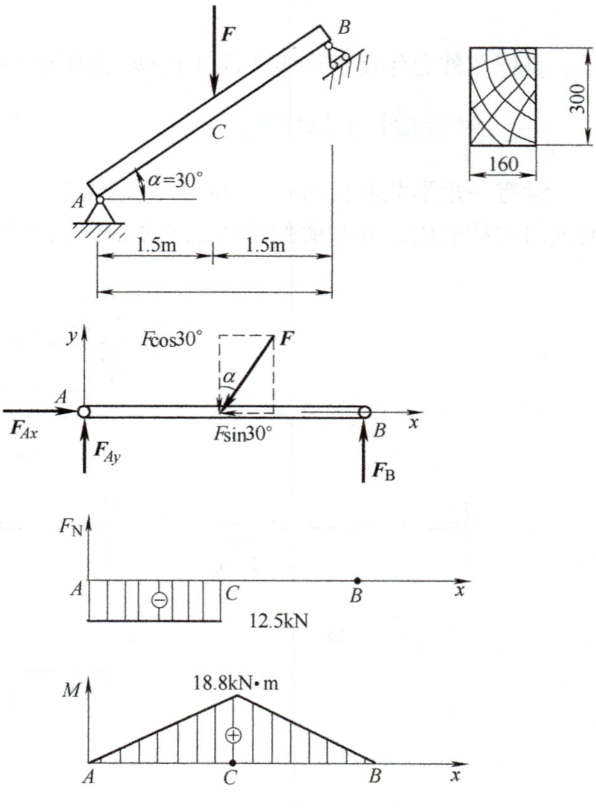

图 11-5

$$\sigma_{b\,max} \leqslant [\sigma_b]$$

$$\sigma_{c\,max} \leqslant [\sigma_c]$$

式中 $[\sigma_b]$、$[\sigma_c]$——材料的许用拉应力(MPa)和许用压应力(MPa)。

例 11-1 一倾斜($\alpha = 30°$)的矩形截面梁在中点 C 处有铅直力 $F = 25kN$ 作用(图 11-5)。试求梁的最大压应力。

解 (1) 外力分析。画出梁的计算简图，将 $\boldsymbol{F}$ 力分解为垂直和平行于梁轴线的两个分

力 $F\cos30°$ 和 $F\sin30°$。力 $F\cos30°$ 使梁产生弯曲变形，力 $F\sin30°$ 使梁 AC 部分受轴向压缩。由梁的平衡条件有

$$\sum M_A(\boldsymbol{F})=0$$

$$-F\cos30°\cdot\frac{l}{2\cos30°}+F_B\cdot\frac{l}{\cos30°}=0$$

得 $F_B=\dfrac{F\cos30°}{2}=10.8\text{kN}$

$$\sum F_y=0\quad F_{Ay}-F\cos30°+F_B=0$$

得

$$F_{Ay}=\frac{F\cos30°}{2}=10.8\text{kN}$$

$$\sum F_x=0\quad F_{Ax}-F\sin30°=0$$

得

$$F_{Ax}=\frac{F}{2}=12.5\text{kN}$$

(2) 内力分析。画出 AB 梁的轴力图和弯矩图，可知轴力

$$F_{\text{N}}=F_{Ax}=12.5\text{kN}$$

最大弯矩在梁中点 C 截面上，其值为

$$M_{\max}=F_{Ay}\cdot\frac{1.5}{\cos30°}=18.8\text{kN}\cdot\text{m}$$

故危险截面为 C 截面。

(3) 应力分析。轴向压缩引起的压应力为

$$\sigma_{\text{c}}=\frac{F_{\text{N}}}{A}=-\frac{12.5\times10^3}{300\times160}\text{MPa}=-0.26\text{MPa}$$

弯曲引起的最大正应力为

$$\sigma_{\text{w}}=\pm\frac{M}{W_z}=\pm\frac{18.8\times10^6}{\dfrac{160\times300^2}{6}}\text{MPa}=\pm7.83\text{MPa}$$

应力叠加后，最大压应力为

$$\sigma_{\text{c}\max}=|-0.26-7.83|\text{MPa}=8.09\text{MPa}$$

发生在 C 截面的上边缘处的各点上。

二、偏心拉伸(或偏心压缩)

如果直杆所受的外力平行于杆的轴线，但不通过横截面的形心，这时直杆将受到偏心拉伸(或偏心压缩)。

图 11-6 是链中的一节开口链环，链环承受的外力 $\boldsymbol{F}$ 对于链环左侧杆件 AB 来说，是一对偏心拉力，即外力不通过圆截面形心，其作用线平行于杆轴线，偏心距为 e，这就是偏心拉伸的实例。根据力的平移定理，将力 $\boldsymbol{F}$ 平移到 AB 杆的轴线上，要附加

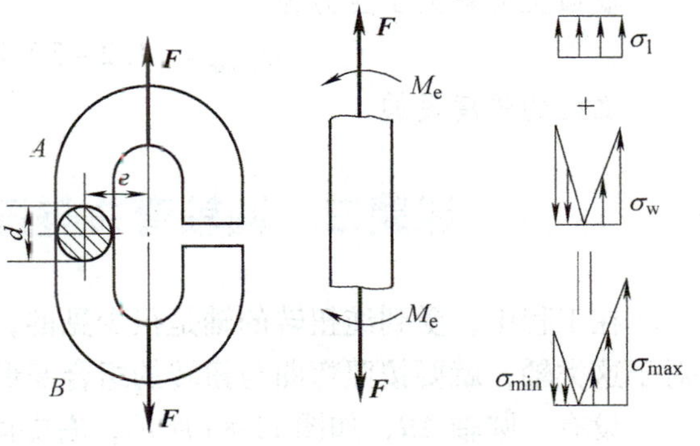

图 11-6

一力偶，其力偶矩 $M_e = Fe$。由图可知力 $\boldsymbol{F}$ 引起链环左侧产生轴向拉伸；而附加力偶则引起该段杆件产生弯曲变形。它们在杆件的任一截面上引起的应力以及叠加后的总应力如图所示。该链环的强度条件与杆件的斜拉伸(或斜压缩)的强度条件相同。

例 11-2 图 11-7 所示钻床在钻孔时受到压力 $F = 15\text{kN}$ 作用，已知偏心距 $e = 0.4\text{m}$，$d = 125\text{mm}$，铸铁立柱的许用拉应力 $[\sigma_b] = 35\text{MPa}$，许用压应力 $[\sigma_c] = 120\text{MPa}$。试校核该立柱的强度。

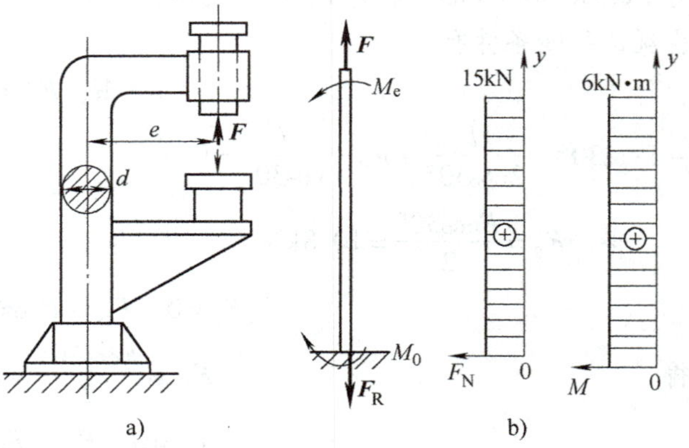

图 11-7

解 (1) 外力分析。画出立柱的计算简图并将力 $\boldsymbol{F}$ 平行移到其轴线上，同时附加一力偶，其力偶矩为 $M_e = Fe$，力使立柱产生轴向拉伸；力偶矩 M_e 使立柱产生弯曲。根据平衡条件，立柱下端的约束力 $F_R = F$，$M_0 = M_e$。

(2) 内力分析。画出立柱的轴力图及弯矩图。轴力为

$$F_N = F = 15\text{kN}$$

弯矩为

$$M = Fe = 6\text{kN} \cdot \text{m}$$

由内力图可知立柱各横截面的内力情况是一致的。

(3) 应力分析。由轴向拉伸引起的拉应力为

$$\sigma_b = \frac{F_N}{A} = \frac{15 \times 10^3}{\frac{\pi}{4} \times 125^2} = 1.2\text{MPa}$$

由弯曲引起的弯曲正应力的最大值为

$$\sigma_w = \pm \frac{M}{W_z} = \pm \frac{6 \times 10^6}{0.1 \times 125^3} = \pm 30.7\text{MPa}$$

应力叠加后，截面上的最大拉应力为

$$\sigma_{b\max} = 1.2 + 30.7 = 31.9\text{MPa} < [\sigma_b]$$

截面上的最大压应力为

$$\sigma_{c\max} = |1.2 - 30.7| = 29.5\text{MPa} < [\sigma_c]$$

立柱的强度足够。

课题三 圆轴弯曲与扭转组合变形的强度计算

在工程中，受到纯扭转的轴是很少见的，一般来说，轴除受扭转外，还同时受到弯曲。对于这类轴，就要按照弯曲与扭转的组合变形来计算。

设有一圆轴 AB，如图 11-8a 所示，右端固定，左端自由且受有力 $\boldsymbol{F}$ 作用。

一、外力分析

将 AB 轴简化为悬臂梁，将力 $\boldsymbol{F}$ 向 AB 轴线平移，可得一力 $\boldsymbol{F}$ 和一附加力偶，如图 11-8b 所示。力 $\boldsymbol{F}$ 使杆件产生弯曲变形；而力偶则使杆件产生扭转变形，故 AB 轴为弯曲与扭转的组合变形。

二、内力分析

为了确定杆件的危险截面，作出轴 AB 的弯矩图和扭矩图，如图11-8c、d 所示。从内力图可知固定端左侧截面上的内力最大，故该截面为危险截面。

三、应力分析

弯矩 M 引起垂直于横截面的弯曲正应力 σ；扭矩 T 引起切于横截面的切应力 τ。固定端左侧截面上的应力分布如图 11-8e 所示，可见该截面上 a、b 两点处的弯曲正应力的绝对值最大(σ_{max})，且该两点又位于圆形截面的外缘处，存在着最大的扭转切应力 τ_{max}，故该两点均为危险点。

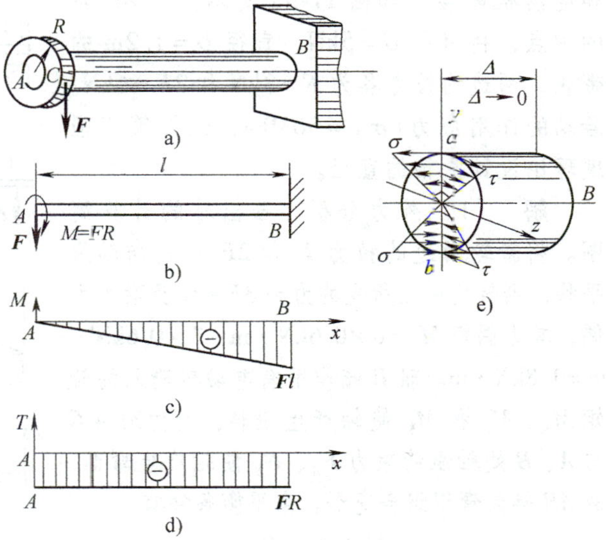

图 11-8

四、强度计算

弯扭组合变形中危险点上既有正应力，又有切应力，属于复杂应力状态。在复杂应力状态下，不能将正应力和切应力简单地代数相加，而必须应用强度理论来建立强度条件。强度理论是关于材料破坏原因的假说。工程中产生弯扭组合变形的转轴多采用塑性材料制造。实践证明：适用于塑性材料的强度理论是最大切应力理论和形状改变比能理论，分别称为第三强度理论和第四强度理论，两者都认为最大切应力是造成塑性材料屈服破坏的主要原因。据此，对于塑性材料处在弯扭组合变形的复杂应力状态下，可应用第三、第四强度理论来建立强度条件进行强度计算。第三、第四强度理论的强度条件分别为

$$\sigma_{xd3} = \sqrt{\sigma^2 + 4\tau^2} \leqslant [\sigma]$$

$$\sigma_{xd4} = \sqrt{\sigma^2 + 3\tau^2} \leqslant [\sigma]$$

式中 σ_{xd3}——第三强度理论的相当应力(MPa)；

σ_{xd4}——第四强度理论的相当应力(MPa)。

将圆轴弯扭组合变形时危险截面的弯曲正应力 $\sigma_{max} = M/W_z$ 和扭转切应力 $\tau_{max} = T/W_n$ 及 $W_n = 2W_z$ 代入上式，即可得到圆轴弯扭组合变形时第三、第四强度理论的强度条件分别为

$$\sigma_{xd3} = \frac{\sqrt{M^2 + T^2}}{W_z} \leqslant [\sigma]$$

$$\sigma_{xd4}=\frac{\sqrt{M^2+0.75T^2}}{W_z}\leqslant[\sigma]$$

式中 $[\sigma]$——材料的许用应力(MPa)。

例 11-3 长 $l=1.6\text{m}$ 的轴 AB 用联轴器和电动机联接，如图 11-9a 所示。在 AB 轴的中点，将有一 $G=5\text{kN}$，直径 $D=1.2\text{m}$ 的带轮，两边的拉力各为 $F=3\text{kN}$ 和 $2F=6\text{kN}$。若轴的许用应力 $[\sigma]=50\text{MPa}$，试按第四强度理论设计此轴的直径。

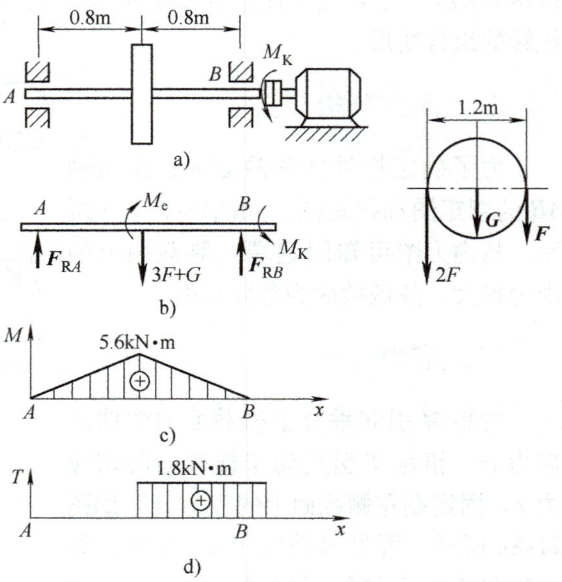

图 11-9

解 (1) 外力分析。画出轴的计算简图。将带轮两边的拉力 $\boldsymbol{F}$ 和 $2\boldsymbol{F}$ 分别向轴线平移，则轴的中点所受的力为 $3F+G$ 及附加力偶，其力偶矩 $M_e=6\times0.6\text{kN}\cdot\text{m}-3\times0.6\text{kN}\cdot\text{m}=1.8\text{kN}\cdot\text{m}$。轴 B 端作用有电动机输入的转矩 M_K。M_e 和 M_K 使轴产生扭转；而力 $3F+G$ 与 A、B 处轴承约束力 $\boldsymbol{F}_A$、$\boldsymbol{F}_B$ 使轴产生弯曲，故 AB 轴为弯扭组合变形。由平衡条件有

$$\sum M_B(\boldsymbol{F})=0$$

$$-F_A\times1.6+(3F+G)\times0.8=0$$

得
$$F_A=\frac{3F+G}{2}$$

(2) 内力分析。作出轴 AB 的弯矩图和扭矩图，如图 11-9c、d 所示。由内力图可知 AB 轴中点右侧截面为危险截面，该截面上有最大的弯矩 $M_{max}=\frac{(3F+G)}{4}l=\frac{(9+5)\times1.6}{4}\text{kN}\cdot\text{m}=5.6\text{kN}\cdot\text{m}$，轴右半段各截面上的扭矩均相等，其值为

$$T=M_e=1.8\text{kN}\cdot\text{m}$$

(3) 强度计算。由强度条件 $\sigma_{xd4}=\frac{\sqrt{M^2+0.75T^2}}{W_z}\leqslant[\sigma]$

得
$$W_z\geqslant\frac{\sqrt{M^2+0.75T^2}}{[\sigma]}=\frac{\sqrt{(5.6\times10^6)^2+0.75\times(1.8\times10^6)^2}}{50}\text{mm}^3$$

$$=116\times10^3\text{mm}^3$$

因
$$W_z=0.1D'^3$$

所以
$$D'\geqslant\sqrt[3]{\frac{116\times10^3}{0.1}}\text{mm}=105\text{mm}$$

取
$$D'=110\text{mm}$$

例 11-4 一齿轮轴(图 11-10)，驱动力偶矩 $M=578\text{N}\cdot\text{m}$，齿轮的啮合角 $\alpha=20°$，节圆直径 $D=405\text{mm}$，轴材料的许用应力 $[\sigma]=65\text{MPa}$，轴直径 $D'=46\text{mm}$。试按第三强度理论校核该轴的强度。

解 (1) 外力分析。画出齿轮轴的计算简图。将齿轮上的径向力 $\boldsymbol{F}_r$ 滑移至轴线，圆周力

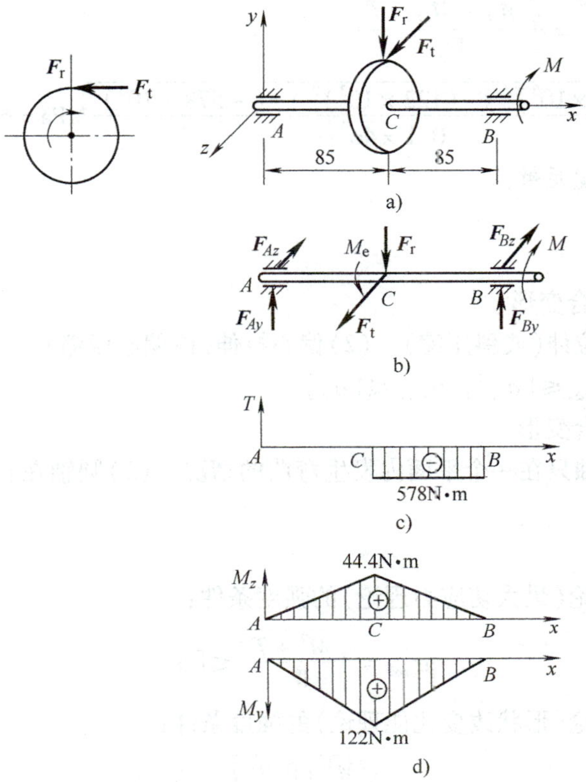

图 11-10

F_t 平移至轴线且附加一力偶，其力偶矩 $M_e=F_t\dfrac{D}{2}$（图 11-10b）。驱动力偶 M 与附加力偶 M_e 使齿轮轴产生扭转变形；径向力 F_r 与 A、B 轴承的垂直约束力使齿轮轴在铅垂平面内产生弯曲变形；圆周力 F_t 与 A、B 轴承的水平约束力使齿轮轴在水平面内产生弯曲变形。因此，该齿轮轴将产生弯扭组合变形。由轴的平衡条件有

$$\sum M_x(\boldsymbol{F})=0 \quad F_t\frac{D}{2}-M=0 \quad F_t=\frac{578}{405/2}\text{kN}=2.85\text{kN}$$

得
$$F_r=F_t\tan20°=2.87\times\tan20°\text{kN}=1.04\text{kN}$$

在 A_{xy} 平面内
$$F_{Ay}=F_{By}=\frac{F_r}{2}=0.52\text{kN}$$

在 A_{xz} 平面内
$$F_{Az}=F_{Bz}=\frac{F_t}{2}=1.43\text{kN}$$

（2）内力分析。画出齿轮轴的内力图：扭矩图、A_{xy} 平面内的弯矩图及 A_{xz} 平面内的弯矩图，如图 11-10c、d 所示。由内力图可知齿轮轴中点 C 右侧截面上的内力最大，故该截面为危险截面。该截面上的弯矩根据叠加原理，合成为 $M_C=\sqrt{M_{zC}^2+M_{yC}^2}$，式中 M_C 为轴上 C 截面的合成弯矩；M_{zC} 为轴在铅垂平面内弯曲时，C 截面的弯矩；M_{yC} 为轴在水平面内弯曲时，C 截面的弯矩。

（3）强度计算

$$\sigma_{xd3}=\frac{\sqrt{M_C^2+T^2}}{W_z}=\frac{\sqrt{M_{zC}^2+M_{yC}^2+T^2}}{W_z}$$

$$=\frac{\sqrt{(44.4\times10^3)^2+(122\times10^3)^2+(-578\times10^3)^2}}{0.1\times46^3}\text{MPa}=60.9\text{MPa}<[\sigma]$$

所以，该轴的强度足够。

小结

一、弯拉(压)组合变形

1. 类型：(1)斜拉伸(或斜压缩)。(2)偏心拉伸(或偏心压缩)。

2. 强度条件：$\sigma_{bmax}\leqslant[\sigma_b]$，$\sigma_{cmax}\leqslant[\sigma_c]$

二、圆轴弯扭组合变形

1. 类型：(1)圆轴只在一个平面内发生弯曲的情况。(2)圆轴在相互垂直的两个平面内同时发生弯曲的情况。

2. 强度条件：

(1) 第三强度理论(最大切应力理论)的强度条件：

$$\sigma_{xd3}=\frac{\sqrt{M^2+T^2}}{W_z}\leqslant[\sigma]$$

(2) 第四强度理论(形状改变比能理论)的强度条件：

$$\sigma_{xd4}=\frac{\sqrt{M^2+0.75T^2}}{W_z}\leqslant[\sigma]$$

三、解题步骤

1. 外力分析。画出杆件的计算简图，并进行必要的外力计算。

2. 内力分析。画出相应的内力图，判断杆件危险截面的位置。

3. 强度计算。判断危险点的位置按强度条件进行强度计算。

讨论与交流

11-1 如图 11-11 所示，试用外力简化的方法判断图中各构件属于何种变形。

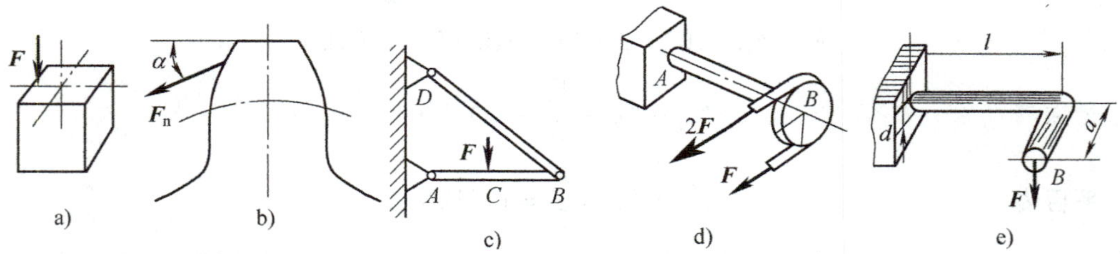

图 11-11

11-2 压力机立柱为铸铁材料，受力情况如图 11-12 所示。从强度考虑，其横截面 m—m 采用图中哪种截面形状合理？为什么？

11-3 判断图 11-13 中构件危险截面及危险点的位置。

11-4 解决组合变形问题时，将外力分解或简化时应注意什么问题？

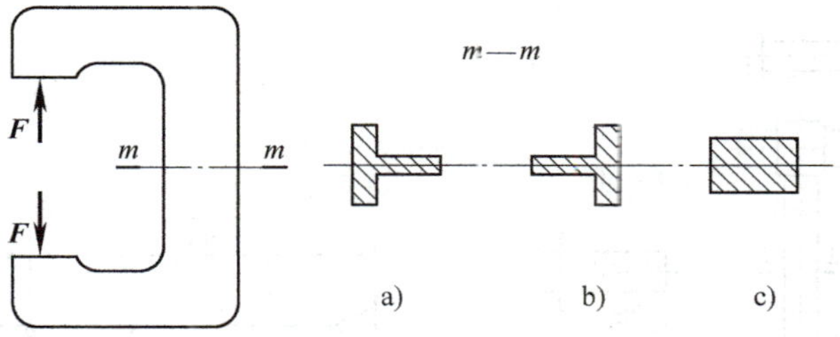

图 11-12

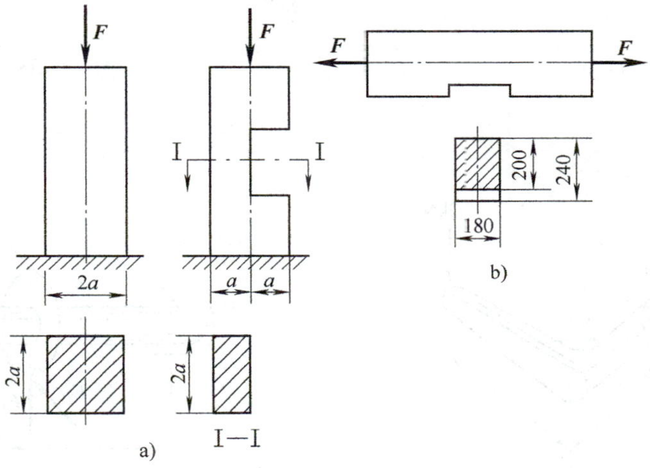

图 11-13

11-5 组合变形强度计算的解题思路是什么？

11-6 试举拉弯组合变形、弯扭组合变形的实例，并简要分析。

11-7 拉弯组合变形的危险点如何确定？建立强度条件时为什么不必利用强度理论？

习题

11-1 拆卸工具的两个爪杆由 45 号钢制成，许用应力$[\sigma]=180\text{MPa}$，爪杆的截面形状和尺寸如图 11-14 所示。试按爪杆的强度确定工具的最大拆卸力 F。

11-2 如图 11-15 所示的支架，已知许用应力$[\sigma]=160\text{MPa}$。试为 AC 杆选择一工字钢型号。

11-3 如图 11-16 所示，曲拐图形部分的直径 $D=30\text{mm}$，杆的许用应力$[\sigma]=100\text{MPa}$。试校核圆杆部分的强度。

11-4 如图 11-17 所示，已知圆片铣刀切削力 $F_2=2.2\text{kN}$，$F_1=0.7\text{kN}$，铣刀杆的$[\sigma]=80\text{MPa}$，试设计刀杆直径 D'。

11-5 如图 11-18 所示，两个直径为 600mm 的带轮 C、D 装于轴上，由 C 轮传来功率 $P=7.5\text{kW}$，轴的转速 $n=100\text{r/min}$，若 $F_2=1.5\text{kN}$，轴的直径 $D=60\text{mm}$，$[\sigma]=80\text{MPa}$。试校核轴的强度。

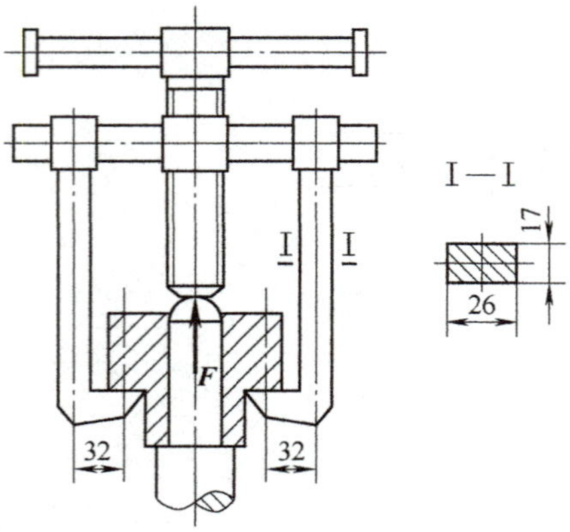

图 11-14

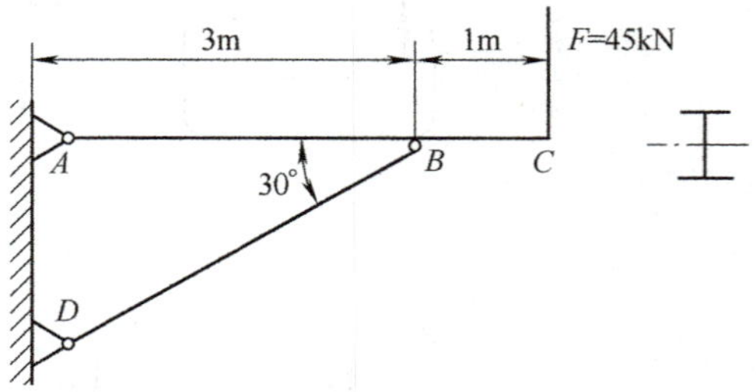

图 11-15

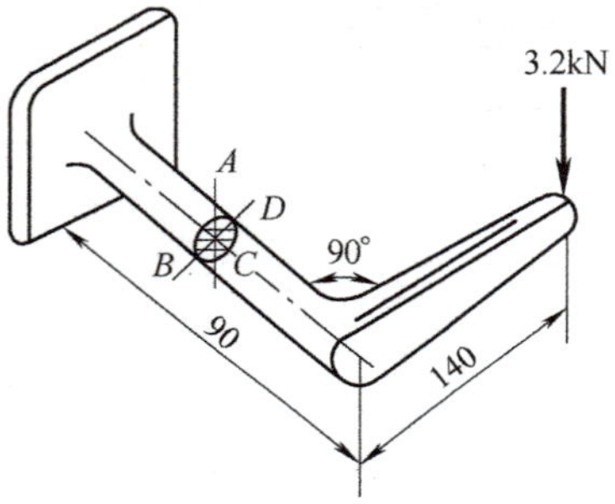

图 11-16

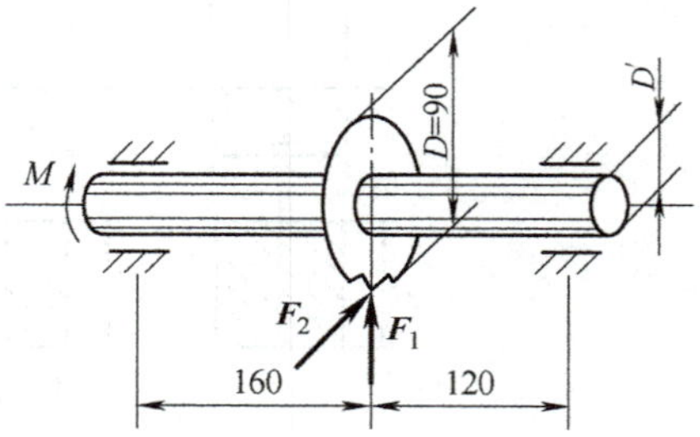

图 11-17

11-6 如图 11-19 所示，轴 AB 上装有两个轮子，一轮轮缘上受力 $\boldsymbol{F}$ 作用；另一轮上绕一绳，绳端悬挂一 $G=6\text{kN}$ 的物体。此轴在力 $\boldsymbol{F}$ 和 $\boldsymbol{G}$ 作用下处于平衡状态，轴的许用应力 $[\sigma]=60\text{MPa}$。试设计轴的直径。

11-7 卷扬机的轴如图 11-20 所示，直径 $D=30\text{mm}$，已知许用应力 $[\sigma]=80\text{MPa}$。试求最大许可载荷 F。

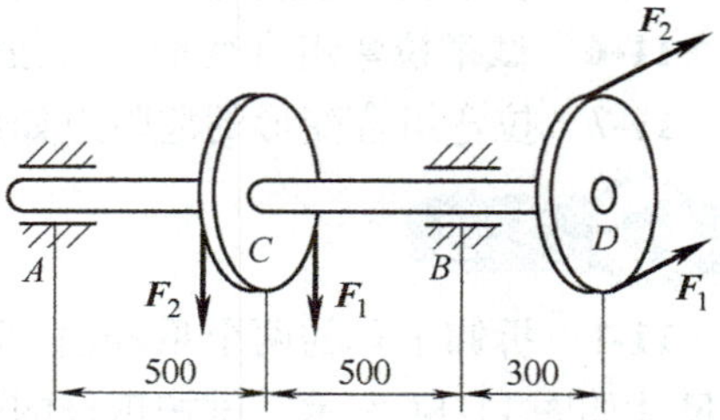

图 11-18

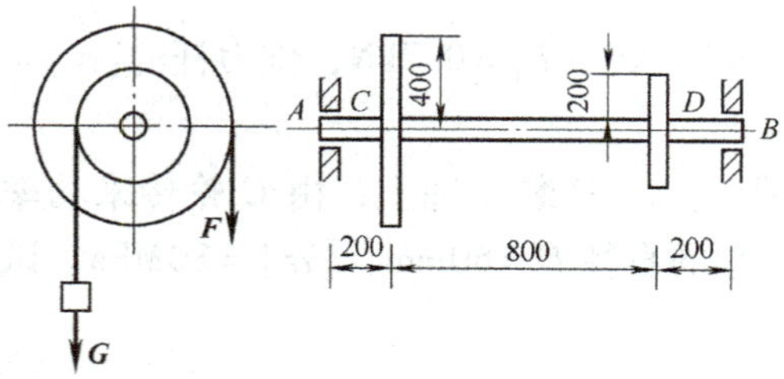

图 11-19

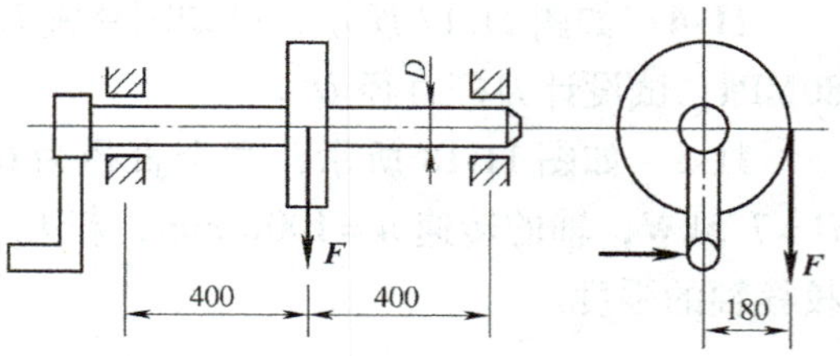

图 11-20

单元十二　动载荷与疲劳破坏

在之前各单元中，主要研究了在静载荷作用下，构件上的载荷从零平稳地增加到最终值，并且不再随时间而改变，以及因加载缓慢，加载过程中构件上各点的加速度很小（可以忽略不计），始终处于平衡状态的构件的强度、刚度和稳定性的计算问题。本单元将主要研究构件在加速度不可忽略时，构件的受力和强度计算问题。

课题一　动载荷的概念

动载荷是指随时间作明显变化的载荷。在工程实际中，有些高速旋转的部件或加速提升的构件等，其质点的加速度是明显的。如高速旋转的砂轮，由于离心惯性力的作用有可能炸裂；又如汽车的碰撞、紧急制动的转轴，在非常短暂的时间内速度发生急剧的变化。这些都属于动载荷研究的实际工作问题。在动载荷作用下，构件截面上产生的应力称为动应力。试验表明，只要动应力不超过材料的比例极限，胡克定律仍然适用于动载荷下应力、应变的计算，弹性模量也与静载下的数值相同。

动载荷可依其加载的速度与性质的不同，有三类动载荷问题。

① 加速度引起的动载荷问题。如飞轮做匀速转动时因法向加速度而使轮缘受到附加动载荷作用。

② 冲击载荷问题。载荷以一定的速度施加于构件上，或者构件的运动突然受阻，这类问题称为冲击载荷问题，如锤击构件的冲击力，汽车碰撞时的撞击力等。冲击载荷对构件的作用力远远大于静载荷。

③ 振动与疲劳问题。这种载荷的特点是其大小和方向都随时间作周期性变化，如齿轮传动中轮齿的受力等。

实践表明：构件受到前两类动载荷作用时，材料的抗力与静载时的表现并无明显的差异，只是动载荷的作用效果一般都比静载荷大。因而，只要能够找出这两种作用效果之间的关系，即可将动载荷问题转化为静载荷问题处理。而当构件受到第三类动载荷作用时，材料的表现则与静载荷下截然不同。由于构件的疲劳问题涉及材料力学性能的改变和工程上的重要性，故本单元课题四中对疲劳问题进行了分析。

课题二　加速度引起的动载荷问题

本课题只讨论构件内各质点的加速度为常数的情形，即等加速运动构件的动载荷问题。

一、构件在等加速直线运动时的动载荷问题

下面以起重机加速起吊重物为例，来说明此种情况下动应力的计算方法。

设起重机以等加速度 $\boldsymbol{a}$ 提升重物，如图 12-1a 所示，重物的重力为 G，钢索的横截面面积为 A，钢索重量忽略不计，试求钢索中的应力。

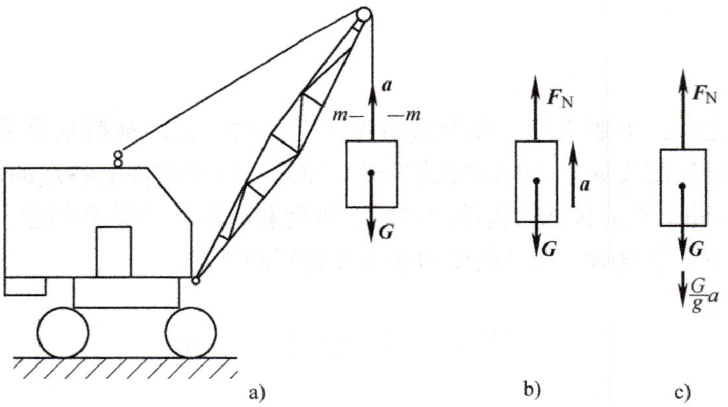

图 12-1

应用截面法将钢索沿 $m—m$ 截面截开，取下半部分为研究对象，受力情况如图 12-1b 所示，F_N为钢索的拉力，G 为物体的重力。为研究问题的方便，在研究对象上再加上一个力（称为惯性力），该力的方向与加速度的方向相反，该力的大小等于研究对象的质量与加速度的乘积，如图 12-1c 所示，这样，就可将研究对象看成是平衡状态。于是这一动力学问题即可作为静力学问题来处理。这种通过施加惯性力而将动力学问题转换为静力学问题的处理方法，称为动静法。

由平衡方程

$$\sum F_y = 0$$

$$F_N - G - \frac{G}{g}a = 0$$

解得

$$F_N = G\left(1 + \frac{a}{g}\right)$$

钢索中的动应力为

$$\sigma_d = \frac{F_N}{A} = \frac{G}{A}\left(1 + \frac{a}{g}\right) = \sigma_j\left(1 + \frac{a}{g}\right) \tag{12-1}$$

式中，$\sigma_j = G/A$ 是静载荷 G 在钢索中产生的应力，称为静应力。引入系数

$$K_d = 1 + \frac{a}{g} \tag{12-2}$$

则

$$\sigma_d = K_d\sigma_j \tag{12-3}$$

式中，K_d称为动荷系数。式(12-3)表明钢索中的动应力等于动荷系数乘以静应力。因此，动应力的计算可归结为动荷系数的计算。

钢索的动应力强度条件为

$$\sigma_d = F_N/A = K_d\sigma_j \leqslant [\sigma] \tag{12-4}$$

式中　[σ]——钢索在静载荷作用下的许用应力(MPa)。

例 12-1 试求图 12-2 中钢索的横截面面积 A。已知提升物体的重量 $G=40\text{kN}$，上升的最大加速度 $a=5\text{m/s}^2$，钢索的许用拉应力 $[\sigma]=80\text{MPa}$，钢索自重不计。

解 (1) 应用截面法计算拉力 F_N。沿 m—m 截面将钢索截开，取下半部分为研究对象，画出受力图并加上重物的惯性力 $\frac{G}{g}a$，如图 12-2b 所示。研究对象被假想成平衡状态，建立平衡方程

$$\sum F_y=0$$

$$F_N-G-\frac{G}{g}a=0$$

解得

$$F_N=G+\frac{G}{g}a=G\left(1+\frac{a}{g}\right)=40\times\left(1+\frac{5}{9.8}\right)\text{kN}=60.4\text{kN}$$

(2) 计算钢索的横截面面积 A。由强度条件 $\sigma_d=F_N/A\leqslant[\sigma]$ 得钢索的横截面面积为

$$A\geqslant\frac{F_N}{[\sigma]}=\frac{60.4\times10^3}{80}\text{mm}^2=755\text{mm}^2$$

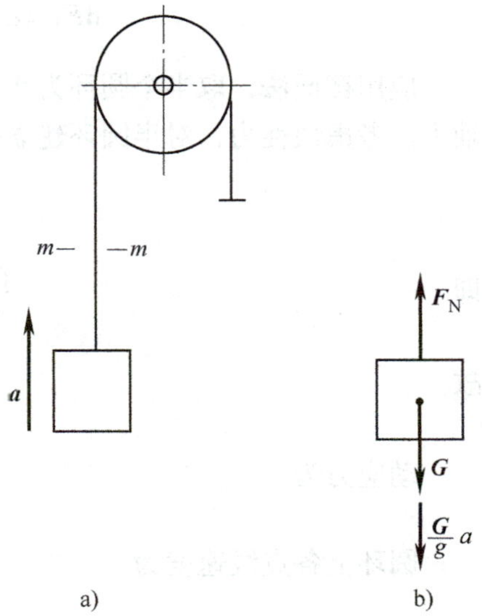

图 12-2

二、构件匀速转动时的动载荷问题

飞轮、齿轮、带轮等匀速转动时，如不计轮辐的影响，可以近似地把轮缘看作定轴转动的圆环。

如图 12-3a 所示，设圆环的横截面面积为 A，平均直径为 D，单位体积的重量为 γ，圆环以匀角速度 ω 绕通过圆心且垂直圆环平面的轴转动。由运动学可知，当 ω 为常数时，圆环上各点的切向加速度为零，只有法向加速度。又因环壁很薄，可以认为圆环上各部分材料的向心加速度相等，其值为 $a_n=\frac{D}{2}\omega^2$。在圆环上取微段 $ds=\frac{D}{2}d\varphi$，其质量 $dm=\frac{\gamma A ds}{g}=\frac{\gamma AD d\varphi}{2g}$，圆环上的惯性力沿圆环轴线均匀分布，方向与 a_n 相反，微段 ds 上惯性力的大小为

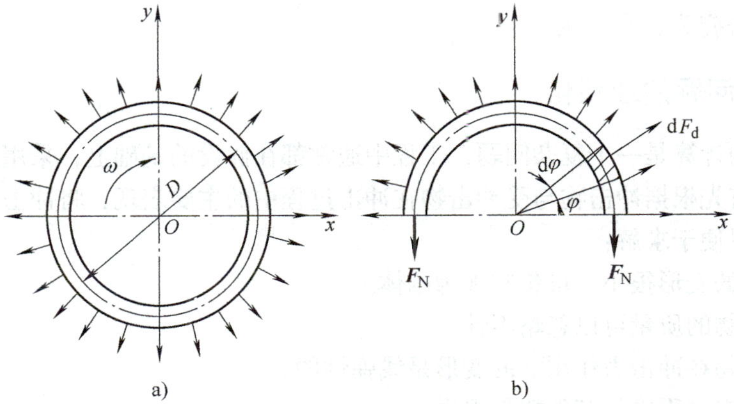

图 12-3

$$dF_d = a_n dm = \frac{D}{2}\omega^2 \frac{\gamma AD d\varphi}{2g} = \frac{\gamma AD^2\omega^2}{4g} d\varphi$$

应用截面法，取半个圆环为研究对象，其受力图如图 12-3b 所示，F_N为圆环横截面上的轴力。考虑惯性力，对半圆环建立平衡方程，由$\sum F_y = 0$，得

$$\int_0^\pi dF_d \sin\varphi - 2F_N = 0$$

即

$$\int_0^\pi \frac{\gamma AD^2\omega^2}{4g} \sin\varphi d\varphi = 2F_N$$

故

$$F_N = \frac{\gamma AD^2\omega^2}{4g}$$

动应力为

$$\sigma_d = \frac{F_N}{A} = \frac{\gamma D^2\omega^2}{4g}$$

圆环上各点线速度为

$$v = \omega \frac{D}{2}$$

所以

$$\sigma_d = \frac{\gamma}{g} v^2 \tag{12-5}$$

圆环的强度条件为

$$\sigma_d = \frac{\gamma}{g} v^2 \leqslant [\sigma] \tag{12-6}$$

由此知

$$v \leqslant \sqrt{\frac{[\sigma] g}{\gamma}}$$

飞轮的最大转速称为临界转速，即

$$n_{cr} = \frac{60}{\pi}\sqrt{\frac{[\sigma] g}{\gamma}} \tag{12-7}$$

课题三　冲击载荷问题

当不同速度的两个物体相接触，其速度在非常短的时间内发生改变，或载荷迅速地作用在构件上时，便发生了冲击现象。例如汽车的碰撞、金属冲压加工、转轴的突然制动等情况下都会出现冲击问题。通常冲击问题按一次性冲击考虑，对承受多次重复性冲击载荷的构件来说将产生冲击疲劳。

一、冲击问题的理想化

冲击应力的计算是一个复杂问题，工程中通常都在假设的基础上，采用近似的方法进行分析计算。即首先根据冲击物与受冲击物在冲击过程中的主要表现，将冲击问题理想化，可作下述假设，以便于求解：

① 冲击物的变形很小，可将它视为刚体。

② 受冲击物的质量可以忽略不计。

③ 受冲击物在冲击力作用下的变形是线弹性的。

④ 忽略冲击过程中的其他能量损失。

⑤ 冲击物与受冲击物一经接触就相互附着共同运动。

二、受自由落体冲击时构件的动载荷问题

工程实际中，杆件的弹性变形与载荷往往成正比，因此在具体抽象建模的计算中，常常把构件看作弹簧。如图 12-4a 所示，弹簧代表受冲击的构件。实际问题中，一根受冲击的梁（图 12-4b）或受冲击的杆（图 12-4c）或其他任一构件，都可以看作是一根弹簧，只是各种情况下弹簧的参数不同而已。

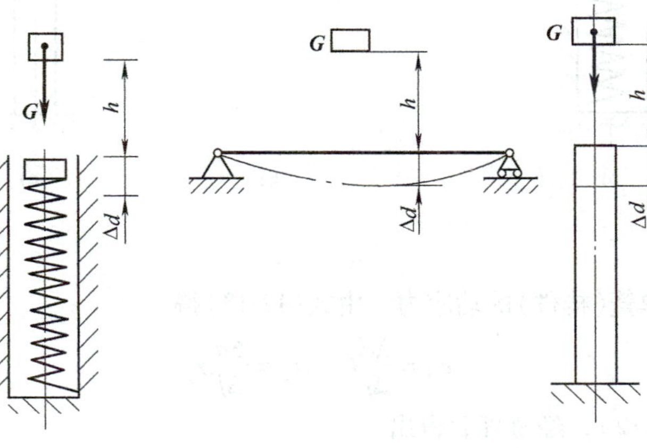

图 12-4

在上述假设的基础上，依据能量守恒定律，就可以对弹簧（受冲击构件的简化模型）受冲击时的变形和应力进行分析与计算。设一重为 G 的冲击物，自高度为 h 处自由下落到弹簧的顶端，如图 12-4a 所示。由于弹簧的阻抗，当变形到达最低位置时，速度变为零。此时，弹簧在受冲击处的位移达到最大值 Δd。Δd 即为弹簧在受冲击时的最大变形值。现研究冲击物从高度 h 处开始下落至弹簧产生最大变形 Δd 这一过程中，冲击物与弹簧之间的能量转换。在能量守恒定律的条件下，冲击物在这一过程中所减少的动能 E_K 和势能 E_P，应全部转化为受冲弹簧的变形能 U_d，即

$$E_K + E_P = U_d \tag{12-8}$$

由于冲击物在起始和终了位置时速度均为零，故其动能无变化，即

$$E_K = 0 \tag{12-9}$$

冲击物所减少的势能为

$$E_P = G(h + \Delta d) \tag{12-10}$$

在冲击过程中，受冲击弹簧产生的变形能 U_d，则等于冲击载荷 F_d在冲击过程中所做的功。由于 F_d和 Δd 都是由零增加至最大值，在材料符合胡克定律的条件下，F_d和 Δd 的关系仍然是线性的，所以 F_d所做的功应为

$$U_d = F_d \Delta d/2 \tag{12-11}$$

将式(12-9)、式（12-10）、式（12-11）代入式(12-8)，则得

$$G(h + \Delta d) = F_d \Delta d/2 \tag{12-12}$$

若重物 $\boldsymbol{G}$ 以静载的方式作用在弹簧上（图 12-5），则相应的静变形和静应力为 Δj 和 σ_j，在线弹性范围内，载荷、变形和应力成正比，故有

$$\frac{F_d}{G}=\frac{\Delta d}{\Delta j}=\frac{\sigma_d}{\sigma_j} \tag{12-13}$$

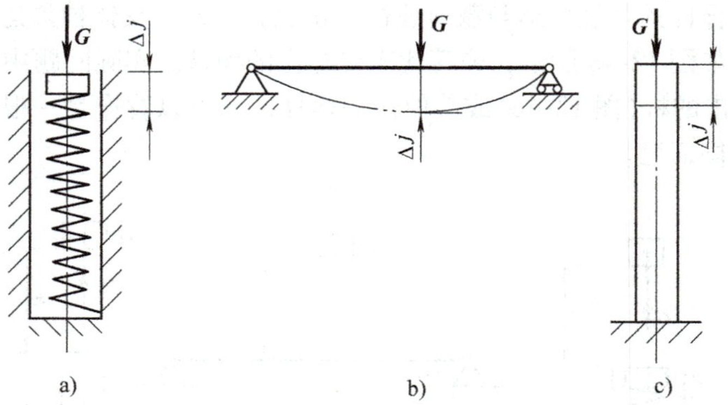

图 12-5

式中，σ_d为受冲击弹簧（构件）的动应力。由式(12-13)得

$$F_d=\frac{\Delta d}{\Delta j}G,\quad \sigma_d=\frac{\Delta d}{\Delta j}\sigma_j \tag{12-14}$$

把 F_d代入式(12-12)，经整理后得出

$$(\Delta d)^2-2\Delta j\Delta d-2h\Delta j=0$$

解之得

$$\Delta d=\Delta j\pm\sqrt{(\Delta j)^2+2h\Delta j}=\Delta j\left(1\pm\sqrt{1+\frac{2h}{\Delta j}}\right)$$

Δd 应大于 Δj，故上式根号前应取正号，于是

$$\Delta d=\Delta j\left(1+\sqrt{1+\frac{2h}{\Delta j}}\right) \tag{12-15}$$

引入系数

$$K_d=1+\sqrt{1+\frac{2h}{\Delta j}} \tag{12-16}$$

式中，K_d称为构件受自由落体冲击时的动荷系数。这样式(12-15)就可写成

$$\Delta d=K_d\Delta j$$

则

$$F_d=K_dG,\quad \sigma_d=K_d\sigma_j \tag{12-17}$$

可见，只要求出动荷系数 K_d，然后以 K_d乘以静载荷、静变形和静应力就可求出冲击时的动载荷 F_d、动变形 Δd 和动应力 σ_d。当然这里的 F_d、Δd 和 σ_d是指受冲击物体到达最大变形位置、冲击物体的速度等于零时的瞬时载荷、变形和应力。

突然加于构件上的载荷，相当于物体自由下落时 $h=0$ 的情况，由式(12-16)有

$$K_d=1+\sqrt{1+0}=2$$

可见，在突然加载时，构件内引起的应力为静应力的两倍。对于其他形式的冲击问题，同样可利用式(12-8)来求解。

受冲击构件的强度条件为

$$\sigma_{d\max}=K_d\sigma_{j\max}\leqslant[\sigma] \tag{12-18}$$

例 12-2 一简支梁由 22a 工字钢制成，如图 12-6 所示。已知梁跨度 $l=3\text{m}$，在梁中点受到重量 $G=1\text{kN}$ 的重物从 $H=0.1\text{m}$ 处自由落下的冲击。材料的弹性模量 $E=200\text{GPa}$，求最大

冲击应力 $\sigma_{d\,max}$。

解 (1) 计算静挠度 Δj 和最大静应力 $\sigma_{j\,max}$。查型钢表得22a工字钢截面的惯性矩 I_z、抗弯截面系数 W_z 为

$$I_z = 3400\text{cm}^4$$
$$W_z = 309\text{cm}^3$$

简支梁的梁中点受集中力作用时的挠度为

$$\Delta j = \frac{Gl^3}{48EI_z} = \frac{1\times10^3\times(3\times10^3)^3}{48\times200\times10^3\times3400\times10^4}\text{mm} = 8.27\times10^{-2}\text{mm}$$

最大静应力为

$$\sigma_{j\,max} = \frac{M_{max}}{W} = \frac{Gl}{4W_z} = \frac{1\times10^3\times3\times10^3}{4\times309\times10^3}\text{MPa} = 2.43\text{MPa}$$

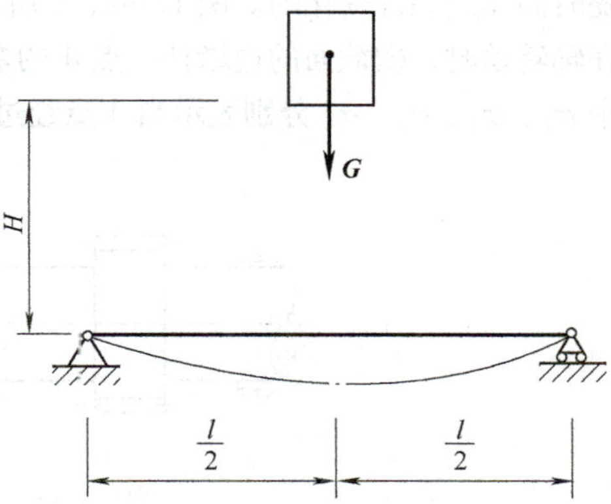

图 12-6

(2) 计算最大冲击应力。由式(12-16)得动荷系数

$$K_d = 1+\sqrt{1+\frac{2H}{\Delta j}} = 1+\sqrt{1+\frac{2\times0.1\times10^3}{8.27\times10^{-2}}} = 50.2$$

所以梁的最大冲击应力为

$$\sigma_{d\,max} = K_d\sigma_{j\,max} = 50.2\times2.43\text{MPa} = 122\text{MPa}$$

由上例可见，构件受冲击时产生的应力比静应力要大得多。

课题四 交变应力与疲劳破坏

一、交变应力的概念

机器中很多构件工作时，其应力往往随时间作周期性变化。例如，齿轮上任一齿的齿根处 A 点(图12-7a)，在传动过程中，轴旋转一周，这个齿啮合一次。每一次啮合，A 点的弯曲正应力就由零变化到某一最大值，然后再回到零。轴不断旋转，A 点的应力也就不断地重复上述过程。若以时间 t 为横坐标，弯曲正应力 σ 为纵坐标，应力随时间变化的曲线如图12-7b所示。

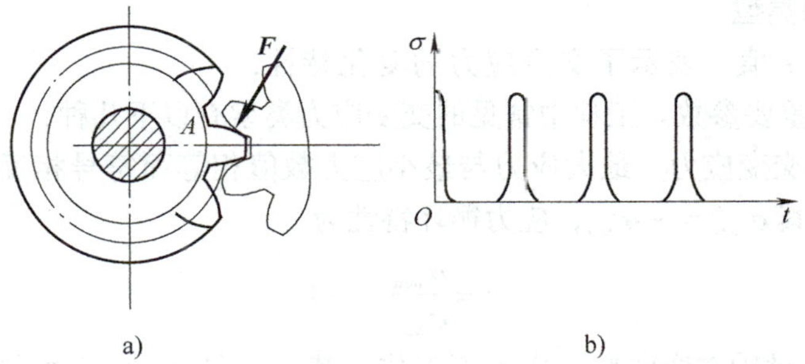

图 12-7

又如传动轴工作时，外载荷虽然基本上不变，但因轴在转动，轴内各点的弯曲正应力也是

随时间作周期性变化的。图 12-8a、b 所示为一传动轴和轴的横截面上弯曲正应力的分布情况。在轴转动时，横截面的边缘任一点 A 的弯曲正应力随时间 t 变化的曲线，如图 12-8c 所示。图中 σ_1、σ_2、σ_3、σ_4 分别表示当 A 点经过位置 1、2、3、4 时的瞬时应力。

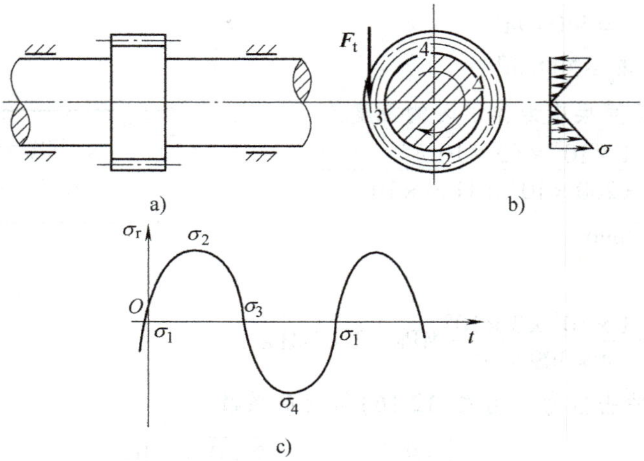

图 12-8

在上述这些实例中，随时间作周期性变化的应力称为交变应力。

二、交变应力的循环特性及其类型

1. 循环特性

构件在交变应力下工作时，应力每重复变化一次，称为一个应力循环，重复变化的次数称为循环次数。应力变化的情况，可用应力—时间(σ—t)曲线来表示，如图 12-9 所示。图中，最大应力为 σ_{max}，最小应力为 σ_{min}，平均应力 $\sigma_m=\frac{1}{2}(\sigma_{max}+\sigma_{min})$，应力幅 $\sigma_a=\frac{1}{2}(\sigma_{max}-\sigma_{min})$，应力循环特性 $r=\frac{\sigma_{min}}{\sigma_{max}}$。$\sigma_{max}$ 与 σ_{min} 均取代数值，拉应力为正，压应力为负。

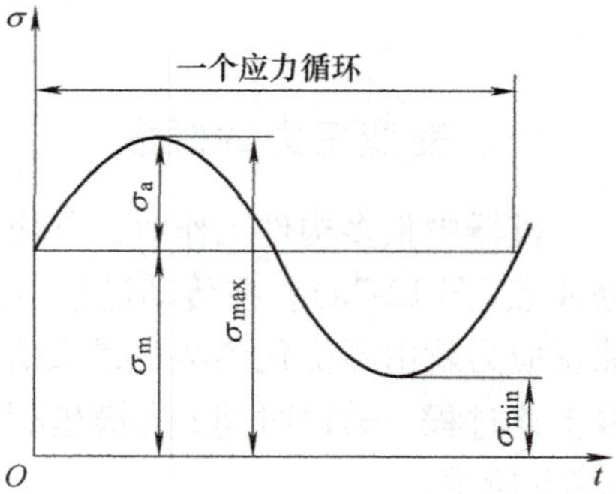

图 12-9

2. 交变应力的类型

应力循环特性 r 值，表示了交变应力的变化特性，是交变应力的一个重要参数。工程中常见的交变应力类型有以下几种：

(1) 对称循环交变应力　最大应力与最小应力数值相等而符号相反的交变应力称为对称循环交变应力。其 $\sigma_{max}=-\sigma_{min}$，应力循环特性为

$$r=\frac{\sigma_{min}}{\sigma_{max}}=-1$$

图 12-8 所示传动轴在弯曲交变应力下工作，其 σ_{max} 和 σ_{min} 大小相等、方向相反，这种情况为对称循环交变应力。其中 $r=-1$，$\sigma_m=0$，$\sigma_a=\sigma_{max}$。

12 UNIT

（2）非对称循环交变应力　最大应力与最小应力绝对值不等的交变应力称为非对称循环交变应力。如图 12-10 所示，简支梁在电动机的重力 **G** 作用下，产生静弯曲变形而处于静平衡位置；当电动机以角速度 ω 旋转时，由于转子质量的偏心引起惯性力 **F**，**F** 的方向随轴的转动而变，因而使梁在静平衡位置附近作上下强迫振动。此时，梁上各点的正应力为非对称循环交变应力，其 $|\sigma_{max}| \neq |\sigma_{min}|$，$-1<r<1$。

任一非对称循环交变应力都可看成是静应力 σ 和幅度为 σ_a 的对称循环交变应力叠加的结果。

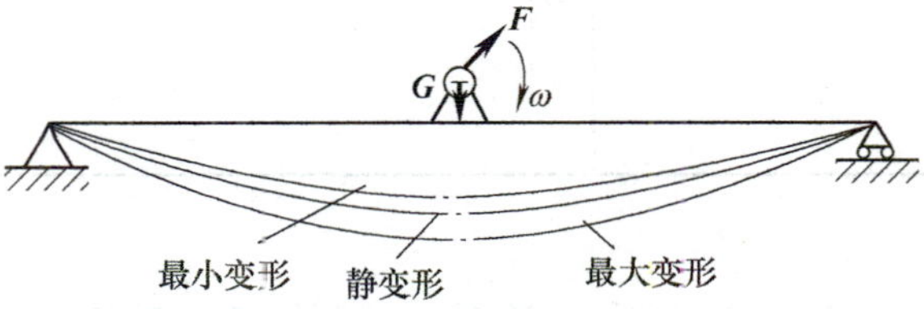

图　12-10

（3）脉动循环交变应力　最小应力 $\sigma_{min}=0$（或 $\sigma_{max}=0$）的交变应力称为脉动循环交变应力。其应力循环特性为

$$r=\frac{\sigma_{min}}{\sigma_{max}}=0 \quad \left(\text{或 } r=\frac{\sigma_{max}}{\sigma_{min}}=0\right)$$

图 12-7 所示的齿轮齿根处 A 点的正应力，啮合时达到 σ_{max}，脱离接触时应力为零。齿轮每转一周，A 点的应力按此规律重复变化一次，所以 A 点的正应力为脉动循环交变应力。

常见交变应力的类型、循环曲线及循环特性见表 12-1。静应力可视为交变应力的特殊情况。

以上所述的交变应力，最大与最小应力值在整个工作过程中始终保持不变，则称之为稳定交变应力；否则称为不稳定交变应力。对于扭转构件所产生的交变切应力 τ，上述概念和公式全部适用，只要将 σ 改成 τ 即可。

表 12-1　常见交变应力的类型、循环曲线及循环特性

交变应力类型	应力循环曲线	σ_{max} 与 σ_{min}	循 环 特 性
对称循环	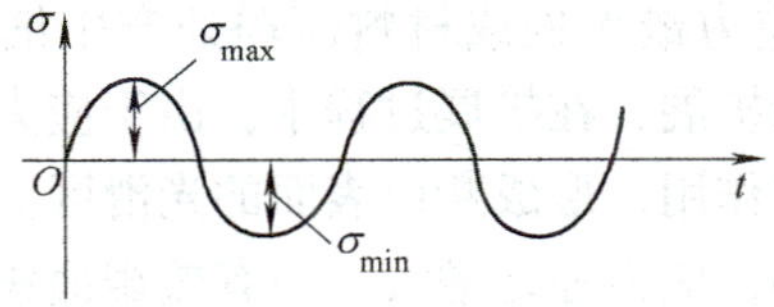	$\sigma_{max}=-\sigma_{min}$	$r=-1$
非对称循环	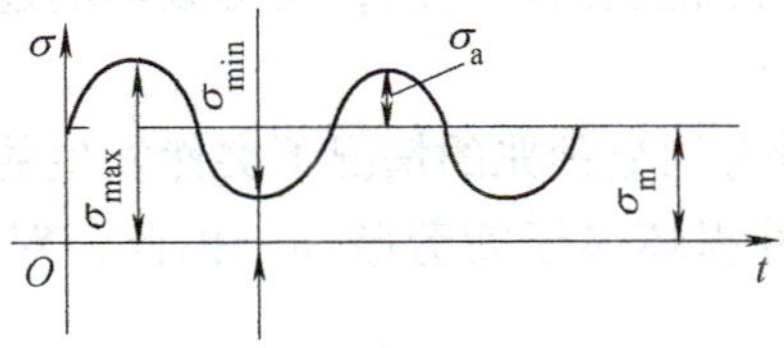	$\sigma_{max}=\sigma_m+\sigma_a$ $\sigma_{min}=\sigma_m-\sigma_a$	$-1<r<1$
脉动循环	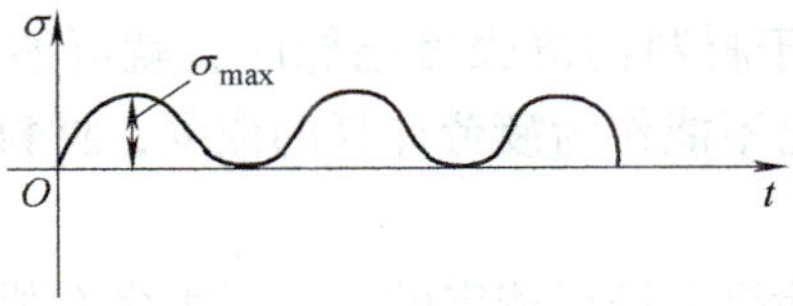	$\sigma_{max}\neq 0$，$\sigma_{min}\neq 0$	$r=0$

（续）

交变应力类型	应力循环曲线	σ_{max}与σ_{min}	循 环 特 性
静应力	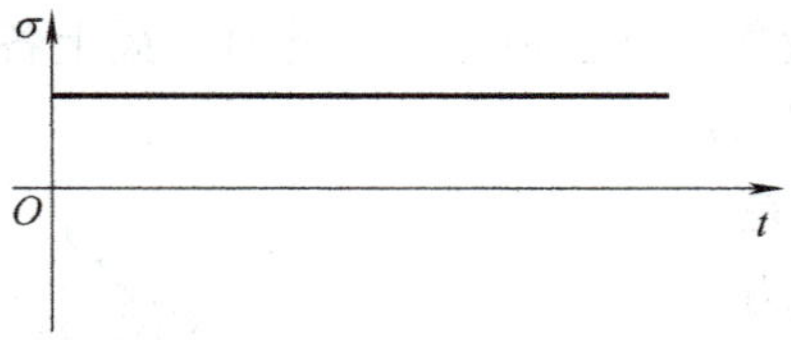	$\sigma_{max}=\sigma_{min}$	$r=1$

三、材料在交变应力下的疲劳破坏

1. 疲劳破坏的特点

金属材料在交变应力作用下的破坏，习惯上称为疲劳破坏。它与静应力下的破坏截然不同，其特点是：

① 破坏时的最大应力低于材料的抗拉强度 σ_b，甚至低于屈服强度 σ_s。

② 即使是塑性较好的材料，经过多次应力循环后，也像脆性材料那样发生突然断裂，断裂前没有明显的塑性变形。

③ 在断口面上，有较明显的两个区域：光滑区和粗糙区（图 12-11）。

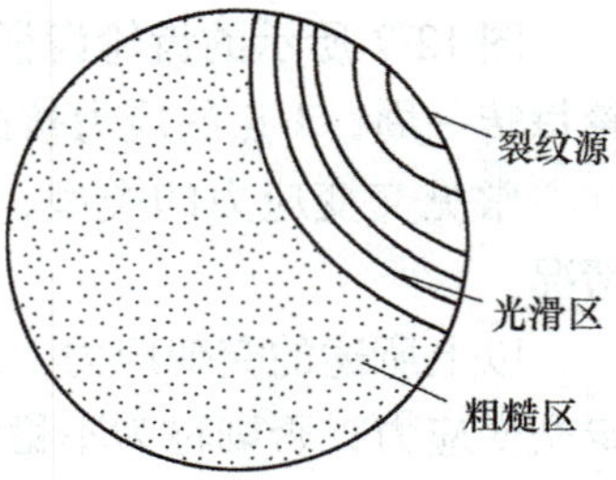

图 12-11

2. 疲劳破坏的原因解释

金属材料发生疲劳破坏的原因，目前一般的解释是：当交变应力超过一定的限度并经历了足够多次的反复作用后，便在构件的应力最大处或材料薄弱处产生细微裂纹，形成裂纹源。随着应力循环次数的增加，裂纹逐渐扩展，在扩展过程中，由于应力的交替变化，裂纹的两表面时而压紧，时而分离，类似研磨作用，形成断口表面的光滑区。随着裂纹的不断扩展，构件横截面的有效承载面积逐渐减小，应力随之增大。当有效截面积削弱到不足以承受外力时，便突然发生脆性断裂，形成断口的粗糙区。所以，疲劳破坏的过程，是裂纹的产生和不断扩展直至最后断裂的过程。

疲劳破坏通常是在机器运转中事先没有明显预兆的情况下突然发生的，往往造成严重事故。据统计，机械工程中约有 80% 的零件损坏属于疲劳破坏。因此，对在交变应力下工作的构件进行疲劳强度计算是非常重要的。

四、材料的持久极限

在交变应力作用下，当最大应力低于材料的静强度指标时，就可能发生疲劳破坏。因此，屈服强度或抗拉强度等静强度指标已不能作为疲劳计算的依据，材料在交变应力下的强度指标必须重新确定。

材料的疲劳强度指标，是在疲劳试验机上进行测定的。由于大多数机械零件都承受对称循环的弯曲交变正应力，同时对称循环的弯曲疲劳试验在技术上最为简单，所以通常使用对称循环弯曲疲劳试验机测定材料在对称循环弯曲交变应力下的极限应力。

图 12-12 表示弯曲疲劳试验原理。试件在载荷 $\boldsymbol{F}$ 作用下，其 CD 段为纯弯曲，横截面上的弯矩 $M=\frac{1}{2}Fa$，最大弯曲应力为

$$\sigma_{max}=\frac{M}{W_z}=\frac{Fa}{2W_z}$$

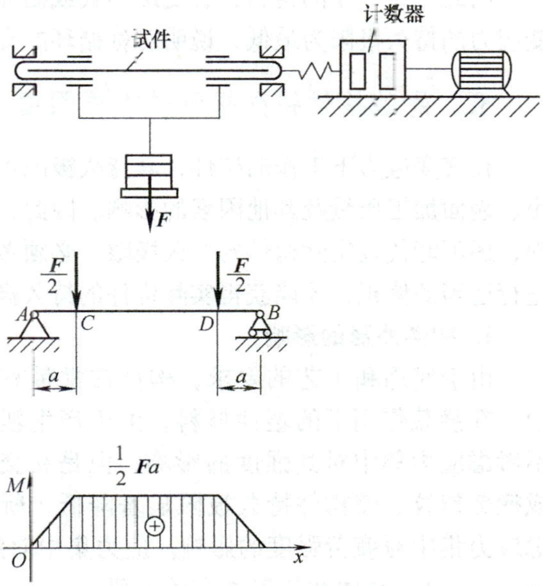

图 12-12

试件每旋转一周，横截面上的点便经历一次对称循环交变应力。试件旋转的转数，即为应力循环次数。

① 试件。6 ~ 10 根中部直径为 7 ~ 10mm、表面磨光的标准试件。

② 试验。将上述试件逐根装夹在试验机中，递减加载，第一根试件的最大应力 σ_{max} 为其抗拉强度 σ_b 的 50%~60%，以后各根试件的最大应力 σ_{max} 都比前一根递减 20 ~ 40MPa。加载后开动机器，使试件旋转，直至断裂。记录各根试件从开始旋转到断裂所经历的转数，即应力循环次数 N，便得到一组试验数据。各根试件的最大应力 σ_{max} 与其对应的循环次数 N，如(σ_{max}, N_1)、(σ_{max}, N_2)、…。若以 σ_{max} 为纵坐标，N 为横坐标，便可描得 σ_{max}—N 曲线，即疲劳曲线图，如图 12-13 所示。

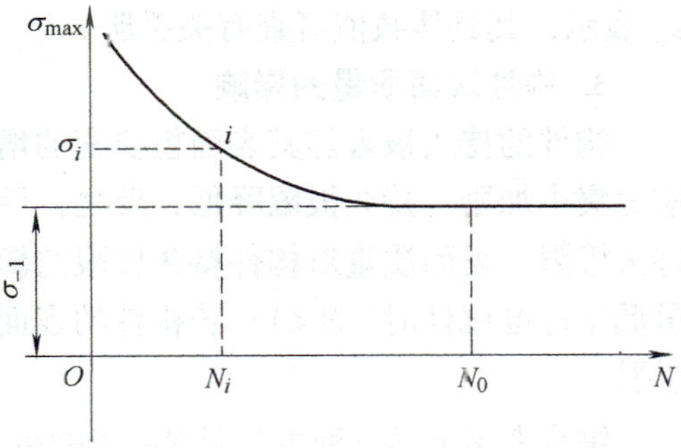

图 12-13

由疲劳曲线可以看出：试件在给定的交变应力作用下，经过一定的循环次数后，才会发生疲劳破坏。交变应力的最大值越大，破坏前能经受的应力循环次数就越少；反之，如降低最大应力值，则能经受的应力循环次数就增加。当最大应力降低到某一临界值时，疲劳曲线开始趋于水平，说明试件可经历无数次应力循环而不会发生疲劳破坏，这一临界值称为材料的**持久极限**或**疲劳极限**，是材料在交变应力作用下的极限应力，在疲劳由线中以水平渐近线的纵坐标表示。若交变应力为对称循环，其持久极限用 σ_{-1} 表示；若为脉动循环，则用 σ_0 表示。

试验表明，钢试件在对称循环交变应力作用下，循环次数 $N_0 \geqslant 10^7$ 时，疲劳曲线就趋于水平。因此对于钢材，一般规定 $N_0=10^7$ 次所对应的最大应力值作为持久极限。

试验表明：钢材的持久极限与其抗拉强度 σ_b 和屈服强度 σ_s 之间有如下近似关系：

弯曲对称循环 $\sigma_{-1}^{弯曲} \approx 0.27(\sigma_s+\sigma_b)$

拉压对称循环 $\sigma_{-1}^{拉压} \approx 0.23(\sigma_s+\sigma_b)$

扭转对称循环 $\tau_{-1}^{扭转} \approx 0.15(\sigma_s+\sigma_b)$

弯曲脉动循环 $\sigma_0^{弯曲} \approx 1.33\sigma_{-1}^{弯曲}$

由此可见，相同材料，若变形形式或循环特性不同，持久极限也不同，其中对称循环交变应力的持久极限为最低，说明对称循环的交变应力最为危险。

五、影响构件持久极限的主要因素

在交变应力下工作的构件，其持久极限不但和材料有关，还受构件的几何形状、尺寸大小、表面加工质量及其他因素的影响。因此，按前面所述，用标准试件测定的材料的持久极限，还不能代表实际构件的持久极限，必须考虑上述各种因素，对标准试件测得的持久极限进行适当的修正，才能获得实际构件的持久极限。下面介绍影响持久极限的主要因素。

1. 构件外形的影响

由于使用和工艺的要求，构件常常带有圆角、小孔、键槽等，这些都会引起应力集中。在静载作用下的塑性材料，由于产生塑性变形，可使应力集中得到减缓，所以一般不考虑应力集中对其强度的影响；但是在交变应力作用下，在应力集中的局部，更易形成疲劳裂纹，使构件持久极限显著降低，所以无论是塑性材料还是脆性材料，都必须考虑应力集中对疲劳强度的影响。应力集中对疲劳强度的影响程度，用应力集中系数 K_σ 表示。$K_\sigma>1$，具体数值可查有关手册。

2. 构件尺寸的影响

持久极限一般用 $D=7\sim10\text{mm}$ 的小试件测定。试验表明，弯曲或扭转的对称循环的持久极限将随截面尺寸的增大而降低。截面尺寸的大小对持久极限的影响的程度，用尺寸系数 ε_σ 表示，其具体数值可查有关手册。

3. 构件表面质量的影响

构件的持久极限随其表面粗糙度的增大而降低。因表面粗糙度值大，其表面缺陷就多，应力集中加剧，持久极限降低；反之，用强化方法提高构件的表面质量，则可以提高构件的持久极限。表面质量对构件持久极限的影响程度，用表面质量系数 β 表示。当构件的表面质量低于标准试件时，$\beta<1$；若构件的表面质量强化处理后，则 $\beta>1$。β 的具体数值可查有关手册。

综合考虑上述三种主要因素的影响后，构件在对称循环下的持久极限 σ^0_{-1} 应为

$$\sigma^0_{-1}=\frac{\varepsilon_\sigma\beta}{K_\sigma}\sigma_{-1}$$

式中 σ_{-1}——标准试件的持久极限。

除上述三种主要因素外，实际上还有一些其他因素对构件持久极限有影响。这些其他因素对构件持久极限的影响，也可用一些修正系数来表示，并可从有关手册中查到。

六、提高构件疲劳强度的措施

综上所述可知，为了提高构件的疲劳强度，应尽量减缓应力集中和提高表面质量。

1. 减缓应力集中

设计构件外形时，应尽量避免带有尖角的孔和槽。在截面尺寸突然变化处，用圆角过渡，并尽量增大圆角半径。当结构需要直角时，可在直径较大的轴段上开减荷槽或退刀槽，则可使应力集中明显减弱。

2. 提高表面质量

构件表层的应力一般较大(如构件弯曲或扭转时)，加上构件表面的切削刀痕又将引起应力集中，故容易形成疲劳裂纹。降低表面粗糙度值，可以减弱切削刀痕引起的应力集中，从而提高构件的疲劳强度。此外，应尽量避免构件表面的机械损伤和化学腐蚀。

提高构件表面层的强度，是提高构件疲劳强度的重要措施。生产上通常采用表面热处理、化学处理和表面机械强化等方法，使构件表面层强度提高。

小结

一、动载荷的概念及类型。

二、构件在等加速直线运动时的动应力强度条件为

$$\sigma_{d}=F_{N}/A=K_{d}\sigma_{j}\leqslant[\sigma]$$

三、构件(圆环)匀速转动时的强度条件为

$$\sigma_{d}=\frac{\gamma}{g}v^{2}\leqslant[\sigma]$$

四、构件受冲击时的强度条件为

$$\sigma_{d\,max}=K_{d}\sigma_{j\,max}\leqslant[\sigma]$$

五、构件内部随时间作周期性变化的应力称为交变应力。构件在这种应力作用下，由于疲劳裂纹的产生和扩展，在交变应力远低于静载荷的极限应力时，就可能突然断裂，导致疲劳破坏。

六、应力循环特征 r 是表示应力变化规律的重要参数。$r=-1$ 时，为对称循环的交变应力；$r=0$ 时，为脉动循环的交变应力；$-1<r<1$ 时，为非对称循环的交变应力；$r=1$ 时，为静应力。

七、标准试件经历无限次应力循环而不发生疲劳失效的最大应力值称为材料的持久极限。对称循环交变应力之下材料的持久极限用 σ_{-1} 表示，脉动循环交变应力之下材料的持久极限用 σ_0 表示。

八、综合考虑应力集中、构件尺寸、表面质量的影响，构件在对称循环交变应力下的疲劳极限为

$$\sigma_{-1}^{0}=\frac{\varepsilon_{\sigma}\beta}{K_{\sigma}}\sigma_{-1}$$

九、疲劳破坏的特点、原因解释及提高构件疲劳强度的措施。

讨论与交流

12-1 何谓动载荷？试列举动载荷的工程实例，并指出其类型。

12-2 从减小动应力的角度出发，应使构件的刚度较大好还是较小好？

12-3 若冲击物高度和冲击点位置不变，冲击物重量增加一倍时，冲击应力是否也增大一倍？

12-4 何谓交变应力？试列举交变应力的工程实例，并指出其循环特性。

12-5 判别构件的破坏为疲劳破坏的依据是什么？

12-6 试区分下列概念：

(1) 材料的抗拉强度与持久极限。

(2) 静应力下的许用应力与交变应力下的许用应力。

（3）材料的持久极限与构件的持久极限。

（4）脉动循环交变应力与对称循环交变应力。

习题

12-1 卷扬机上的钢索，以加速度 $a=2\mathrm{m/s^2}$ 向上提升重量 $G=50\mathrm{kN}$ 的料斗，如不计钢索的自重，试求钢索的拉力。

12-2 用两根平行的吊索起吊一根 14 号的工字钢，如图 12-14 所示。已知加速度 $a=10\mathrm{m/s^2}$，吊索的横截面面积 $A=72\mathrm{mm^2}$。只考虑工字钢的重量，不计吊索的自重，试计算吊索的动应力和工字钢的最大动应力。

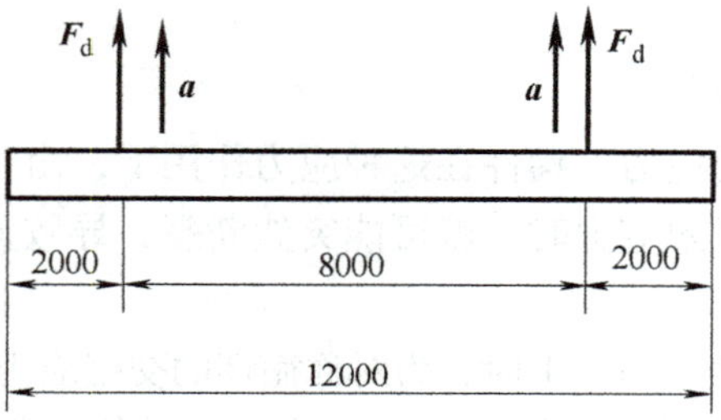

图 12-14

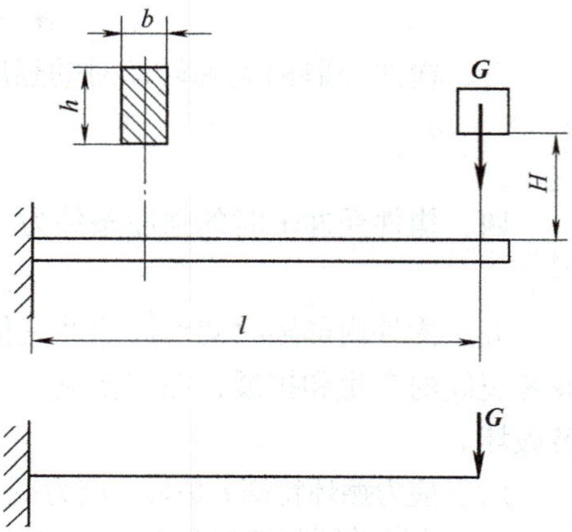

图 12-15

12-3 重量 $G=1\mathrm{kN}$ 的重物自由下落在矩形截面的悬臂梁上，如图 12-15 所示。已知 $b=120\mathrm{mm}$，$h=200\mathrm{mm}$，$H=40\mathrm{mm}$，$l=2\mathrm{m}$，$E=10\mathrm{GPa}$，试求梁的最大正应力。

12-4 如图 12-16 所示，阶梯轴直径 $D=50\mathrm{mm}$，$d=40\mathrm{mm}$。轴受对称循环的交变弯矩作用，最大弯矩 $M=650\mathrm{N\cdot m}$。试计算轴的最大弯曲正应力 σ_{max} 和应力循环特性 r。（暂不考虑圆轴的应力集中等影响）

12-5 如图 12-17 所示，拉杆在交变载荷作用下最大拉力和最小拉力为 $F_{max}=10\mathrm{kN}$ 和 $F_{min}=7\mathrm{kN}$，拉杆直径 $D=8\mathrm{mm}$。试求此杆的应力幅 σ_a、平均应力 σ_m 和应力循环特性 r。

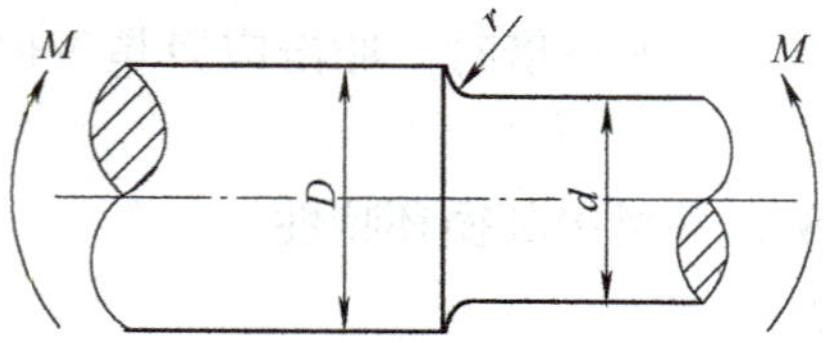

图 12-16

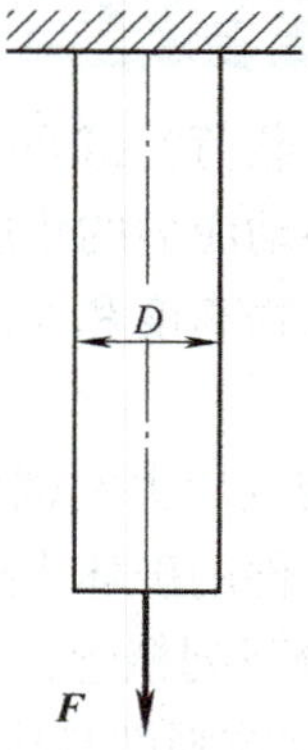

图 12-17

12 UNIT

单元十三　刚体的基本运动

在工程实际问题中，常常遇到刚体的运动问题，例如图 13-1 所示的牛头刨床机构中，摇杆摆动，刨刀作平行移动。对刚体而言，因各点间的距离保持不变，其运动受到几何限制，所以在研究刚体运动时，有必要研究体内各点运动与刚体整体运动间的关系及体内各点运动间的关系。

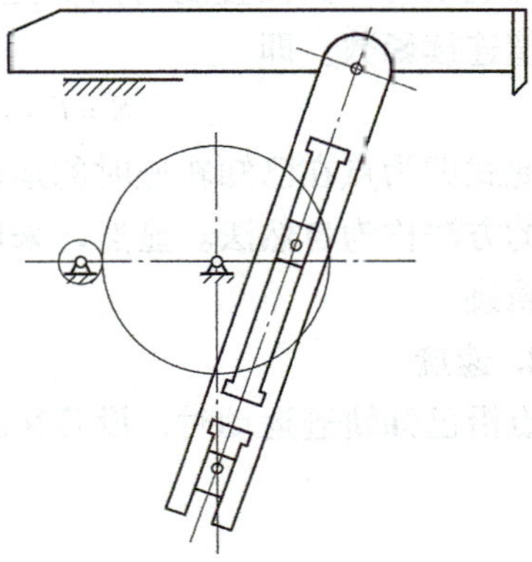
图　13-1

刚体的最基本运动可分为平行移动和绕定轴的转动。刚体的复杂运动则看作是这两种基本运动的组合。

研究刚体基本运动的目的，一是解决工程上的实际问题；二是为以后研究刚体的复杂运动打基础。

课题一　刚体的平行移动

首先我们观察一下图 13-2 所示曲柄滑块机构中滑块的水平移动，图 13-3 所示摇筛机构中摇筛的运动。发现它们的运动有一个共同特征，即在刚体运动的过程中，刚体内任一直线的方向始终不变，且与原来的位置平行，这种运动称为刚体的平行移动，简称平动。

图 13-2 中滑块 B 上各点在运动时轨迹均为直线，故称直线平动；图 13-3 中摇筛上各点在运动时轨迹均为曲线，故称曲线平动。

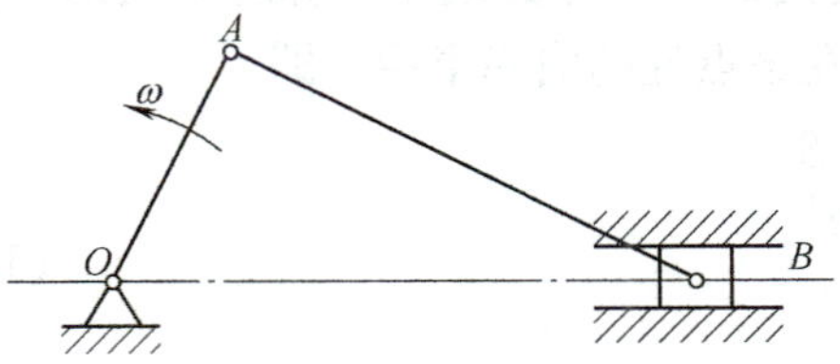

图　13-2

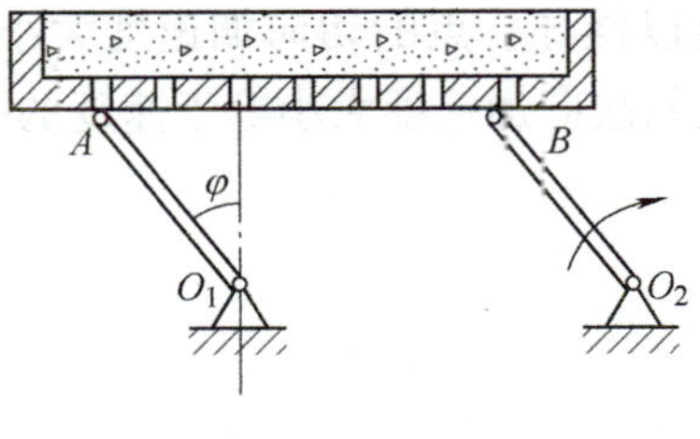

图　13-3

对刚体平动的研究得出：刚体平动时，同一瞬时刚体上各点的速度相同，加速度也相同。由此可知，平动刚体上任一点的运动规律就是平动刚体的运动规律，在研究平动刚体的问题时，可归结为点的运动问题，其运动规律可用两种方法描述。

一、自然法

1. 运动方程

若已知平动刚体上任一点的运动轨迹，如图 13-4 所示，在点 M 的轨迹 AB 上任取一点 O 为原点，规定 O 点的某一侧为正，另一侧为负，可建立一自然坐标系。于是，点 M 任一瞬时的位置就可用该位置与原点之间的弧坐标 S 来描述。

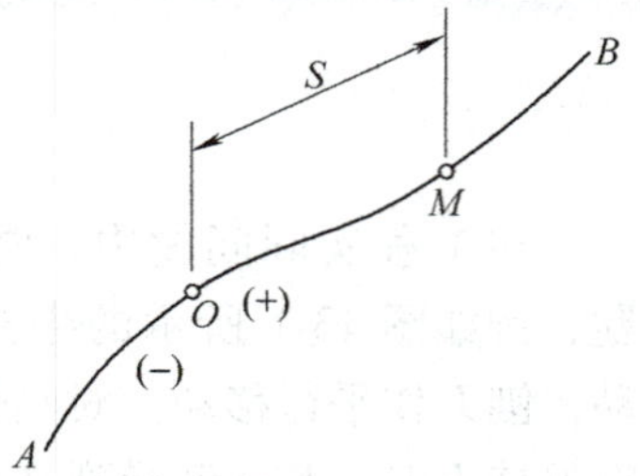

图 13-4

点运动时，其位置随时间而连续变化，弧坐标 S 是时间 t 的单值连续函数。即

$$S=f(t) \tag{13-1}$$

此式即为点在已知轨迹时的运动方程。这种研究点的运动规律的方法称为自然法。显然，采用自然法的前提是已知点的运动轨迹。

2. 速度

点沿已知轨迹运动时，设其在时间 Δt 内的弧坐标变化量为 ΔS，则其平均速度的大小为

$$v^*=\frac{\Delta S}{\Delta t}$$

在 $\Delta t\to 0$ 时的平均速度就是点的瞬时速度，即

$$v=\lim_{\Delta t\to 0}\frac{\Delta S}{\Delta t}=\frac{\mathrm{d}S}{\mathrm{d}t} \tag{13-2}$$

上式表明，点速度的等于其运动方程 $S=f(t)$ 对时间 t 的一阶导数，其方向沿轨迹在该点的切线方向。当速度为正时，表示其指向弧坐标正的一侧，反之表示其指向弧坐标正的一侧。

3. 加速度

当点作曲线运动时，其速度不但大小变化，而且方向也变化，因此，点的加速度就包括两个分量：一个描述速度大小的变化，其方向沿轨迹在该点的切线方向，称为切向加速度，用 $\boldsymbol{a}_\tau$ 表示，其正负的含义与速度相同；另一个描述速度方向的变化，其方向沿轨迹在该点的法线方向，指向曲率中心，称为法向加速度，用 $\boldsymbol{a}_\mathrm{n}$ 表示。

可以推导：点的切向加速度大小等于速度对时间的一阶导数或弧坐标对时间的二阶导数；点的法向加速度大小等于速度的平方除以轨迹在该点处的曲率半径。即

$$\begin{cases}a_\tau=\dfrac{\mathrm{d}v}{\mathrm{d}t}=\dfrac{\mathrm{d}^2S}{\mathrm{d}t^2}\\ a_\mathrm{n}=\dfrac{v^2}{\rho}\end{cases} \tag{13-3}$$

显然，点的全加速度等于其切向加速度与其法向加速度的矢量和其大小和方向为：

$$\begin{cases}\boldsymbol{a}=\sqrt{a_\tau^2+a_\mathrm{n}^2}\\ \tan\theta=\dfrac{|a_\tau|}{a_\mathrm{n}}\end{cases} \tag{13-4}$$

式中，θ 表示 $\boldsymbol{a}$ 与 x 轴正向的夹角。

4. 点运动的特殊情况

对于点运动的特殊情况，根据点的运动的一般规律，并考虑其特殊性，可得到其特殊规律。

① 匀速运动　速度的大小不变，切向加速度为零。

$$S = vt \tag{13-5}$$

② 匀变速运动　速度的大小变化均匀，切向加速度 a_τ = 常数。

$$v = v_0 + a_\tau t \tag{13-6a}$$

$$S = v_0 t + \frac{1}{2} a_\tau t^2 \tag{13-6b}$$

$$v^2 - v_0^2 = 2a_\tau S \tag{13-6c}$$

二、直角坐标法

点做曲线运动时，若其运动轨迹未知，可用直角坐标法研究其运动规律。

1. 运动方程

在点 M 的运动平面内建立直角坐标系 Oxy，则点 M 的位置可由坐标 x、y 来描述，而点 M 的位置又随时间而连续变化，因此坐标 x、y 均是时间 t 的单值连续函数。即

$$\begin{cases} x = f_1(t) \\ y = f_2(t) \end{cases} \tag{13-7}$$

此即点运动方程的直角坐标式。在上式中若消去时间 t，则可得到点的轨迹方程。

$$y = F(x) \tag{13-8}$$

2. 速度

根据与自然法相同的方法，可得速度在 x、y 轴上的投影。

$$\begin{cases} v_x = \lim\limits_{\Delta t \to 0} \dfrac{\Delta x}{\Delta t} = \dfrac{dx}{dt} \\ v_y = \lim\limits_{\Delta t \to 0} \dfrac{\Delta y}{\Delta t} = \dfrac{dy}{dt} \end{cases} \tag{13-9}$$

上式表明，速度在直角坐标轴上的投影分别等于该点位置的相应坐标对时间的一阶导数。

根据速度的投影，即可求得速度的大小和方向。

$$\begin{cases} v = \sqrt{v_x^2 + v_y^2} \\ \tan\alpha = \left| \dfrac{v_y}{v_x} \right| \end{cases} \tag{13-10}$$

式中，α 表示 $\boldsymbol{v}$ 与 x 轴正向的夹角，其具体指向可由 v_x、v_y 的正负判定。

3. 加速度

在直角坐标系中，全加速度在 x、y 轴的投影为 $a_x a_y$，则有

$$\begin{cases} a_x = \lim\limits_{\Delta t \to 0} \dfrac{\Delta v_x}{\Delta t} = \dfrac{dv_x}{dt} = \dfrac{d^2 x}{dt^2} \\ a_y = \lim\limits_{\Delta t \to 0} \dfrac{\Delta v_y}{\Delta t} = \dfrac{dv_y}{dt} = \dfrac{d^2 y}{dt^2} \end{cases} \tag{13-11}$$

全加速度的大小和方向分别为

$$\begin{cases} a = \sqrt{a_x^2 + a_y^2} \\ \tan\theta = \left|\dfrac{a_y}{a_x}\right| \end{cases} \tag{13-12}$$

式中，θ 表示 $\boldsymbol{a}$ 与 x 轴正向的夹角，其具体指向可由 a_x、a_y的正负判定。

课题二 刚体绕定轴转动

在工程上有些零件(如飞轮、带轮、定滑轮等)运动时，具有一个共同特征，即当刚体运动时，体内或延伸部分有一条直线始终保持不动，这种运动称为刚体绕定轴转动，简称转动。不动的直线称为转轴。

刚体绕定轴转动时，刚体上任意点以转轴上一点为圆心，并在垂直于转轴的平面内作圆周运动，如图 13-5 所示。

一、转动方程

如图 13-5 所示，设刚体绕 z 轴转动，取平面 A 与刚体固连并随刚体绕 z 轴转动。位置 Ⅰ 为固定参考面(与转轴固连)，t 时刻平面 A 在位置 Ⅱ，则在某瞬时刚体的位置可由其位置 Ⅰ 及位置 Ⅱ 之间的夹角(转角)φ 确定。并规定自 z 轴的正向看去，刚体逆时针转向时角量 φ 为正值，反之为负值。当刚体转动时，转角 φ 是时间的单值连续函数。即

$$\varphi = f(t) \tag{13-13}$$

这就是刚体的定轴转动方程，φ 角的单位是弧度(rad)。当转动方程已知时，可以确定转动刚体某瞬时的位置。转角 φ 的变化称为角位移。

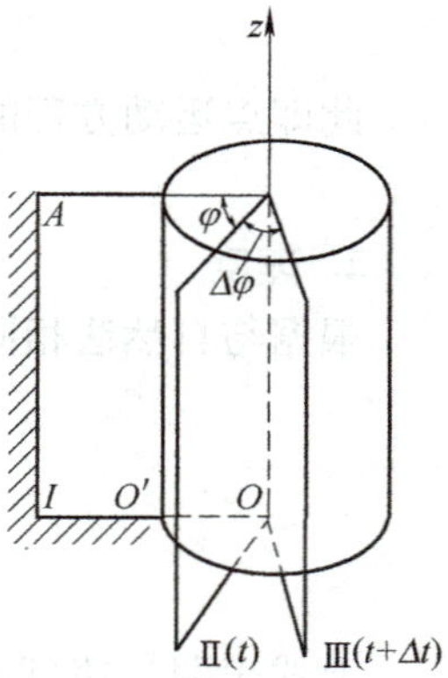

图 13-5

二、角速度

为了表示刚体定轴转动的快慢和转向，引入角速度的概念，符号为 ω。其大小为

$$\omega = \frac{d\varphi}{dt} \tag{13-14}$$

上式表明刚体定轴转动的角速度等于转角对于时间的一阶导数。

角速度 ω 是代数量。当 $\omega > 0$ 时，刚体逆时针转动，转角 φ 随时间而增加；当 $\omega < 0$ 时，刚体顺时针转动，转角 φ 随时间而减小。角速度的正负符号表示刚体的转动方向。角速度的单位为弧度/秒(rad/s)，工程上还常采用转速 n 转/分(r/min)表示刚体转动快慢程度。ω 与 n 关系是

$$\begin{aligned} \omega &= 2\pi n/60 \\ &= \pi n/30 \end{aligned} \tag{13-15}$$

13 UNIT

三、角加速度

工程上，我们不仅需要知道刚体绕定轴转动时转动的快慢，而且还需了解某瞬时刚体的角速度变化情况，即**角加速度**。其大小为

$$\alpha=\frac{d\omega}{dt}=\frac{d^2\varphi}{dt^2} \tag{13-16}$$

这表明刚体绕定轴转动的角加速度等于角速度对时间的一阶导数，或等于转角 φ 对于时间的二阶导数。

角加速度也是代数量，它的单位是弧度/秒^2（rad/s^2）。当 α 与 ω 符号相同时，则角速度的绝对值随时间的增加而增加，刚体作加速转动；反之角速度的绝对值随时间增加而减小，刚体作减速转动，如图 13-6 所示。

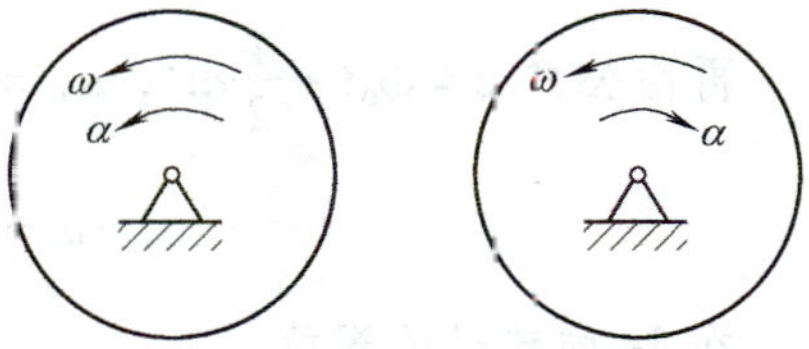

a)　　b)

图　13-6

a）加速转动　b）减速转动

四、匀速转动与匀变速转动

匀速转动与匀变速转动是刚体定轴转动的特殊情况。刚体的匀速转动及匀变速转动时，转角 φ、角速度 ω、角加速度 ε 之间关系见表 13-1。

例 13-1　刚体作定轴转动，其转动方程为 $\varphi=t^2+1$（φ 以 rad 计，t 以 s 计）。试求 $t=2s$ 时，刚体转过的圈数、角速度和角加速度。

表 13-1　刚体定轴转动公式

刚体的定轴转动			刚体的定轴转动	
名　称	符号	公　式	名　称	公　式
转角	φ	$\varphi=f(t)$	匀变速转动	$\omega=\omega_0+\alpha t$
角速度	ω	$\omega=d\varphi/dt$		$\varphi=\omega_0 t+\frac{1}{2}\alpha t^2$
角加速度	α	$\alpha=d\omega/dt$		$\omega^2-\omega_0^2=2\alpha(\varphi-\varphi_0)$
匀速转动		$\varphi=\varphi_0+\omega t$		

注：φ_0 为 $t=0$ 时的转角，ω_0 为 $t=0$ 时的角速度。

解：因为刚体转一圈的弧度为 2π，所转过圈数 $N=\frac{\varphi}{2\pi}$。

由转动方程　$\varphi=t^2+1$

得　$t=0$、$\varphi_0=1rad$，$t=2s$、$\varphi_2=(2^2+1)rad=5rad$

转过的角度　$\varphi=\varphi_2-\varphi_0=4rad$

转过的圈数　$N=\frac{4}{2\pi}=0.64$ 圈

由式(13-14)、式(13-16)

得　$\omega=\frac{d\varphi}{dt}=2t$　　$\alpha=\frac{d\omega}{dt}=2$

当 $t=2s$ 时　$\omega=2\times2rad/s=4rad/s$　$\alpha=2rad/s^2$

讨论：角速度 ω 与角加速度 α 同号(均为正)，说明 $t=2s$ 时刚体作匀加速转动。

例 13-2 某电动机转子由静止开始作匀加速转动，5s 后转速增加到 1450r/min。求电动机转子的角加速度以及在这 5s 内转过的圈数。

解 电动机转子作匀加速转动，初角速度 $\omega_0=0$，$t=5s$ 时的角速度为

$$\omega=1450\frac{2\pi}{60}=\frac{145}{3}\pi\text{rad/s}$$

角加速度为
$$\alpha=\frac{\omega-\omega_0}{t}=\frac{145\pi}{3\times5}=30.4\text{rad/s}^2$$

再由公式 $\varphi=\omega_0 t+\frac{1}{2}\alpha t^2$，$\omega_0=0$ 得

$$\varphi=\frac{1}{2}\times30.4\times5^2\text{rad}=380\text{rad}$$

在 5s 内转过的圈数

$$N=\frac{\varphi}{2\pi}=\frac{380}{2\pi}=60.4\ 圈$$

五、转动惯量

由物理知识可知，物体都有惯性，其大小由质量度量。转动刚体也有惯性，其大小由转动惯量度量，其大小为

$$J_z=\sum_{i=1}^{n}\Delta m_i r_i^2 \tag{13-17}$$

转动惯量是恒为正值的标量，单位是 $kg\cdot m^2$。刚体的转动惯量与刚体质量的大小、转轴位置及质量分布有关。质量相同形状不同的物体有不同的转动惯量；质量形状均相同的两个物体因转轴位置不同而转动惯量不同。质量的分布越靠近转轴，转动惯量越小，反之则越大。例如高速旋转零件可采用质轻金属材料并靠近转轴减小转动惯量，提高灵敏度。也就是说转动惯量愈小，转动状态愈容易改变，反之不容易改变。

从上述分析可知：定轴转动刚体如果存在偏心，即使偏心距很小，在高速运转时，动约束力也会很大。不仅如此，动约束力的方向也随刚体的转动而变化，即动约束力在某些方向的值是周期性变化的，因而动约束力经常引起轴承或机座的振动，从而影响机器的平稳运转，甚至使机器构件发生破坏。因此，如何消除轴承的动约束力就成为高速转动机械的重要课题。

课题三 定轴转动刚体内各点的速度和加速度

在机械加工的车、铣、磨等工序中，需知各种刀具加工时的速度，以便设计刀具。如切削时的切削速度、带传动时的带速，它们均与作定轴转动的刚体的角速度有关，更确切地说是与定轴转动刚体上点的速度、加速度有直接联系。因此有必要在已知定轴转动刚体的角速度、角加速度的条件下，研究其上点的运动规律、速度、加速度。

如图 13-7 所示，刚体绕定轴 z 转动时，其上各点在垂直于转轴的平面上作圆周运动。设任一点到转轴的距离为 R，称为转动半径，过 M 点作垂直于转轴的平面，M 点便在此平

面内作圆周运动，其轨迹如图 13-7 所示。由几何学可知，M 点转过的弧长为

$$s = R\varphi \tag{13-18}$$

一、刚体上点的速度

若刚体的角速度为 ω，由物理知识可知，M 点的速度大小为

$$v = R\omega \tag{13-19}$$

即转动刚体上任一点的速度等于刚体角速度乘以转动半径。

由式(13-19)可看出，刚体上各点速度大小与转动半径成正比，方向垂直于转动半径，指向与刚体的角速度转向一致，如图 13-8 所示。

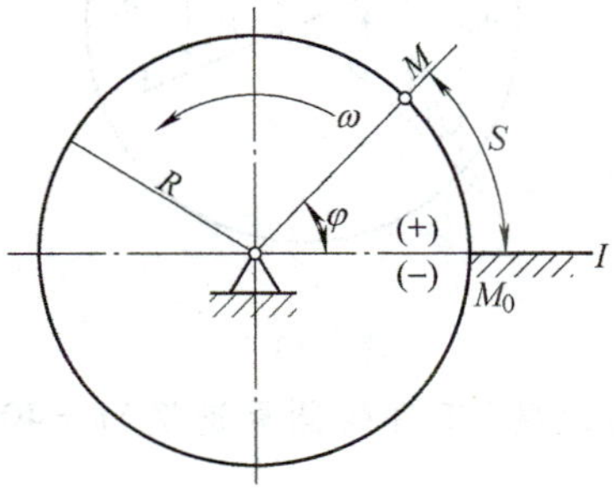

图 13-7

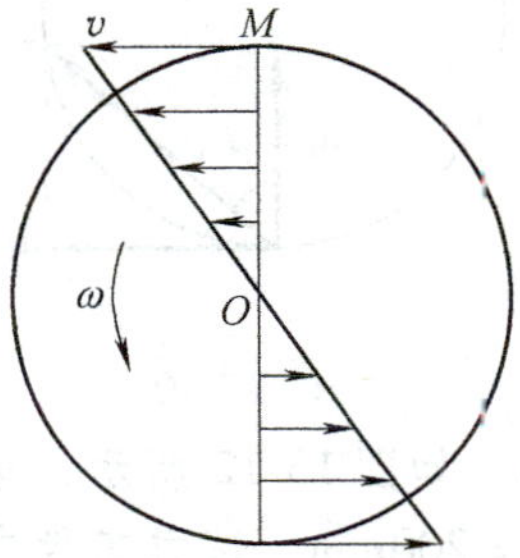

图 13-8

工程上，已知刚体转速 n(r/min)及直径 D(m)，刚体圆周上点的速度可表示为

$$v = R\omega = \frac{D}{2} \times \frac{n\pi}{30} = \frac{\pi D n}{60} \quad (\text{m/s})$$

$$\text{或} \quad v = \pi D n \quad (\text{m/min}) \tag{13-20}$$

二、刚体上点的加速度

如图 13-9 所示，刚体作变速转动角速度为 ω，角加速度为 α，M 点的加速度可分为切向加速度和法向加速度。

切向加速度

$$a_\tau = R\alpha \tag{13-21}$$

法向加速度

$$a_n = R\omega^2 \tag{13-22}$$

即定轴转动刚体上任一点的切向加速度 $\boldsymbol{a}_\tau$ 的大小等于该点的转动半径 R 与刚体的角加速度的乘积，方向垂直于转动半径，指向与角加速度转向一致。法向加速度 $\boldsymbol{a}_n$ 的大小等于该点的转动半径与刚体角速度平方的乘积，方向沿转动半径，指向转动中心。

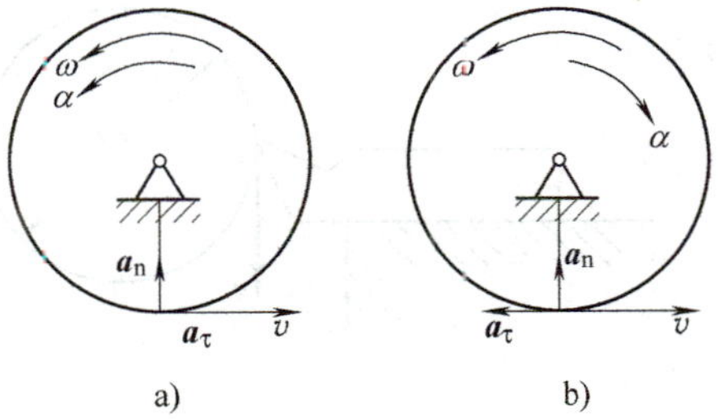

图 13-9

a) 加速转动 b) 减速转动

当 α 与 ω 同号时，$\boldsymbol{a}_\tau$ 与 v 同向，点作加速运动；α 与 ω 异号，$\boldsymbol{a}_\tau$ 与 v 反向，点作减速运动。若刚体作匀速转动($\alpha = 0$)，其上各点作匀速圆周运动 $a_\tau = 0$、$a_n \neq 0$、$v \neq 0$。

刚体上任一点全加速度

$$a=\sqrt{a_\tau^2+a_n^2}=\sqrt{(R\alpha)^2+(R\omega^2)^2}=R\sqrt{\alpha^2+\omega^4} \tag{13-23}$$

$$\beta=\arctan\frac{|a_\tau|}{a_n}=\arctan\frac{|\alpha|}{\omega^2} \tag{13-24}$$

β 是全加速度 $\boldsymbol{a}$ 与转动半径的夹角，如图 13-10 所示。

式(13-23)和式(13-24)表明绕定轴转动刚体内各点的全加速度，其大小与该点的转动半径成正比，方向与转动半径成 β 角，且各点 β 角相等，其分布如图 13-11 所示。

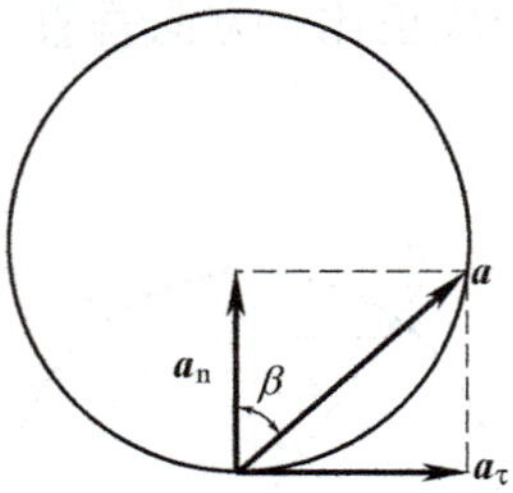

图 13-10

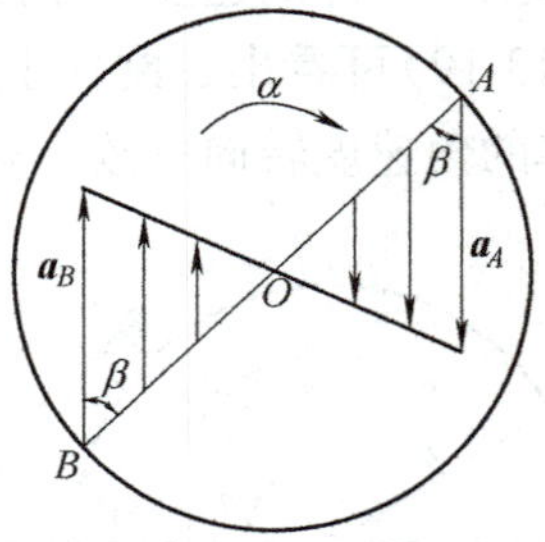

图 13-11

例 13-3 如图 13-12 所示，车床切削工件时的切削速度(工件的圆周速度) $v=40\text{m/min}$，工件直径 $D=200\text{mm}$。试求工件应有的转速。

解 因为车削速度 v 与工件和刀尖相接触点的 v_A 相等，由式(13-20)有

$$v_A=v=\pi Dn$$

$$n=\frac{v}{\pi D}=\frac{40}{3.14\times0.2}\text{r/min}=63.6\text{r/min}$$

例 13-4 两个摩擦轮之间无相对滑动(图 13-13)，靠摩擦力传动，已知轮 Ⅰ 的半径 R_1 及 ω_1、α_1，轮 Ⅱ 的半径 R_2。求轮 Ⅱ 的 ω_2、α_2 及转速 n_1 与 n_2 之比。

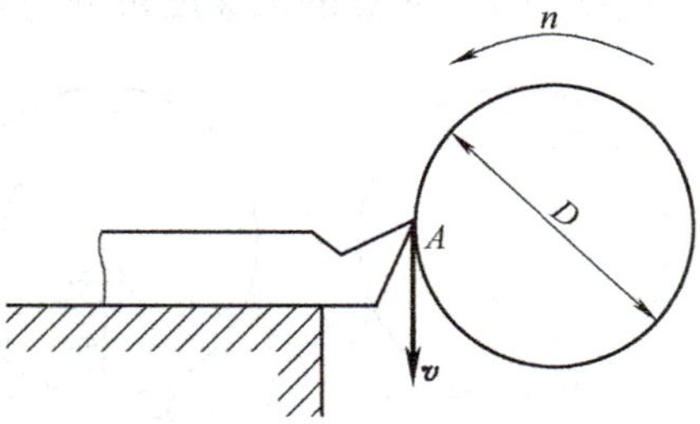

图 13-12

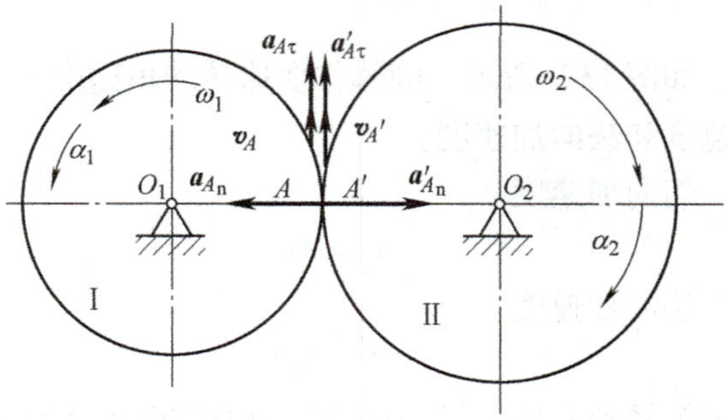

图 13-13

解 因为轮 Ⅰ 与轮 Ⅱ 之间无相对滑动，则轮 Ⅰ 上 A 点与轮 Ⅱ 上 A' 点的速度相等；同理，这两点切向加速度相等。A 与 A' 的速度及切向加速度

$$v_A=R_1\omega_1 \quad a_{\tau A}=R_1\alpha_1$$

$$v_{A'}=R_2\omega_2 \quad a_{\tau A'}=R_2\alpha_2$$

因

$$v_A=v_{A'}$$

$$a_{\tau A}=a_{\tau A'}$$

则
$$R_1\omega_1 = R_2\omega_2 \qquad \omega_2 = \frac{R_1}{R_2}\omega_1$$
$$R_1\alpha_1 = R_2\alpha_2 \qquad \alpha_2 = \frac{R_1}{R_2}\alpha_1$$
又因
$$\omega = \frac{n\pi}{30}$$
所以
$$\frac{\omega_1}{\omega_2} = \frac{n_1}{n_2} = \frac{\alpha_1}{\alpha_2} = \frac{R_2}{R_1} = i_{12} \tag{13-25}$$

我们称 i_{12} 为传动比。式(13-25)表明两个摩擦轮相啮合时其角速度和角加速度均与其半径成反比。工程上常利用轮系传动来降低或提高刚体的转速，如摩擦轮、齿轮及带轮。

例 13-5 如图 13-14a 所示，起重机鼓轮直径 $D=400$mm，钢丝绳绕在鼓轮上，下端悬有重物。设钢丝绳不可伸长且与鼓轮间无相对滑动。若起吊时鼓轮的转动方程为 $\varphi=2t^2$（φ 以 rad 计，t 以 s 计），求：(1)重物的加速度；(2)起吊后 2s 时重物的速度；(3)起吊后 2s 内重物上升的高度。

解 因钢丝绳不可伸长且与鼓轮间无相对滑动，故重物的速度与鼓轮轮缘上点的速度相等，故重物的加速度与鼓轮轮缘上点的切向加速度相等。

(1) 求重物的加速度。鼓轮的角加速度为
$$\alpha = \frac{d^2\varphi}{dt^2} = \frac{d^2(2t^2)}{dt^2} = 4\text{rad/s}^2$$
轮缘上一点的切向加速度为
$$a_\tau = R\alpha = \frac{D}{2}\varepsilon = 0.2\times 4\text{m/s}^2 = 0.8\text{m/s}^2$$
重物的加速度 $a = a_\tau = 0.8\text{m/s}^2$

(2) 起吊后 2s 时重物的速度。

鼓轮的角速度为
$$\omega = \frac{d\varphi}{dt} = \frac{d(2t^2)}{dt} = 4t$$
起吊后 2s 时鼓轮的角速度为
$$\omega = 4\times 2\text{rad/s} = 8\text{rad/s}$$
起吊后 2s 时鼓轮轮缘上一点线速度为
$$v = R\omega = \frac{D}{2}\omega = 0.2\times 8\text{m/s} = 1.6\text{m/s}$$
起吊后 2s 时重物的速度 $v' = v = 1.6\text{m/s}$

(3) 起吊后 2s 内重物上升的高度。

起吊后 2s 内鼓轮转过的转角为 $\varphi = 2t^2 = 2\times 4\text{rad} = 8\text{rad}$

起吊后 2s 内鼓轮转过的弧长为 $S = R\varphi = \frac{D}{2}\varphi = 0.2\times 8\text{m} = 1.6\text{m}$

因钢丝绳不可伸长，故起吊后 2s 内重物上升的高度为 $h = S = 1.6\text{m}$

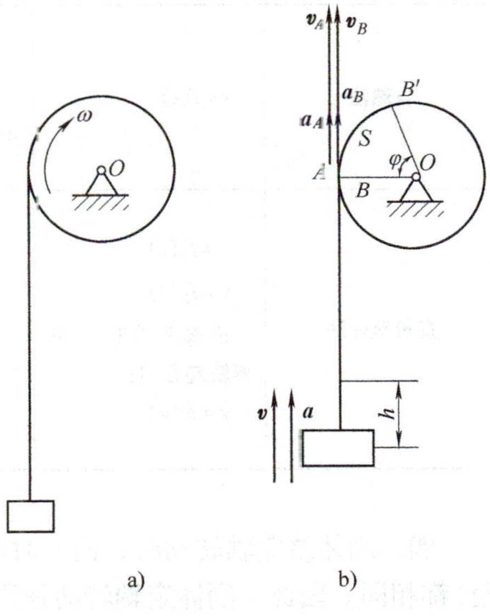

图 13-14

小结

一、刚体运动的最简单形式是平行移动(平动)和定轴转动。刚体平动时，其上任一点的轨迹平行、速度和加速度都相同，因此，刚体平动问题可以用点的运动问题来解决。

二、点的运动方程

通常采用自然法和直角坐标法。动点运动轨迹已知时，常采用自然法；而当运动轨迹未知时，采用直角坐标法。

$$s=f(t)$$

$$\begin{cases}x=f_1(t)\\y=f_2(t)\end{cases}$$

三、点的运动计算公式(表 13-2)

表 13-2 点的运动计算公式

研究方法 \ 运动参数	运动方程(运动规律)	速度	加速度
自然法	$s=f(t)$	$v=\frac{ds}{dt}$，沿切向，指向由$\frac{ds}{dt}$正负确定	$\boldsymbol{a}=\boldsymbol{a}_\tau+\boldsymbol{a}_n$ $a_\tau=\frac{dv}{dt}=\frac{d^2s}{dt^2}$，沿切向，指向由$\frac{dv}{dt}$正负确定 $a_n=\frac{v^2}{\rho}$，沿法向，指向曲率中心
直角坐标法	$x=f_1(t)$ $y=f_2(t)$ 消去上式中 t，即得轨迹方程： $y=F(x)$	$v_x=\frac{dx}{dt}$ $v_y=\frac{dy}{dt}$ $v=\sqrt{v_x^2+v_y^2}$ $\tan\alpha=\left\|\frac{v_y}{v_x}\right\|$	$a_x=\frac{dv_x}{dt}=\frac{d^2x}{dt^2}$ $a_y=\frac{dv_y}{dt}=\frac{d^2y}{dt^2}$ $a=\sqrt{a_x^2+a_y^2}$ $\tan\beta=\left\|\frac{a_y}{a_x}\right\|$

四、刚体绕定轴转动时，同一时间间隔内，刚体上任一点转过的角度(弧度对应的中心角)都相同。因此，刚体定轴转动是用转角 φ、角速度 ω、角加速度 α 来描述。

1. 转动方程 $\varphi=f(t)$ 表示刚体绕定轴转动规律。

2. 角速度 $\omega=\frac{d\varphi}{dt}$表示刚体转动的快慢和方向。

3. 角加速度 $\alpha=\frac{d\omega}{dt}=\frac{d^2\varphi}{dt^2}$表示角速度变化的快慢。

当 ω、α 同号时，刚体作加速转动；ω、α 异号时，刚体作减速转动。

当刚体匀速转动时，$\varphi=\varphi_0+\omega t$

当刚体匀变速转动时，$\omega=\omega_0+\alpha t$，$\varphi=\omega_0 t+\frac{1}{2}\alpha t^2$，$\omega^2=\omega_0^2+2\alpha\varphi_0$

五、刚体作定轴转动的角量与刚体上一点的线量关系为：$s=r\varphi$，$v=r\omega$，$a_\tau=r\alpha$，$a_n=r\omega^2$，$a=\sqrt{a_\tau^2+a_n^2}=r\sqrt{\omega^4+\alpha^2}$，$\tan\beta=\left|\frac{\alpha}{\omega^2}\right|$。

六、一对齿轮（带轮、摩擦轮）传动，其转速（或角速度）与其节圆直径成反比。

$$i=\frac{n_1}{n_2}=\frac{\omega_1}{\omega_2}=\frac{\alpha_1}{\alpha_2}=\frac{R_2}{R_1}\quad(i\text{ 称传动比})$$

七、刚体转动惯量是刚体转动惯性的度量。它的数值决定于刚体质量的大小，质量分布情况和转轴的位置。刚体绕与质心轴平行的轴转动惯量为

$$J_{z'}=J_z+md^2$$

讨论与交流

13-1 举例说明弧坐标、路程、位移的区别，在特定的运动情况下，路程、位移、弧坐标能否相同？

13-2 平动刚体在某瞬时的速度为零，那么该瞬时平动刚体的加速度是否也等于零？

13-3 如果：(1) $a_\tau=0$，$a_n=0$；(2) $a_\tau=0$，$a_n\neq0$；(3) $a_\tau\neq0$，$a_n=0$；(4) $a_\tau\neq0$，$a_n\neq0$。问平动刚体分别作何种运动？

13-4 试指出图 13-15 中平动刚体上任一点的各种运动情况是否可能？为什么？并指出哪些是加速运动？哪些是减速运动？

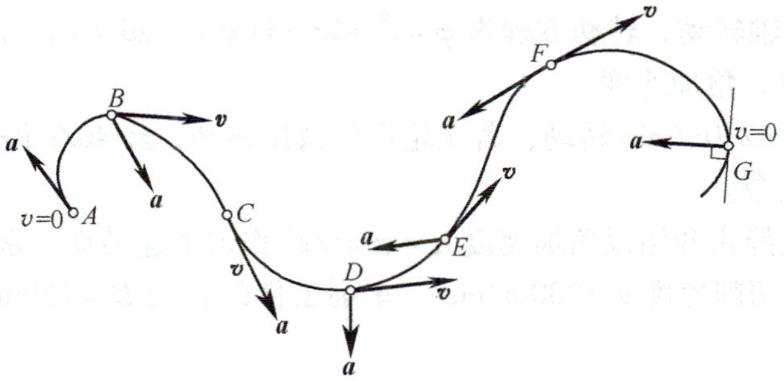

图 13-15

13-5 判断下列问题的对与错：

(1) 平动刚体上点的轨迹一定是平面曲线。

(2) 某瞬时平动刚体上各点的速度大小相等而方向可以不同。

(3) 定轴转动刚体的固定轴可能在刚体的轮廓之外。

(4) 定轴转动刚体的角加速度为正值时，刚体一定越转越快。

13-6 如图 13-16 所示，哪一个刚体作平动，哪一个刚体作定轴转动？

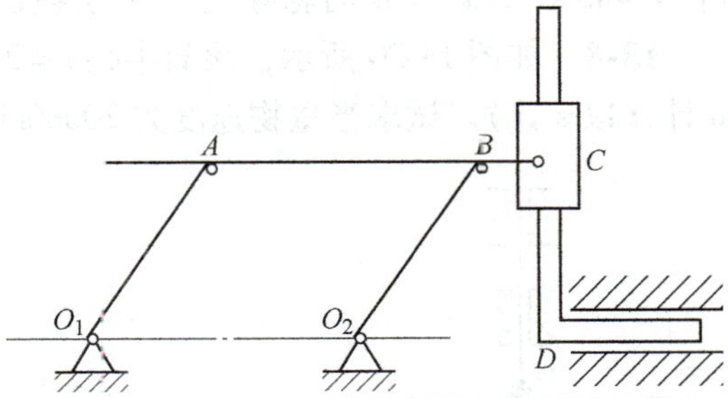

图 13-16

13-7 如图 13-17 所示，刚体绕定轴转动的角速度 ω 和角加速度 α。试画出 A、B 两点速度、加速度方向。

13-8 两个半径分别为 R_1、R_2 的均质圆盘，已知 $R_1/R_2=1/2$，其 ω、α 分别相同。那么 v_1/v_2 及 α_{v1}、α_{v2} 的比值是多少？

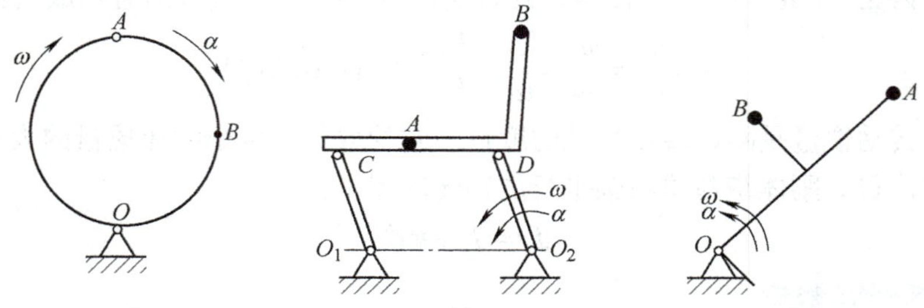

图 13-17

13-9 转动惯量与哪些因素有关?

13-10 滑冰运动员在作旋转动作时，为什么转快时抱拢双臂，而停止前却伸开双臂?

习题

13-1 如图 13-18 所示，凸轮半径 $r=60\text{mm}$，偏心距 $e=40\text{mm}$，若凸轮以 $\varphi=5t$ 的规律转动(φ 的单位为 rad)，求从动杆的运动方程、速度加速度。

13-2 刚体作定轴转动，转动方程为 $\varphi=t^2+2t+1$(φ 以 rad，t 以 s 计)。求 $t=1\text{s}$ 时刚体转过的圈数、角速度、角加速度。

13-3 飞轮以 $n=210\text{r/min}$ 转动，若飞轮作匀减速转动，经 40/s 停止。求飞轮的角加速度及停止前转过的圈数。

13-4 发动机从静止开始以角加速度 $\alpha=\pi\text{rad/s}^2$ 作匀加速转动。求 $t=10\text{s}$ 时的转速。

13-5 车刀最佳切削速度 $v=200\text{m/min}$，车削工件的直径 $D=150\text{mm}$。问车床主轴相应转速是多少。

13-6 如图 13-19 所示的四杆机构中，已知 $O_1A=O_2B=0.2\text{m}$、$O_1O_2=AB$，O_1A 杆按 $\varphi=15\pi t$ 的规律转动。求当 $t=0.5\text{s}$ 时，AB 杆上 M 点的速度和加速度大小及方向。

13-7 半径 $r=0.2\text{m}$ 的飞轮由静止开始作匀加速转动，经 4s 后，轮缘上各点的速度达到 $v=4\text{m/s}$，求$t=10\text{s}$ 时轮缘上一点的速度、加速度。

13-8 如图 13-20 所示，滚筒半径 $r=2\text{m}$，所提升重物按方程为 $S=0.1t^3$ 规律上升(S 以 m 计，t 以 s 计)。试求当重物速度为 20m/s 时，滚筒轮缘上的法向加速度和切向加速度。

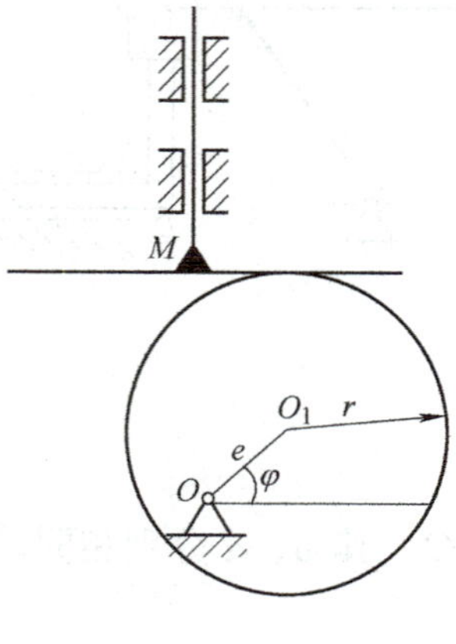

图 13-18

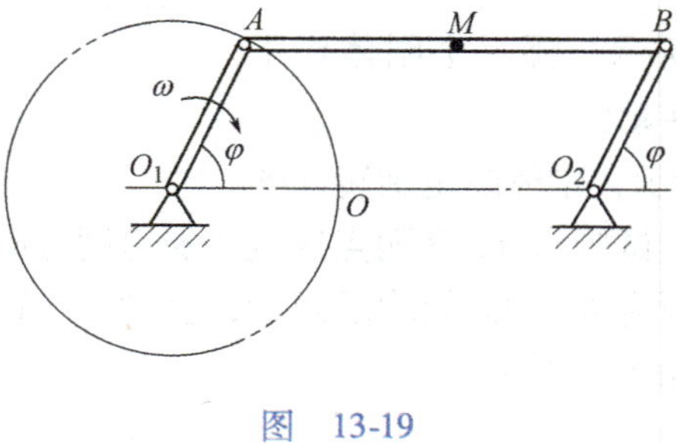

图 13-19

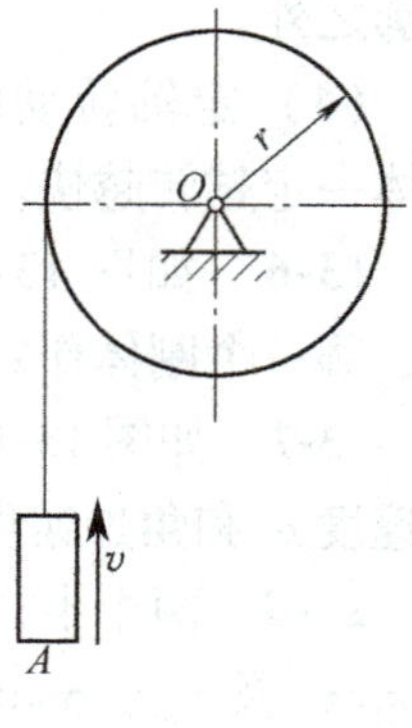

图 13-20

附　　录

附录 A　热轧等边角钢截面尺寸、截面面积、理论重量及截面特性（GB/T 706—2008）

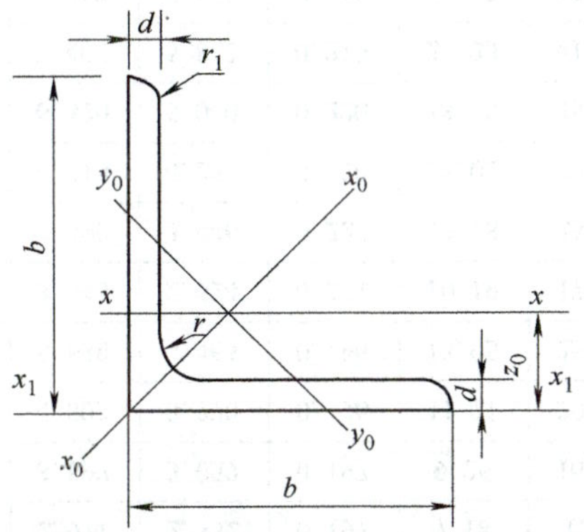

符号意义：b——边宽度；

d——边厚度；

r——内圆弧半径；

r_1——边端圆弧半径；

I——惯性矩；

i——惯性矩半径；

W——截面系数；

z_0——重心距离。

型号	截面尺寸/mm			截面面积/cm^2	理论重量/(kg/m)	外表面积/(m^2/m)	惯性矩/cm^4				惯性半径/cm			截面系数/cm^3			重心距离/cm
	b	d	r				I_x	I_{x1}	I_{x0}	I_{y0}	i_x	i_{x0}	i_{y0}	W_x	W_{x0}	W_{y0}	z_0
2	20	3	3.5	1.132	0.889	0.078	0.40	0.81	0.63	0.17	0.59	0.75	0.39	0.29	0.45	0.20	0.60
		4		1.459	1.145	0.077	0.50	1.09	0.78	0.22	0.58	0.73	0.38	0.36	0.55	0.24	0.64
2.5	25	3		1.432	1.124	0.098	0.82	1.57	1.29	0.34	0.76	0.95	0.49	0.46	0.73	0.33	0.73
		4		1.859	1.459	0.097	1.03	2.11	1.62	0.43	0.74	0.93	0.48	0.59	0.92	0.40	0.76
3.0	30	3	4.5	1.749	1.373	0.117	1.46	2.71	2.31	0.61	0.91	1.15	0.59	0.68	1.09	0.51	0.85
		4		2.276	1.786	0.117	1.84	3.63	2.92	0.77	0.90	1.13	0.58	0.87	1.37	0.62	0.89
3.6	36	3		2.109	1.656	0.141	2.58	4.68	4.09	1.07	1.11	1.39	0.71	0.99	1.61	0.76	1.00
		4		2.756	2.163	0.141	3.29	6.25	5.22	1.37	1.09	1.38	0.70	1.28	2.05	0.93	1.04
		5		3.382	2.654	0.141	3.95	7.84	6.24	1.65	1.08	1.36	0.70	1.56	2.45	1.00	1.07

（续）

型号	截面尺寸/mm			截面面积/cm^2	理论重量/(kg/m)	外表面积/(m^2/m)	惯性矩/cm^4				惯性半径/cm			截面系数/cm^3			重心距离/cm
	b	d	r				I_x	I_{x1}	I_{x0}	I_{y0}	i_x	i_{x0}	i_{y0}	W_x	W_{x0}	W_{y0}	z_0
4	40	3	5	2.359	1.852	0.157	3.59	6.41	5.69	1.49	1.23	1.55	0.79	1.23	2.01	0.96	1.09
		4		3.086	2.422	0.157	4.60	8.56	7.29	1.91	1.22	1.54	0.79	1.60	2.58	1.19	1.13
		5		3.791	2.976	0.156	5.53	10.74	8.76	2.30	1.21	1.52	0.78	1.96	3.10	1.39	1.17
4.5	45	3		2.659	2.088	0.177	5.17	9.12	8.20	2.14	1.40	1.76	0.89	1.58	2.58	1.24	1.22
		4		3.486	2.736	0.177	6.65	12.18	10.56	2.75	1.38	1.74	0.89	2.05	3.32	1.54	1.26
		5		4.292	3.369	0.176	8.04	15.2	12.74	3.33	1.37	1.72	0.88	2.51	4.00	1.81	1.30
		6		5.076	3.985	0.176	9.33	18.36	14.76	3.89	1.36	1.70	0.8	2.95	4.64	2.06	1.33
5	50	3	5.5	2.971	2.332	0.197	7.18	12.5	11.37	2.98	1.55	1.96	1.00	1.96	3.22	1.57	1.34
		4		3.897	3.059	0.197	9.26	16.69	14.70	3.82	1.54	1.94	0.99	2.56	4.16	1.96	1.38
		5		4.803	3.770	0.196	11.21	20.90	17.79	4.64	1.53	1.92	0.98	3.13	5.03	2.31	1.42
		6		5.688	4.465	0.196	13.05	25.14	20.68	5.42	1.52	1.91	0.98	3.68	5.85	2.63	1.46
5.6	56	3	6	3.343	2.624	0.221	10.19	17.56	16.14	4.24	1.75	2.20	1.13	2.48	4.08	2.02	1.48
		4		4.390	3.446	0.220	13.18	23.43	20.92	5.46	1.73	2.18	1.11	3.24	5.28	2.52	1.53
		5		5.415	4.251	0.220	16.02	29.33	25.42	6.61	1.72	2.17	1.10	3.97	6.42	2.98	1.57
		6		6.420	5.040	0.220	18.69	35.26	29.66	7.73	1.71	2.15	1.10	4.68	7.49	3.40	1.61
		7		7.404	5.812	0.219	21.23	41.23	33.63	8.82	1.69	2.13	1.09	5.36	8.49	3.80	1.64
		8		8.367	6.568	0.219	23.63	47.24	37.37	9.89	1.68	2.11	1.09	6.03	9.44	4.16	1.68
6	60	5	6.5	5.829	4.576	0.236	19.89	36.05	31.57	8.21	1.85	2.33	1.19	4.59	7.44	3.48	1.67
		6		6.914	5.427	0.235	23.25	43.33	36.89	9.60	1.83	2.31	1.18	5.41	8.70	3.98	1.70
		7		7.977	6.262	0.235	26.44	50.65	41.92	10.96	1.82	2.29	1.17	6.21	9.88	4.45	1.74
		8		9.020	7.081	0.235	29.47	58.02	46.66	12.28	1.81	2.27	1.17	6.98	11.00	4.88	1.78

（续）

型号	截面尺寸/mm			截面面积/cm^2	理论重量/(kg/m)	外表面积/(m^2/m)	惯性矩/cm^4				惯性半径/cm			截面系数/cm^3			重心距离/cm
	b	d	r				I_x	I_{x1}	I_{x0}	I_{y0}	i_x	i_{x0}	i_{y0}	W_x	W_{x0}	W_{y0}	z_0
6.3	63	4	7	4.978	3.907	0.248	19.03	33.35	30.17	7.89	1.96	2.46	1.26	4.13	6.78	3.29	1.70
		5		6.143	4.822	0.248	23.17	41.73	36.77	9.57	1.94	2.45	1.25	5.08	8.25	3.90	1.74
		6		7.288	5.721	0.247	27.12	50.14	43.03	11.20	1.93	2.43	1.24	6.00	9.66	4.46	1.78
		7		8.412	6.603	0.247	30.87	58.60	48.96	12.79	1.92	2.41	1.23	6.88	10.99	4.98	1.82
		8		9.515	7.469	0.247	34.46	67.11	54.56	14.33	1.90	2.40	1.23	7.75	12.25	5.47	1.85
		10		11.657	9.151	0.246	41.09	84.31	64.85	17.33	1.88	2.36	1.22	9.39	14.56	6.36	1.93
7	70	4	8	5.570	4.372	0.275	26.39	45.74	41.80	10.99	2.18	2.74	1.40	5.14	8.44	4.17	1.86
		5		6.875	5.397	0.275	32.21	57.21	51.08	13.31	2.16	2.73	1.39	6.32	10.32	4.95	1.91
		6		8.160	6.406	0.275	37.77	68.73	59.93	15.61	2.15	2.71	1.38	7.48	12.11	5.67	1.95
		7		9.424	7.398	0.275	43.09	80.29	68.35	17.82	2.14	2.69	1.38	8.59	13.81	6.34	1.99
		8		10.667	8.373	0.274	48.17	91.92	76.37	19.98	2.12	2.68	1.37	9.68	15.43	6.98	2.03
7.5	75	5	9	7.412	5.818	0.295	39.97	70.56	63.30	16.63	2.33	2.92	1.50	7.32	11.94	5.77	2.04
		6		8.797	6.905	0.294	46.95	84.55	74.38	19.51	2.31	2.90	1.49	8.64	14.02	6.67	2.07
		7		10.160	7.976	0.294	53.57	98.71	84.96	22.18	2.30	2.89	1.48	9.93	16.02	7.44	2.11
		8		11.503	9.030	0.294	59.96	112.97	95.07	24.86	2.28	2.88	1.47	11.20	17.93	8.19	2.15
		9		12.825	10.068	0.294	66.10	127.30	104.71	27.48	2.27	2.86	1.46	12.43	19.75	8.89	2.18
		10		14.126	11.089	0.293	71.98	141.71	113.92	30.05	2.26	2.84	1.46	13.64	21.48	9.56	2.22
8	80	5		7.912	6.211	0.315	48.79	85.36	77.33	20.25	2.48	3.13	1.60	8.34	13.67	6.66	2.15
		6		9.397	7.376	0.314	57.35	102.50	90.98	23.72	2.47	3.11	1.59	9.87	16.08	7.65	2.19
		7		10.860	8.525	0.314	65.58	119.70	104.07	27.09	2.46	3.10	1.58	11.37	18.40	8.58	2.23
		8		12.303	9.658	0.314	73.49	136.97	116.60	30.39	2.44	3.08	1.57	12.83	20.61	9.46	2.27
		9		13.725	10.774	0.314	81.11	154.31	128.60	33.61	2.43	3.06	1.56	14.25	22.73	10.29	2.31
		10		15.126	11.874	0.313	88.43	171.74	140.09	36.77	2.42	3.04	1.56	15.64	24.76	11.08	2.35

（续）

型号	截面尺寸/mm			截面面积/cm²	理论重量/(kg/m)	外表面积/(m²/m)	惯性矩/cm⁴				惯性半径/cm			截面系数/cm³			重心距离/cm
	b	d	r				I_x	I_{x1}	I_{x0}	I_{y0}	i_x	i_{x0}	i_{y0}	W_x	W_{x0}	W_{y0}	z_0
9	90	6	10	10.637	8.350	0.354	82.77	145.87	131.26	34.28	2.79	3.51	1.80	12.61	20.63	9.95	2.44
		7		12.301	9.656	0.354	94.83	170.30	150.47	39.18	2.78	3.50	1.78	14.54	23.64	11.19	2.48
		8		13.944	10.946	0.353	106.47	194.80	168.97	43.97	2.76	3.48	1.78	16.42	26.55	12.35	2.52
		9		15.566	12.219	0.353	117.72	219.39	186.77	48.66	2.75	3.46	1.77	18.27	29.35	13.46	2.56
		10		17.167	13.476	0.353	128.58	244.07	203.90	53.26	2.74	3.45	1.76	20.07	32.04	14.52	2.59
		12		20.306	15.940	0.352	149.22	293.76	236.21	62.22	2.71	3.41	1.75	23.57	37.12	16.49	2.67
10	100	6	12	11.932	9.366	0.393	114.95	200.07	181.98	47.92	3.10	3.90	2.00	15.68	25.74	12.69	2.67
		7		13.796	10.830	0.393	131.86	233.54	208.97	54.74	3.09	3.89	1.99	18.10	29.55	14.26	2.71
		8		15.638	12.276	0.393	148.24	267.09	235.07	61.41	3.08	3.88	1.98	20.47	33.24	15.75	2.76
		9		17.462	13.708	0.392	164.12	300.73	260.30	67.95	3.07	3.86	1.97	22.79	36.81	17.18	2.80
		10		19.261	15.120	0.392	179.51	334.48	284.68	74.35	3.05	3.84	1.96	25.06	40.26	18.54	2.84
		12		22.800	17.898	0.391	208.90	402.34	330.95	86.84	3.03	3.81	1.95	29.48	46.80	21.08	2.91
		14		26.256	20.611	0.391	236.53	470.75	374.06	99.00	3.00	3.77	1.94	33.73	52.90	23.44	2.99
		16		29.627	23.257	0.390	262.53	539.80	414.16	110.89	2.98	3.74	1.94	37.82	58.57	25.63	3.06
11	110	7		15.196	11.928	0.433	177.16	310.64	280.94	73.38	3.41	4.30	2.20	22.05	36.12	17.51	2.96
		8		17.238	13.535	0.433	199.46	355.20	316.49	82.42	3.40	4.28	2.19	24.95	40.69	19.39	3.01
		10		21.261	16.690	0.432	242.19	444.65	384.39	99.98	3.38	4.25	2.17	30.60	49.42	22.91	3.09
		12		25.200	19.782	0.431	282.55	534.60	448.17	116.93	3.35	4.22	2.15	36.05	57.62	26.15	3.16
		14		29.056	22.809	0.431	320.71	625.16	508.01	133.40	3.32	4.18	2.14	41.31	65.31	29.14	3.24
12.5	125	8	14	19.750	15.504	0.492	297.03	521.01	470.89	123.16	3.88	4.88	2.50	32.52	53.28	25.86	3.37
		10		24.373	19.133	0.491	361.67	651.93	573.89	149.46	3.85	4.85	2.48	39.97	64.93	30.62	3.45
		12		28.912	22.696	0.491	423.16	783.42	671.44	174.88	3.83	4.82	2.46	41.17	75.96	35.03	3.53

（续）

型号	截面尺寸/mm			截面面积/cm²	理论重量/(kg/m)	外表面积/(m²/m)	惯性矩/cm⁴				惯性半径/cm			截面系数/cm³			重心距离/cm
	b	d	r				I_x	I_{x1}	I_{x0}	I_{y0}	i_x	i_{x0}	i_{y0}	W_x	W_{x0}	W_{y0}	z_0
12.5	125	14	14	33.367	26.193	0.490	481.65	915.61	763.73	199.57	3.80	4.78	2.45	54.16	86.41	39.13	3.61
		16		37.739	29.625	0.489	537.31	1048.62	850.98	223.65	3.77	4.75	2.43	60.93	96.28	42.96	3.68
14	140	10		27.373	21.488	0.551	514.65	915.11	817.27	212.04	4.34	5.46	2.78	50.58	82.56	39.20	3.82
		12		32.512	25.522	0.551	603.68	1099.28	958.79	248.57	4.31	5.43	2.76	59.80	96.85	45.02	3.90
		14		37.567	29.490	0.550	688.81	1284.22	1093.56	284.06	4.28	5.40	2.75	68.75	110.47	50.45	3.98
		16		42.539	33.393	0.549	770.24	1470.07	1221.81	318.67	4.26	5.36	2.74	77.46	123.42	55.55	4.06
15	150	8		23.750	18.644	0.592	521.37	899.55	827.49	215.25	4.69	5.90	3.01	47.36	78.02	38.14	3.99
		10		29.373	23.058	0.591	637.50	1125.09	1012.79	262.21	4.66	5.87	2.99	58.35	95.49	45.51	4.08
		12		34.912	27.406	0.591	748.85	1351.26	1189.97	307.73	4.63	5.84	2.97	69.04	112.19	52.38	4.15
		14		40.367	31.688	0.590	855.64	1578.25	1359.30	351.98	4.60	5.80	2.95	79.45	128.16	58.83	4.23
		15		43.063	33.804	0.590	907.39	1692.10	1441.09	373.69	4.59	5.78	2.95	84.56	135.87	61.90	4.27
		16		45.739	35.905	0.589	958.08	1806.21	1521.02	395.14	4.58	5.77	2.94	89.59	143.40	64.89	4.31
16	160	10	16	31.502	24.729	0.630	779.53	1365.33	1237.30	321.76	4.98	6.27	3.20	66.70	109.36	52.76	4.31
		12		37.441	29.391	0.630	916.58	1639.57	1455.68	377.49	4.95	6.24	3.18	78.98	128.67	60.74	4.39
		14		43.296	33.987	0.629	1048.36	1914.68	1665.02	431.70	4.92	6.20	3.16	90.95	147.17	68.24	4.47
		16		49.067	38.518	0.629	1175.08	2190.82	1865.57	484.59	4.89	6.17	3.14	102.63	164.89	75.31	4.55
18	180	12		42.241	33.159	0.710	1321.35	2332.80	2100.10	542.61	5.59	7.05	3.58	100.82	165.00	78.41	4.89
		14		48.896	38.383	0.709	1514.48	2723.48	2407.42	621.53	5.56	7.02	3.56	116.25	189.14	88.38	4.97
		16		55.467	43.542	0.709	1700.99	3115.29	2703.37	698.60	5.54	6.98	3.55	131.13	212.40	97.83	5.05
		18		61.055	48.634	0.708	1875.12	3502.43	2988.24	762.01	5.50	6.94	3.51	145.64	234.78	105.14	5.13

（续）

型号	截面尺寸/mm			截面面积/cm^2	理论重量/(kg/m)	外表面积/(m^2/m)	惯性矩/cm^4				惯性半径/cm			截面系数/cm^3			重心距离/cm
	b	d	r				I_x	I_{x1}	I_{x0}	I_{y0}	i_x	i_{x0}	i_{y0}	W_x	W_{x0}	W_{y0}	z_0
20	200	14	18	54.642	42.894	0.788	2103.55	3734.10	3343.26	863.83	6.20	7.82	3.98	144.70	236.40	111.82	5.46
		16		62.013	48.680	0.788	2366.15	4270.39	3760.89	971.41	6.18	7.79	3.96	163.65	265.93	123.96	5.54
		18		69.301	54.401	0.787	2620.64	4808.13	4164.54	1076.74	6.15	7.75	3.94	182.22	294.48	135.52	5.62
		20		76.505	60.056	0.787	2867.30	5347.51	4554.55	1180.04	6.12	7.72	3.93	200.42	322.06	146.55	5.69
		24		90.661	71.168	0.785	3338.25	6457.16	5294.97	1381.53	6.07	7.64	3.90	236，17	374.41	165.65	5.87
22	220	16	21	68.664	53.901	0.866	3187.36	5681.62	5063.73	1310.99	6.81	8.59	4.37	199.55	325.51	153.81	6.03
		18		76.752	60.250	0.866	3534.30	6395.93	5615.32	1453.27	6.79	8.55	4.35	222.37	360.97	168.29	6.11
		20		84.756	66.533	0.865	3871.49	7112.04	6150.08	1592.90	6.76	8.52	4.34	244.77	395.34	182.16	6.18
		22		92.676	72.751	0.865	4199.23	7830.19	6668.37	1730.10	6.78	8.48	4.32	266.78	428.66	195.45	6.26
		24		100.512	78.902	0.864	4517.83	8550.57	7170.55	1865.11	6.70	8.45	4.31	288.39	460.94	208.21	6.33
		26		108.264	84.987	0.864	4827.58	9273.39	7656.98	1998.17	6.68	8.41	4.30	309.62	492.21	220.49	6.41
25	250	18	24	87.842	68.956	0.985	5268.22	9379.11	8369.04	2167.41	7.74	9.76	4.97	290.12	473.42	224.03	6.84
		20		97.045	76.180	0.984	5779.34	10426.97	9181.94	2376.74	7.72	9.73	4.95	319.66	519.41	242.85	6.92
		24		115.201	90.433	0.983	6763.93	12529.74	10742.67	2785.19	7.66	9.66	4.92	377.34	607.70	278.38	7.07
		26		124.154	97.461	0.982	7238.08	13585.18	11491.33	2984.84	7.63	9.62	4.90	405.50	650.05	295.19	7.15
		28		133.022	104.422	0.982	7700.60	14643.62	12219.39	3181.81	7.61	9.58	4.89	433.22	691.23	311.42	7.22
		30		141.807	111.318	0.981	8151.80	15705.30	12927.26	3376.34	7.58	9.55	4.88	460.51	731.28	327.12	7.30
		32		150.508	118.149	0.981	8592.01	16770.4	13615.32	3568.71	7.56	9.51	4.87	487.39	770.20	342.33	7.37
		35		163.402	128.271	0.980	9232.44	18374.95	14611.16	3853.72	7.52	9.46	4.86	526.97	826.53	364.30	7.48

附录 B　热轧槽钢截面尺寸、截面面积、理论重量及截面特性（GB/T 706—2008）

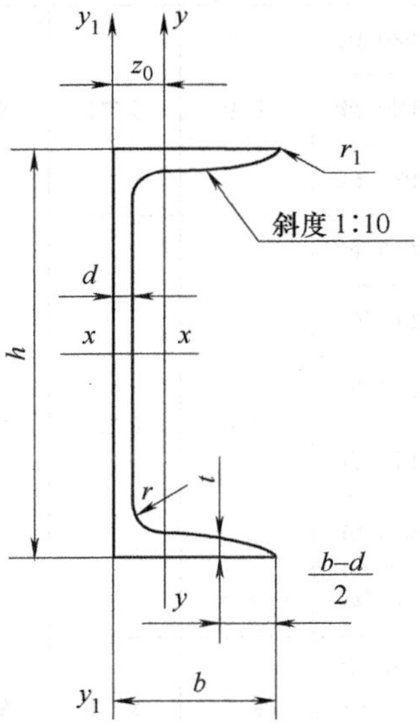

符号意义：h——高度；
b——腿宽度；
d——腰厚度；
t——平均腿厚度；
r——内圆弧半径；
r_1——腿端圆弧半径；
I——惯性矩；
W——截面系数；
i——惯性矩半径；
z_0——y-y 轴与 y_1-y_1 轴间距。

型号	截面尺寸/mm						截面面积/cm²	理论重量/(kg/m)	惯性矩/cm⁴			惯性半径/cm		截面系数/cm³		重心距离/cm
	h	b	d	t	r	r_1			I_x	I_y	I_{y1}	i_x	i_y	W_x	W_y	z_0
5	50	37	4.5	7.0	7.0	3.5	6.928	5.438	26.0	8.30	20.9	1.94	1.10	10.4	3.55	1.35
6.3	63	40	4.8	7.5	7.5	3.8	8.451	6.634	50.8	11.9	28.4	2.45	1.19	16.1	4.50	1.36
6.5	65	40	4.3	7.5	7.5	3.8	8.547	6.709	55.2	12.0	28.3	2.54	1.19	17.0	4.59	1.38
8	80	43	5.0	8.0	8.0	4.0	10.248	8.045	101	16.6	37.4	3.15	1.27	25.3	5.79	1.43
10	100	48	5.3	8.5	8.5	4.2	12.748	10.007	198	25.6	54.9	3.95	1.41	39.7	7.80	1.52
12	120	53	5.5	9.0	9.0	4.5	15.362	12.059	346	37.4	77.7	4.75	1.56	57.7	10.2	1.62
12.6	126	53	5.5	9.0	9.0	4.5	15.692	12.318	391	38.0	77.1	4.95	1.57	62.1	10.2	1.59
14a	140	58	6.0	9.5	9.5	4.8	18.516	14.535	564	53.2	107	5.52	1.70	80.5	13.0	1.71
14b		60	8.0				21.316	16.733	609	61.1	121	5.35	1.69	87.1	14.1	1.67

（续）

型号	截面尺寸/mm						截面面积/cm^2	理论重量/(kg/m)	惯性矩/cm^4			惯性半径/cm		截面系数/cm^3		重心距离/cm
	h	b	d	t	r	r_1			I_x	I_y	I_{y1}	i_x	i_y	W_x	W_y	z_0
16a	160	63	6.5	10.0	10.0	5.0	21.962	17.24	866	73.3	144	6.28	1.83	108	16.3	1.80
16b		65	8.5				25.162	19.752	935	83.4	161	6.10	1.82	117	17.6	1.75
18a	180	68	7.0	10.5	10.5	5.2	26.699	20.174	1270	98.6	190	7.04	1.96	141	20.0	1.88
18b		70	9.0				29.299	23.000	1370	111	210	6.84	1.95	152	21.5	1.84
20a	200	73	7.0	11.0	11.0	5.5	28.837	22.637	1780	128	244	7.86	2.11	178	24.2	2.01
20b		75	9.0				32.837	25.777	1910	144	268	7.64	2.09	191	25.9	1.95
22a	220	77	7.0	11.5	11.5	5.8	31.846	24.999	2390	158	298	8.67	2.23	218	28.2	2.10
22b		79	9.0				36.246	28.453	2570	176	326	8.42	2.21	234	30.1	2.03
24a	240	78	7.0	12.0	12.0	6.0	34.217	26.860	3050	174	325	9.45	2.25	254	30.5	2.10
24b		80	9.0				39.017	30.628	3280	194	355	9.17	2.23	274	32.5	2.03
24c		82	11.0				43.817	34.396	3510	213	388	8.96	2.21	293	34.4	2.00
25a	250	78	7.0				34.917	27.410	3370	176	322	9.82	2.24	270	30.6	2.07
25b		80	9.0				39.917	31.335	3530	196	353	9.41	2.22	282	32.7	1.98
25c		82	11.0				44.917	35.260	3690	218	384	9.07	2.21	295	35.9	1.92
27a	270	82	7.5	12.5	12.5	6.2	39.284	30.838	4360	216	393	10.5	2.34	323	35.5	2.13
27b		84	9.5				44.684	35.077	4690	239	428	10.3	2.31	347	37.7	2.06
27c		86	11.5				50.084	39.316	5020	261	467	10.1	2.28	372	39.8	2.03

（续）

型号	截面尺寸/mm						截面面积/cm^2	理论重量/(kg/m)	惯性矩/cm^4			惯性半径/cm		截面系数/cm^3		重心距离/cm
	h	b	d	t	r	r_1			I_x	I_y	I_{y1}	i_x	i_y	W_x	W_y	z_0
28a	280	82	7.5	12.5	12.5	6.2	40.034	31.427	4760	218	388	10.9	2.33	340	35.7	2.10
28b		84	9.5				45.634	35.823	5130	242	428	10.6	2.30	366	37.9	2.02
28c		86	11.5				51.234	40.219	5500	268	463	10.4	2.29	393	40.3	1.95
30a	300	85	7.5	13.5	13.5	6.8	43.902	34.463	6050	260	467	11.7	2.43	403	41.1	2.17
30b		87	9.5				49.902	39.173	6500	289	515	11.4	2.41	433	44.0	2.13
30c		89	11.5				55.902	43.883	6950	316	560	11.2	2.38	463	46.4	2.09
32a	320	88	8.0	14.0	14.0	7.0	48.513	38.083	7600	305	552	12.5	2.50	475	46.5	2.24
32b		90	10.0				54.913	43.107	8140	336	593	12.2	2.47	509	49.2	2.16
32c		92	12.0				61.313	48.131	8690	374	643	11.9	2.47	543	52.6	2.09
36a	360	96	9.0	16.0	16.0	8.0	60.910	47.814	11900	455	818	14.0	2.73	660	63.5	2.44
36b		98	11.0				68.110	53.466	12700	497	880	13.6	2.70	703	66.9	2.37
36c		100	13.0				75.310	59.118	13400	536	948	13.4	2.67	746	70.0	2.34
40a	400	100	10.5	18.0	18.0	9.0	75.068	58.928	17600	592	1070	15.3	2.81	879	78.8	2.49
40b		102	12.5				83.068	65.208	18600	640	114	15.0	2.78	932	82.5	2.44
40c		104	14.5				91.068	71.488	19700	688	1220	14.7	2.75	986	86.2	2.42

附录 C　热轧工字钢截面尺寸、截面面积、理论重量及截面特性(GB/T 706—2008)

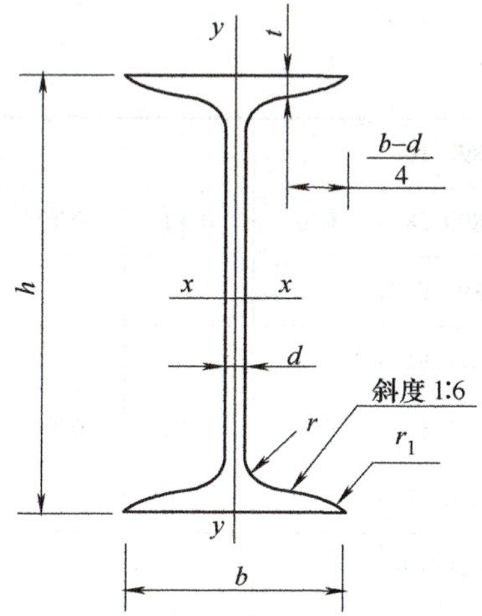

符号意义：h——高度；

b——腿宽度；

d——腰厚度；

t——平均腿厚度；

r——内圆弧半径；

r_1——腿端圆弧半径；

I——惯性矩；

W——截面系数；

i——惯性矩半径。

型号	截面尺寸/mm						截面面积/cm^2	理论重量/(kg/m)	惯性矩/cm^4		惯性半径/cm		截面系数/cm^3	
	h	b	d	t	r	r_1			I_x	I_y	i_x	i_y	W_x	W_y
10	100	68	4.5	7.6	6.5	3.3	14.345	11.261	245	33.0	4.14	1.52	49.0	9.72
12	120	74	5.0	8.4	7.0	3.5	17.818	13.987	436	46.9	4.95	1.62	72.7	12.7
12.6	126	74	5.0	8.4	7.0	3.5	18.118	14.223	488	46.9	5.20	1.61	77.5	12.7
14	140	80	5.5	9.1	7.5	3.8	21.516	16.890	712	64.4	5.76	1.73	102	16.1
16	160	88	6.0	9.9	8.0	4.0	26.131	20.513	1130	93.1	6.58	1.89	141	21.2
18	180	94	6.5	10.7	8.5	4.3	30.756	24.143	1660	122	7.36	2.00	185	26.0
20a	200	100	7.0	11.4	9.0	4.5	35.578	27.929	2370	158	8.15	2.12	237	31.5
20b		102	9.0				39.578	31.069	2500	169	7.96	2.06	250	33.1
22a	220	110	7.5	12.3	9.5	4.8	42.128	33.070	3400	225	8.99	2.31	309	40.9
22b		112	9.5				46.528	36.524	3570	239	8.78	2.27	325	42.7

（续）

型号	截面尺寸/mm						截面面积/cm^2	理论重量/(kg/m)	惯性矩/cm^4		惯性半径/cm		截面系数/cm^3	
	h	b	d	t	r	r_1			I_x	I_y	i_x	i_y	W_x	W_y
24a	240	116	8.0	13.0	10.0	5.0	47.741	37.477	4570	280	9.77	2.42	381	48.4
24b		118	10.0				52.541	41.245	4800	297	9.57	2.38	400	50.4
25a	250	116	8.0				48.541	38.105	5020	280	10.2	2.40	402	48.3
25b		118	10.0				53.541	42.030	5280	309	9.94	2.40	423	52.4
27a	270	122	8.5	13.7	10.5	5.3	54.554	42.825	6550	345	10.9	2.51	485	56.6
27b		124	10.5				59.954	47.064	6870	366	10.7	2.47	509	58.9
28a	280	122	8.5				55.404	43.492	7110	345	11.3	2.50	508	56.6
28b		124	10.5				61.004	47.888	7480	379	11.1	2.49	534	61.2
30a	300	126	9.0	14.4	11.0	5.5	61.254	48.084	8950	400	12.1	2.55	597	63.5
30b		128	11.0				67.254	53.794	9400	422	11.8	2.50	627	65.9
30c		130	13.0				73.254	57.504	9850	445	11.6	2.46	657	68.5
32a	320	130	9.5	15.0	11.5	5.8	67.156	52.717	11100	460	12.8	2.62	692	70.8
32b		132	11.5				73.556	57.741	11600	502	12.6	2.61	726	76.0
32c		134	13.5				79.956	62.765	12200	544	12.3	2.61	760	81.2
36a	360	136	10.0	15.8	12.0	6.0	76.480	60.037	15800	552	14.4	2.69	875	81.2
36b		138	12.0				83.680	65.689	16500	582	14.1	2.64	919	84.3
36c		140	14.0				90.880	71.341	17300	612	13.8	2.60	962	87.4

（续）

型号	截面尺寸/mm						截面面积/cm^2	理论重量/(kg/m)	惯性矩/cm^4		惯性半径/cm		截面系数/cm^3	
	h	b	d	t	r	r_1			I_x	I_y	i_x	i_y	W_x	W_y
40a	400	142	10.5	16.5	12.5	6.3	86.112	67.598	21700	660	15.9	2.77	1090	93.2
40b		144	12.5				94.112	73.878	22800	692	15.6	2.71	1140	96.2
40c		146	14.5				102.112	80.158	23900	727	15.2	2.65	1190	99.6
45a	450	150	11.5	18.0	13.5	6.8	102.446	80.420	32200	855	17.7	2.89	1430	114
45b		152	13.5				111.446	87.485	33800	894	17.4	2.84	1500	118
45c		154	15.5				120.446	94.550	35300	938	17.1	2.79	1570	122
50a	500	158	12.0	20.0	14.0	7.0	119.304	93.654	46500	1120	19.7	3.07	1860	142
50b		160	14.0				129.304	101.504	48600	1170	19.4	3.01	1940	146
50c		162	16.0				139.304	109.354	50600	1220	19.0	2.96	2080	151
55a	550	166	12.5	21.0	14.5	7.3	134.185	105.335	62900	1370	21.6	3.19	2290	164
55b		168	14.5				145.185	113.970	65600	1420	21.2	3.14	2390	170
55c		170	16.5				156.185	122.605	68400	1480	20.9	3.08	2490	175
56a	560	166	12.5				135.435	106.316	65600	1370	22.0	3.18	2340	165
56b		168	14.5				146.635	115.108	68500	1490	21.6	3.16	2450	174
56c		170	16.5				157.835	123.900	71400	1560	21.3	3.16	2550	183
63a	630	176	13.0	22.0	15.0	7.5	154.658	121.407	93900	1700	24.5	3.31	2980	193
63b		178	15.0				167.258	131.298	98100	1810	24.2	3.29	3160	204
63c		180	17.0				179.858	141.189	102000	1920	23.8	3.27	3300	214

参 考 文 献

[1] 刘思俊. 工程力学[M]. 2版. 北京：机械工业出版社，2006.
[2] 吴建生. 工程力学[M]. 2版. 北京：机械工业出版社，2008.
[3] 冯学敦. 汽车机械基础[M]. 北京：机械工业出版社，2011.
[4] 朱国梁. 汽车车身构造与维修[M]. 北京：机械工业出版社，2012.
[5] 尹维贵. 汽车底盘构造与维修[M]. 北京：机械工业出版社，2011.
[6] 韩向东. 工程力学[M]. 2版. 北京：机械工业出版社，2010.
[7] 张小亮. 工程力学[M]. 北京：化学工业出版社，2010.
[8] 韩向东. 机械工程力学[M]. 2版. 北京：机械工业出版社，2008.